新生物学本质主义研究

李胜辉　著

科 学 出 版 社
北　京

内 容 简 介

本书讨论了现有版本的新生物学本质主义及其难题，并探讨了产生这些难题的根源。具体的论述包括三个方面：首先，指出现有版本的新生物学本质主义都不能同时完成本质主义所要求的分类和解释这两个任务；其次，把产生这些难题的根源定位于本质主义主张与现代生物学实践之间的冲突；最后，从历史的维度说明本质主义主张与现代生物学实践之间的冲突是生物学本质主义孕育的分子分类学和分子遗传学两个学科逐渐成熟和分化的结果。

本书可作为高等院校和科研院所进化生物学、遗传学和生物分类学等专业的研究指导用书，也可供科学技术哲学专业，尤其是生物学哲学等研究方向的师生阅读参考。

图书在版编目（CIP）数据

新生物学本质主义研究 / 李胜辉著. -- 北京 ：科学出版社，2025. 5.
ISBN 978-7-03-081847-8

Ⅰ. Q；N02

中国国家版本馆 CIP 数据核字第 2025A0N420 号

责任编辑：邹　聪　陈晶晶 / 责任校对：贾伟娟
责任印制：吴兆东 / 封面设计：有道文化

科学出版社 出版
北京东黄城根北街 16 号
邮政编码：100717
http://www.sciencep.com
北京中石油彩色印刷有限责任公司印刷
科学出版社发行　各地新华书店经销
*
2025 年 5 月第　一　版　开本：720×1000　1/16
2025 年 8 月第二次印刷　印张：14
字数：240 000
定价：98.00 元
（如有印装质量问题，我社负责调换）

国家社科基金后期资助项目
出版说明

后期资助项目是国家社科基金设立的一类重要项目，旨在鼓励广大社科研究者潜心治学，支持基础研究多出优秀成果。它是经过严格评审，从接近完成的科研成果中遴选立项的。为扩大后期资助项目的影响，更好地推动学术发展，促进成果转化，全国哲学社会科学工作办公室按照“统一设计、统一标识、统一版式、形成系列”的总体要求，组织出版国家社科基金后期资助项目成果。

全国哲学社会科学工作办公室

目　录

导论　物种、本质与进化

生物学本质主义（或物种本质主义）似乎既符合常识，又与哲学观点相一致。在日常生活中，人们普遍地拥有一些常识生物学（folk biology）知识，即"关于各种生物的直觉认识，包括直觉地对不同物种进行分类，并认为每一个物种都拥有自己特有的内在'本质'"。[①]也就是说，人们在直觉或常识上认为不同的物种因具有不同的内在本质而相互区别。虽然不一定能确切地知道它们都有着什么样的内在本质，但是人们坚信它们都有内在的本质。在哲学的发展历程中，本质主义的思想传统源远流长。从古希腊时代的柏拉图（Plato）和亚里士多德（Aristotle）到当代的奎因（W. Quine）、普特南（H. Putnam）和克里普克（S. Kripke）等都是本质主义的忠实拥护者，他们的思想极大地推动了生物学本质主义观点的发展。从这两方面来看，生物学本质主义不论是在普通大众还是在哲学家中都有着非常大的影响力。

生物学本质主义还与科学（尤其是生物分类学）有着紧密的联系。可以说，生物学本质主义一直是前科学阶段的生物分类学的思想内核。生物学本质主义持续地为生物分类学的发展提供养分，同时也伴随后者的发展而不断被修改和调整。对生物学本质主义的讨论不可避免地和生物分类学的发展联系在一起，对前者的研究势必会受到后者的影响和约束。如果对生物学本质主义的研究只从哲学的视角展开，那么这就会忽视它与生物分类学的紧密联系，从而也就不能呈现生物学本质主义思想的全貌。现代生物分类学源自生物学本质主义，后又与之渐行渐远，两者曾紧密联系而又最终走向分离。生物分类学像其他的科学分支一样都是从古希腊哲学中萌芽的，在不断的发展中走向独立，生物分类研究最终与哲学研究分离开来。不过，这种分离只是相对的，由于生物分类学自身较为晚熟，生物分类研究与哲学研究之间仍然存在着千丝万缕的联系。因而，只有把这两种研究结合起来，我们才能一窥生物学本质主义的全貌。

自亚里士多德以来，最为系统的生物学本质主义思想的形成得益于

① 戴维·巴斯. 进化心理学：心理的新科学. 4 版. 张勇，蒋柯译. 北京：商务印书馆，2015：76.

生物分类学的发展，而达尔文（C. Darwin）的进化论则提供了生物学本质主义之外的替代性方案。在亚里士多德之后，最为著名的物种本质主义是林奈（C.von Linné）的本质主义物种概念。这一观点是林奈时代的形态学（morphology）分类方法与基督教神创论思想相结合的产物。这种结合主要体现在林奈生物分类学观点中的两个核心部分：本质主义与物种不变论。在当代新生物学本质主义产生之前，林奈的观点就是生物学本质主义的范本，而达尔文的进化论思想则是反生物学本质主义者们最为重要的思想源泉。达尔文的进化论思想对林奈的分类学观点造成了强烈的冲击。这种冲击表现为两个方面：第一，"物种是进化的"这一观点对物种不变论提出了挑战并最终将其取代；第二，从达尔文思想中萌芽的以多元分类标准为核心的现代分类学思想逐渐取代了强调单一标准的本质主义分类学思想。由此，以林奈观点为代表的生物学本质主义不能与当代的生物学实践兼容就成为当代学者们的基本共识，"物种本质主义在今天已经成为一个死问题，这并不是因为无法通过可以想象的方式来为它辩护，而是因为生物学家们为它辩护的方式完全不可信"。[①]

直到新生物学本质主义的出现，上述状况才发生了改变。新生物学本质主义的出现似乎使得已成为死问题的物种本质主义出现了复兴的苗头。新生物学本质主义的兴起除了吸收当代进化生物学的最新成果之外，生物分类学的发展，尤其是像以生物学物种概念（biological species concept）为代表的新的物种概念的形成也为其提供了重要的理论资源。新生物学本质主义对传统的生物学本质主义进行了调整和修正，以期消除生物学本质主义与现代生物学之间的紧张关系。不过，新生物学本质主义所做的调整和修正并未减弱反对者的批评之声。其中的有趣之处是，这些反对者对新生物学本质主义的质疑同样以现代生物学的研究成果为主要理论依据。两者之间的交锋又带来了新一轮的生物学本质主义和反生物学本质主义之争。目前为止，这一争论仍在继续，而且有愈演愈烈之势。

本书的研究试图循着这一争论，进一步推进有关新生物学本质主义的讨论。在本书中，我们主要关注"现有各版本的新生物学本质主义是否成功"以及"如果它们都不成功，那么是否还有替代性的方案可供选择"这两个问题。本书尝试通过对生物学本质主义和生物学（尤其是生物分类学）之间关系的分析来回答这两个问题。对于这两个问题，本书提供的答案都是否定性的。对新生物学本质主义现有各个方案的分析表明，它们都

---

① Sober E. Evolution, population thinking, and essentialism. Philosophy of Science, 1980, 47(3): 353.

有着各自的难题而难以承担复兴生物学本质主义的重任。进而，我们把它们失败的根源定位于新生物学本质主义与现代生物学的实践之间存在的理论张力。最后，本书的结论表明，这一张力不仅导致了新生物学本质主义现有各个方案的失败，而且也宣告了生物学本质主义在当代的终结。

第一节　问题的提出

我们在几乎所有的文化中都能看到各自不同的生物分类体系。虽然不同文化中的人们可能会使用完全不同的标准对事物进行分类，但是每一种文化中都存在着分类现象是一个不争的事实。这似乎进一步验证了，人类具有渴望对事物进行分类的天性。这种天性的产生大概有人和自然两方面的原因。从人的角度来说，面对纷繁复杂的世界，人们总是希望通过分类把看似混沌的世界变得有序，将杂乱的事物进行分类和整理，从而更容易地认识和利用各种事物；从自然的角度来说，自然界中似乎存在着许多不同种类的事物，不同种类之间的差异是非常明显的，人们在直观上就可以对它们进行区分。

无论如何，人们总是尝试采用一定的标准去对事物进行分类，进而也就产生了相应的分类体系。为了进行区分和识别，人们总是依据一些指标设立一定的分类级别。比如，一个大的分类单位可以再分为若干个子单位，子单位还可以再分为更小的单位，以此类推，就可以形成一个分类体系。至于其中应该包括多少个单位、每一个单位应该如何命名，这些都是人为规定的问题。生物分类体系就充分地体现了分类活动的这些特点。

生物学中现行的是七级分类体系，每一级别或等级被称为一个分类阶元（category）。这些阶元由高到低依次为：界（kingdom）、门（phylum）、纲（class）、目（order）、科（family）、属（genus）、种（species）。每一个分类阶元都由若干个低一级的分类阶元组成。种（物种）是最小的、最基本的分类单元。现有的分类体系采取的是自下而上的上行分类法（upward classification），即首先去发现和识别新的物种，并把它依次安排到更高的分类阶元中。生物分类学家在生命世界中直接面对的就是不同类别的物种，他们的实质性工作就是在生物分类体系中为物种找到合适的位置。另外，在关涉物种概念的实践活动（比如环境和动物保护）中所遇到的很多难题也被认为部分地根源于人们在这一概念上的混乱。因而，可以说，物种概念不仅在学术研究中有着非常重要的理论价值，而且在现实中也有着非常重要的实用价值。

既然物种概念有着如此重要的作用，那么人们去追问“物种究竟是什么”这个问题也就不足为奇了。人们把这个问题称为“物种问题”（the problem of species）。该问题不仅为生物学家们所关注，哲学家们对这个问题也有很多争论。物种问题包含着三个不同的子问题：“①物种的本体论地位问题——物种是个体、自然类（natural kind）或集合（set）？②物种的定义问题——物种的定义是一元的还是多元的？③物种的实在性问题——‘物种’这个词指称的是不是自然中真实存在的范畴？”[①]这三个问题包含着许多的内容，要在本书中对这三个问题都做出解答显然是一项不可能完成的任务。虽然这些问题之间存在着一定的联系，但就讨论的侧重点不同而言，它们可以被视为是相对独立的。在这三个问题中，我们主要关注“物种的本体论地位问题”。如无论证上的需要，本书将不会讨论另外两个问题。进一步来说，对于该问题，我们也只关注其中的一种方案：生物学本质主义。根据生物学本质主义的历史演变，它又被区分为：传统生物学本质主义和新生物学本质主义。在这两种生物学本质主义形态中，本书着重讨论新生物学本质主义。由此，本书讨论的主题可以被概括为：物种的本体论地位问题上的新生物学本质主义方案。传统上，对物种的本体论地位问题的回答是：物种是“自然类”，它们都具有类本质（kind essence），每一物种都拥有恒定不变的且与其他物种存在明确界限（boundary）的本质。这即是“生物学本质主义”。生物学本质主义强调物种本质的恒定不变性和不连续性。这种思想曾经长时间地支配着人们对物种的本体论地位问题的理解。直到达尔文提出进化论之后，这种状况才发生了改变。达尔文的进化论主张，物种是会发生变化的，并且变化是连续的。这种观点直接冲击了生物学本质主义并最终导致其走向式微。在生物学哲学中，生物学本质主义无法与达尔文的进化论兼容，它应该被排除在现代生物学的知识体系之外，这已经成为学者们的普遍共识。

近年来，在生物学哲学领域，一部分哲学家如格里菲斯（P. Griffiths）、博伊德（R. Boyd）、威尔逊（R. Wilson）、戴维特（M. Devitt）、奥卡沙（S. Okasha）、拉波特（J. LaPorte）利用现代生物学中一些新的理论成果试图复兴生物学本质主义。他们在修正传统生物学本质主义的基础之上，提出了 DNA 条形码理论（the barcode theory of DNA）、历史本质主义(historical essentialism)、稳态属性簇（homeostatic

① Ereshefsky M. Species. The Stanford Encyclopedia of Philosophy (Summer 2022 Edition). Zalta E N(ed.). https://plato.stanford.edu/archives/sum2022/entries/species/[2024-03-12].

property cluster，HPC）类理论、关系本质主义（relational essentialism）和起源本质主义（origin essentialism）等主张，从而使生物学本质主义重新焕发了生机。由于这些观点在很多方面都呈现出一些不同于传统生物学本质主义的“新”特征，因而被冠以“新生物学本质主义”之名。当人们论及新生物学本质主义时，可能会产生这样一些疑问：传统生物学本质主义有什么样的难题呢？新旧两种生物学本质主义有什么样的差异呢？新生物学本质主义能否避开传统的生物学本质主义难题并实现生物学本质主义的复兴呢？这些便是本书试图要解答的问题。

第二节　问题的分析

现在，我们先对物种问题做一点初步的分析和说明。生物学家们常常从时间和空间这两个不同的维度来思考物种问题。在空间维度上，物种作为由不同的生物有机体（organism）所组成的群体，它们之间似乎存在着明显的差异性和不连续性（discontinuity）。这进一步强化了人们的直观认知，即物种之间存在着本质性的差异，我们可以用一些自然的特征将它们明确地区分开来。不同物种在空间维度上的差异性和不变性构成了生物学中本质主义思想的经验基础。而在时间的维度上，在任何特定空间存在的生物有机体都处在进化的序列之中，我们在物种身上无法找到恒定不变的属性。物种的演变好似一条流淌的河流，我们很难在某一个节点上把它们区分为截然不同的片段。物种在时间维度上呈现出的这种特性就成为生物学中的反本质主义的思想素材。物种在两种维度上呈现出两种不同的属性，而这两种不同属性之间的张力就成为物种问题产生的根源。

在前达尔文时代的分类学中，林奈的模式物种概念（typological species concept）一直是物种问题的正统观点。它强调每一物种都存在着不同于其他物种的独特本质，这些本质是不变的，并且它们构成了人们识别物种的充分必要条件。这种观点不论是在科学还是哲学意义上都产生了深刻的影响。林奈强调不同物种在空间维度上的差异性和不变性，并且把这种观点推到了极端。显然，他忽视了物种在时间维度上的连续性和变异性。这也是模式物种概念受到进化论冲击的原因所在。

达尔文的进化论主张生物物种是不断变化的，不同物种之间根本不存在明确的界限。两个物种之间可能存在着多个变种作为它们之间的过渡类型。相对于林奈的主张，达尔文在物种问题上的观点似乎有矫枉过正之嫌。在他看来，物种具有时间维度上的连续性，传统生物学本质主义对物种在空间维度上的不连续性的强调太过片面了。他和传统的生物学本质主义者们一样把自己的观点推向了极端。他认为，物种之间只有连续性而不存在不连续性，只有变异性而不存在不变性。由此，在达尔文那里，思想的钟摆从一端摆向了另一端。

依据对物种两个不同维度的区分，我们似乎可以说传统的生物学本质主义和进化论都只掌握了部分真理，同时也都存在着一些不足。传统的生物学本质主义片面强调物种的不连续性和不变性，忽视物种的连续性和变异性；而达尔文的进化论只强调物种的连续性和变异性，忽视物种的不连续性和不变性。对此，人们可能会提出这样一个问题：如果持有不同观点的学者们都做出一些让步和调整，是否可以使彼此的观点相互融合呢？随着进化生物学的发展，达尔文的进化论也被进一步修正和完善，尤其是“间断平衡说”（punctuated equilibrium）[①]的提出，进化论已经不再片面强调物种之间的连续性和变异性。当前的问题是：生物学本质主义者们如何在进化论的框架中调整原有的极端主张，从而实现与进化论的融合？对传统生物学本质主义的调整和修正就促成了新生物学本质主义的诞生。

新生物学本质主义者的核心工作是在时间和空间的维度上重新确定物种的边界。生物学本质主义者认为不同的物种之间存在着明确的界限，我们只要确定这些界限就可以把不同的物种区分开来。但是，进化论所呈现出的事实似乎说明这样的边界是不存在的。新生物学本质主义者如果想捍卫自己的观点，必须要告诉我们这样的边界应该如何划定，而且要表明他们所划定的这些界限并不与进化论思想相冲突。可以说，这就是新生物学本质主义者们要尝试做的主要工作。

生物学本质主义者们对物种界限的划定总是依据一定的标准进行的。这些标准就是他们所坚持的本质。人们对物种本质的不同理解也就产生了不同版本的生物学本质主义。从传统的生物学本质主义到新生物学本质主义，人们对生物学本质主义的理解发生了很大的变化。由于受到亚里士多德的影响，包括林奈在内的传统的生物学本质主义者都认为物种的本质是某些内在属性，可以依据一种或一组内在属性将不同的物种区分开来。这种观点受到现代生物学的挑战，现代生物学理论表明物种并不存在可以作为本质的内在属性。要依据内在属性为物种划定边界似乎存在理论上的难题。生物学本质主义者要想继续坚持本质主义主张必须寻找新的理

---

① “间断平衡说”认为物种的演化并不是渐变的而是快速变化和停滞交替进行的。

论资源。

大致来说，新生物学本质主义在当代的兴起主要采取了三种不同的进路：一部分学者在吸收现代生物学成果的基础上，试图继续坚持内在属性的生物学本质主义。当然，这种新的内在属性本质主义较传统观点已经有很大的改变。这一进路中的代表性理论是“DNA 条形码理论”。第二种进路是所谓的关系本质主义。这种进路认为物种的本质并非内在属性而是关系属性。该进路的主要代表有历史本质主义、关系本质主义和起源本质主义。它们选择了一条全新的道路，即完全放弃传统的内在属性本质主义。第三种进路可以看作上述两种进路的折中和调和。它认为物种的本质既有内在属性的部分也有外在关系的部分。它的主要代表有 HPC 类理论和内在生物学本质主义（intrinsic biological essentialism，INBE）。显然，这三条进路所包含的不同版本的新生物学本质主义为生物学本质主义在当代的复兴提供了非常多样的理论路径。

然而，不同进路的这些主张是否都是成功的呢？要回答这个问题，我们必须借助于一定的理论框架，只有以这种理论框架为依据才能对不同版本的新生物学本质主义做出分析和评价。现在，我们来对这个理论框架做出尝试性的说明。我们知道，传统生物学本质主义强调物种本质的不连续性和不变性，这种观点受到达尔文进化论的冲击。有鉴于传统的生物学本质主义的困境，新生物学本质主义试图在不与进化论冲突的情况下复兴生物学本质主义。新生物学本质主义不再强调物种本质的不连续性，而是保留物种本质的不变性。新生物学本质主义之“新”主要体现在它们为物种本质提供了有别于传统观点的新的理解。也就是说，新生物学本质主义试图在进化论的框架之下为生物学本质主义开辟新的道路，从而找到本质主义与进化论相兼容的逻辑空间。实质上，新生物学本质主义要解答的是一个安置问题（location problem）：在一个进化的生命世界图景中如何安置本质主义。显然，这个问题涉及两个方面的因素：生物学本质主义和进化论。要解决它们之间的冲突，可以从两个不同的方面展开。从生物学本质主义的方面来说，生物学本质主义试图做出相应的调整和改进以应对进化论的挑战，新生物学本质主义便由此而生；从进化论的方面来说，自从达尔文提出进化论之后，这个理论经历了许多修改和补充，当代的进化论不再只是一种具体的理论，而是一种劳丹所谓的“研究传统”（research tradition）[①]，它是由多个不同的理论所组成的一整套理论，达尔文的进化

① 拉瑞·劳丹. 进步及其问题. 2 版. 刘新民译. 北京：华夏出版社，1999：72.

论只是其中的一个部分。或许，在当代的进化论框架中，达尔文的进化论已经被新的理论所修正，以致其不会再与生物学本质主义相冲突。

因此，要对新生物学本质主义进行分析和评价，除了要对其不同版本做出清晰的说明外，还要对当代进化论的主要内容做出澄清。因为，进化论是我们分析和评价新生物学本质主义的理论框架，只有对其做出澄清才能说明是否存在着生物学本质主义兼容于进化论的可能性，同时也才能回答生物学本质主义是否可以在进化论框架中找到自己的位置。在本书中，我们试图表明，并不存在进化论兼容于本质主义的逻辑空间，在进化论所塑造的世界图景中找不到生物学本质主义的位置。

第三节 研究历史和现状

生物学本质主义是一个有着悠久历史的思想传统。它最早可以追溯至柏拉图的理念论思想。柏拉图认为每一事物皆有理念（idea），理念是事物的本质。像树木、动物和人等自然事物的理念就是它们的本质。这种思想可以视为最早的本质主义观点。然而，他的本质主义观点仅限于哲学层面，并没有被贯彻到生物学中。真正把本质主义思想贯彻到生物学中的是被誉为“分类科学之父”的亚里士多德。亚里士多德深受柏拉图的影响，他也认为每一事物都有其本性或本质。但是，他认为事物的本质不是其理念而是“可以达到某种目的的力量”。[①]在他看来，物种的本质就是它们的某种目的论功能。比如，人类的本质是理性能力，它的目的是使人类成为其自身，每一个人的理性能力都是这种本质的例示。有学者把亚里士多德的这种观点称为“目的论的本质主义”（teleological essentialism）。[②]在其后的历史中，亚里士多德的生物学本质主义思想逐渐被发展成一种研究传统，对后世产生了深远的影响，一直到中世纪这种状况才有所改变。

生物学本质主义在经过中世纪的宗教神学洗礼之后发生了很大的改变。根据《圣经》的解释，世界是上帝创造的，其中的每一事物都是上帝创造的结果。在生物世界中，物种不过是上帝创造的基本单位，这些物种一旦被创造出来就不再发生改变。对于当时的人们来说，“种的固定性和

---

① Ereshefsky M. The Poverty of the Linnaean Hierarchy: A Philosophical Study of Biological Taxonomy. Cambridge : Cambridge University Press, 2001: 18.

② Ereshefsky M. The Poverty of the Linnaean Hierarchy: A Philosophical Study of Biological Taxonomy. Cambridge: Cambridge University Press, 2001: 18.

永恒不变性成为坚定信念”。[①]这种观念直接影响了生物分类学家们的分类思想。他们在分类学实践中都认为物种是自然界的明确单位，它们是不变的而且彼此之间有着明显的差异。

在基督教神创论思想的影响下，分类学家们都认为，如果每一物种都是上帝独特的创造物，那么每一物种必然是不变的且与其他物种之间有着根本性的差异。本质论物种概念便由此提出，它认为，“每一物种皆以其不变的本质（eidos）为特征并以明显的不连续性和其他物种相区别”。[②]生物学家们根据生物有机体之间的形态类似性来推断不同的个体是否具有相同的本质。在本质主义者看来，物种是由相似个体所组成的种群，种内的个体之间具有共同的本质，“变异是本质表现不完善的结果”。[③]坚持本质主义的分类学家们在实际的分类工作中总是先确定一种生物的形态特征，并把它作为固定的模式，然后把其他生物的形态特征与模式相比对，凡是与模式相似的就属于同一物种，否则便不属于同一物种。因此，人们常常把本质论物种概念称为模式物种概念（typological species concept）。[④]持有本质主义观点的分类学家们在实际的分类工作中始终面临一个操作上的问题：在形态差异很大的个体之间，人们应该采用什么样的标准把它们区分为相同或不同的物种呢？

17世纪的博物学家雷（J. Ray）第一次为上述问题提供了实质性的答案。他认为对于植物来说，同一株植物或同样的种子可以产生很多不同的后代，这些后代应被视为同一物种。因此，把“种子繁衍自身”[⑤]这一特征作为判定物种的标准是非常可靠的。他指出：“经过长期和大量的观察后，我相信在确定一个物种时，除了应该把通过种子繁殖而使之永远延续的特点作为标准外，没有其他更合适的标准。因此，不管一个个体或一个物种发生了什么样的变化，如果它们是由同一棵植物或同样的种子发芽生长起来的，那么，这些变化只能称作是偶然的变异，而不能作为区分另一

① 恩斯特·迈尔. 生物学思想发展的历史. 2版. 涂长晟，等译. 成都：四川教育出版社，2010：168.

② 恩斯特·迈尔. 生物学思想发展的历史. 2版. 涂长晟，等译. 成都：四川教育出版社，2010：168.

③ 恩斯特·迈尔. 生物学思想发展的历史. 2版. 涂长晟，等译. 成都：四川教育出版社，2010：168.

④ typological species concept中的typological通常译为“类型的”，但在生物学中，学者们一般将其译为“模式的”，我们也按生物学中的惯例使用这种译法。

⑤ 恩斯特·迈尔. 生物学思想发展的历史. 2版. 涂长晟，等译. 成都：四川教育出版社，2010：169.

个物种的标志。”[①]

林奈继承并发展了雷的思想。林奈虽然仍然坚持使用生物尤其是植物的形态特征对不同的种群进行分类，但是他认为雷的分类标准是不可靠的，因为雷把“通过种子繁殖”作为分类标准会使分类变得更加混乱。他将生物的性系统，比如植物花蕊的数目、形状、比例、位置作为指标来进行分类。林奈的分类工作同样深受基督教神创论思想的影响。他把自己提出的等级式的分类结构视为自然结构的体现。他在自己的分类工作中也认为现有的物种数目与上帝创造的物种数目是相同的。林奈的工作进一步完善了本质论物种概念，并且使这一概念成为被后世分类学家所广泛采纳的分类理论。这一概念为物种设定了四个方面的特征：“（1）物种由具有共同本质的个体组成；（2）每一物种按明显的不连续性与其他物种分开；（3）每一物种自始至终是恒定不变的；（4）任何物种对可能的变异都有严格限制。”[②]

林奈的本质论物种概念在很长一段时间内占据着生物分类学主流观点的位置。虽然这一观点并非没有遇到反对的声音，但是这些反对的声音并未撼动林奈观点的支配地位。这种反对的声音主要来自莱布尼茨等提出的唯名论物种概念（nominalistic species concept）。该概念认为，只有生物个体是真实存在的，而物种和其他生物的类别都是人为的虚构。达尔文在其《物种起源》一书中论及物种概念时似乎也坚持这一概念。根据达尔文的进化论，生物进化是渐进的、缓慢的、连续的过程，种间并不存在明显的间断。他指出：“我认为物种这个名词是为了便利而任意加于一群互相密切类似的个体的，它和变种这个名词在本质上并没有区别，变种是指区别较少而彷徨较多的类型。”[③]支持唯名论物种概念的学者并非认为它比本质论物种概念更有优势，而是他们不赞同后者却又没有其他更好的选择。[④]另外，唯名论物种概念作为本质论物种概念的可能替代者，在实践中并未对后者的支配地位造成真正的撼动。

在达尔文之后，很多生物学家和哲学家们在其思想的影响下，继续对生物学本质主义展开了批判。比如，当代著名的生物哲学家胡尔（D.

① 洛伊斯·N. 玛格纳. 生命科学史. 李难，崔极谦，王水平译. 武汉：华中工学院出版社，1985：461.

② 恩斯特·迈尔. 生物学思想发展的历史. 2 版. 涂长晟，等译. 成都：四川教育出版社，2010：171.

③ 达尔文. 物种起源. 周建人，叶笃庄，方宗熙译. 北京：商务印书馆，1995：67.

④ 恩斯特·迈尔. 生物学思想发展的历史. 2 版. 涂长晟，等译. 成都：四川教育出版社，2010：174.

Hull）就基于达尔文的渐变论（gradualism）提出了一个非常具有影响力的反生物学本质主义论证——“模糊性论证”。[①]该理论指出，物种是渐变的，种间的界限是模糊的，物种不能被定义，因此物种不存在本质。在当代，“生物学家们和生物哲学家们都典型地认为物种本质主义不能与现代的达尔文理论相兼容”。[②]另外，学者们又从当代生物分类学的视角对生物学本质主义的分类方法提出了批评。生物学本质主义主张以单一的标准去识别和分类物种，而当代生物分类学则认为由进化过程所导致的物种多样表明并不存在单一的识别和分类物种的方法。[③]因而，生物学本质主义的生物分类方法与当代生物分类学的实践是不兼容的。这些批评促使传统的生物学本质主义渐渐淡出了生物学的舞台。

近年来，一部分哲学家认为，传统的生物学本质主义并不完全是错的，它仍有许多值得坚持的地方。他们都尝试在吸收哲学和生物学的最新理论资源的基础上复兴生物学本质主义。

DNA 条形码理论代表了复兴生物学本质主义的一种新方向。它把分子生物学中的 DNA 条形码技术（DNA barcode technology）与克里普克的专名（proper name）理论相结合。该理论主张，作为 DNA 条形码的每一段独特的 DNA 序列都是一个严格指示词（rigid designator），它在所有可能世界中都指称某一特定的物种。可以说，DNA 条形码理论在生物学中复兴了一种克里普克式的本质主义。[④]克里普克的类本质主义（kind essentialism）认为每一类事物的本质是其独特的内在结构（internal structure），比如水的本质是其分子式 H_2O，金元素的本质是其原子序数 79。这一理论对物理学和化学等学科来说似乎是非常适用的。然而，这一主张是否适用于生物学却是充满争议的。[⑤]哈金（I. Hacking）指出，DNA 条形码对于物种来说只是一种偶然的识别标志，它不能起到因果解释的作用，并不是物种的真正本质。[⑥]赫伯特（P. Hebert）等也对这一点做出了

① Hull D. The effect of essentialism on taxonomy: two thousand years of stasis (I). The British Journal for the Philosophy of Science, 1965, 15(60): 314-326. 胡尔本人并未使用“模糊性论证”这个名称，这个名称是笔者为了论证的方便所加的。

② Okasha S. Darwinian metaphysics: species and the question of essentialism. Synthese, 2002, 131(2): 191.

③ Dupré J. The Disorder of Things: Metaphysical Foundations of the Disunity of Science. Cambridge: Harvard University Press, 1993: 57.

④ Rieppel O. New essentialism in biology. Philosophy of Science, 2010, 77(5): 662-673.

⑤ Dupré J. Natural kinds and biological taxa. The Philosophical Review, 1981, 90(1): 66-90.

⑥ Hacking I. Natural kinds: rosy dawn, scholastic twilight. Royal Institute of Philosophy Supplement, 2007, 61: 234.

类似的说明。[①]梅伦德斯（J. Meléndez）则表明依据 DNA 条形码来论证生物学本质主义所依赖的两个假设在经验上都是不成立的。[②]

另一种复兴生物学本质主义的全新进路可以被统称为“关系本质主义”。传统的生物学本质主义一般都坚持物种的本质是其某一个或一组内在属性。以往反生物学本质主义者批判的都是这种形式的生物学本质主义。同时，也正是这种形式的生物学本质主义遭遇到难题，才促使人们从其他的路径为生物学本质主义寻求辩护。其中一种路径就是关系本质主义。关系本质主义认为物种的本质根本不是内在属性而是外在关系。这些关系可以是有机体之间的，也可以是有机体与环境之间的，它们对于物种的成员来说不仅是充分的而且是必要的。比如，“源自同一祖先”对于某一物种的所有成员来说就是它们的本质。由于对关系本质的理解不同，学者提出了不同版本的关系本质主义。其中主要有格里菲斯和拉波特主张的历史本质主义和奥卡沙提出的关系本质主义，以及尝试把克里普克关于个体的起源本质主义观点扩展到物种的起源本质主义。

然而，在批评者看来，这些版本的关系本质主义观点都有着各自的难题。历史本质主义以支序系统学（cladistics）为基础，把“源自同一祖先”这一属性作为物种的本质。[③]对此，佩德罗索（M. Pedroso）指出，虽然历史本质主义者声称他们以支序系统学为理论基础，但是支序系统学并不真正支持历史本质主义的论证。[④]奥卡沙的关系本质主义不再像历史本质主义那样仅以某种特定的关系属性作为物种的本质，他认为物种的本质只能是关系的。实质上，他给出的是一种关系本质主义的一般性论证。他的关系本质主义借用了生物分类学中的一些最新成果，为本质主义在当代的复兴开辟了一条全新的道路。[⑤]虽然，它在一定程度上弥补了传统本质主义的不足，但是它对内在属性的放弃也不是没有付出代价。戴维特就认为关系本质主义作为一种生物学本质主义主张，要么

---

① Hebert P D, Gregory T R. The promise of DNA barcoding for taxonomy. Systematic Biology, 2005, 54(5): 852-859.

② Meléndez J. Barcodes and historical essences: a critique of the moderate version of intrinsic biological essentialism. Revista de Humanidades de Valparaíso, 2019, 14: 75-89.

③ LaPorte J. Natural Kinds and Conceptual Change. Cambridge: Cambridge University Press, 2004: 12.

④ Pedroso M. Essentialism, history, and biological taxa. Studies in History and Philosophy of Science Part C: Studies in History and Philosophy of Biological and Biomedical Sciences, 2012, 43(1): 182-190.

⑤ Okasha S. Darwinian metaphysics: species and the question of essentialism. Synthese, 2002, 131(2): 191-213.

无法完成生物分类学的任务，要么无法完成哲学的任务。[①]另一位哲学家艾瑞舍夫斯基（M. Ereshefsky）也在戴维特的基础上对关系本质主义提出了类似的批评。[②]而物种的起源本质主义观点也被批评者认为是难以成立的。原因在于，克里普克关于个体的起源本质主义并不能扩展为关于物种的起源本质主义。[③]总之，在这些批评者看来，关系本质主义的理论尝试是不成功的。

第三类新生物学本质主义可以被称为“混合生物学本质主义”。此观点认为，物种的本质既非内在属性也非关系属性，而是两种属性的混合。这种类型的生物学本质主义中的一种观点是由博伊德提出的 HPC 类理论。他使用 HPC 来定义自然类。他认为这样的自然类具有两个特点：“①一个 HPC 类的所有成员共有一簇相似性，这些相似性对于群成员来说并不是必要的；②一个群的成员的相似性要通过类的稳定的机制来获得解释。”[④]比如，家犬的成员共有很多相似的特征，我们可以通过该类的发育机制对这些特征进行解释。如果哈利是条狗，那么我们就可以预测它会有尾巴和四条腿。传统的生物学本质主义一般认为作为物种本质的某些属性除了必须是“内在”的以外，还要求这些属性不仅为该物种的所有成员所共有而且只为该物种的成员所有。而 HPC 类理论不再要求物种本质必须是内在属性或者外在关系，而是强调把一些可以进行归纳的物种成员之间的相似属性作为物种的本质，这些相似属性可以是内在的，也可以是外在的。但是，这样的 HPC 是否可以成为名副其实的物种本质呢？理查兹（R. Richards）认为，与传统的生物学本质主义相比，HPC 类理论的确有其优势，不过它也存在着严重的问题。在他看来，进化生物学已经告诉我们物种有着一种历时的结构（temporal structure）：“它们在物种形成的过程中有一个起点；它们随着时间发生变化；并且它们在新物种的形成过程中或灭绝过程中有一个终点。”[⑤]HPC 类理论并没有反映这一点，这是它的重大缺陷。艾瑞舍夫斯基则认为，HPC 类理论本身不仅存在着融贯性

---

① Devitt M. Resurrecting biological essentialism. Philosophy of Science, 2008, 75(3): 344-382.

② Ereshefsky M. What's wrong with the new biological essentialism. Philosophy of Science, 2010, 77(5): 674-685.

③ Pedroso M. Origin essentialism in biology. The Philosophical Quarterly, 2014, 64(254): 60-81.

④ Boyd R. Homeostasis, species, and higher taxa//Wilson R(ed.). Species: New Interdisciplinary Essays. Cambridge: MIT Press, 1999: 165.

⑤ Richards R. The Species Problem: A Philosophical Analysis. Cambridge: Cambridge University Press, 2010: 156.

问题，而且还存在着解释循环的问题，它给出的方案不能成立。[①]

混合生物学本质主义的第二种观点则与第一种观点有着少许差别。虽然该种混合生物学本质主义也认为物种的本质中既有内在属性也有关系属性，但是它更为强调的是每一物种都至少有一些内在属性作为它的本质。该观点试图恢复林奈的本质主义观点，它的倡导者称自己的观点为INBE。这种观点的主要倡导者是戴维特[②]和达姆斯代（T. Dumsday）[③]。戴维特的生物学本质主义在很长的一段时间内都是人们讨论的焦点。对于其观点，艾瑞舍夫斯基认为，从他的论证中并不能必然地推论出本质主义，对于他的论据，人们可能提供与之完全相反的解释。[④]巴克（M. Barker）则认为戴维特对关系本质主义的批判以及对 INBE 的论证都是不成立的。[⑤]卢恩斯（T. Lewens）则指出，即使 INBE 可以成立，它也是一种非常弱的生物学本质主义。[⑥]鉴于戴维特的 INBE 所存在的问题，达姆斯代提出了一种新的 INBE 主张，他的主张代表了该种进路的新生物学本质主义的最新发展。[⑦]

以上是人们在生物学本质主义问题上讨论的现状，下面转向笔者的研究思路。

第四节 笔者的主要思路

除了导论部分，本书的正文将分为两个部分：第一部分包括前七章，主要是对现有不同版本的新生物学本质主义的分析和批评；第二部分包括第八和第九两章，主要是笔者从两个不同的角度对新生物学本质主义的失败原因所做的分析。

---

① Ereshefsky M. What's wrong with the new biological essentialism. Philosophy of Science, 2010, 77(5): 674-685.

② Devitt M. Resurrecting biological essentialism. Philosophy of Science, 2008, 75: 344-382.

③ Dumsday T. A new argument for intrinsic biological essentialism. The Philosophical Quarterly, 2012, 62(248): 486-504.

④ Ereshefsky M. What's wrong with the new biological essentialism. Philosophy of Science, 2010, 77(5): 674-685.

⑤ Barker M. Specious intrinsicalism. Philosophy of Science, 2010, 77(1): 73-91.

⑥ Lewens T. Species, essence and explanation. Studies in History and Philosophy of Science Part C: Studies in History and Philosophy of Biological and Biomedical Sciences, 2012, 43(4): 751-757.

⑦ Dumsday T. A new argument for intrinsic biological essentialism. The Philosophical Quarterly, 2012, 62(248): 486-504.

要真正地了解新生物学本质主义，就必须知道传统的生物学本质主义有着什么样的疑难。只有交代了传统观点的疑难所在，才能真正地理解新生物学本质主义究竟“新”在何处。更为重要的是，新生物学本质主义并没有完全抛弃传统观点，它在很多方面是对传统的修正和扩展。对于传统生物学本质主义及其问题的讨论可以为后续讨论的展开提供很好的铺垫。笔者在第一章中将首先交代生物学本质主义的一些基本信条以及相关的争论。

传统生物学本质主义的失败使它的倡导者们不得不修正传统或者另辟蹊径去为生物学本质主义寻求新的辩护，这便促成了新生物学本质主义的兴起。在第二章中，笔者将重点讨论新生物学本质主义的一个重要版本——DNA 条形码理论。在该章中，笔者将首先对 DNA 条形码理论的哲学基础——克里普克的专名理论做出说明，并指出这个理论是如何与 DNA 条形码技术结合在一起从而整合出一种新生物学本质主义的。最后，笔者将对该版本的新生物学本质主义做出评价。笔者的结论是，DNA 条形码理论并没有避开传统生物学本质主义遭遇的难题，它的辩护方案是不成功的。在此基础上，笔者进一步指出自己的论证所产生的理论后果。

在第三章中，笔者将历史本质主义作为自己的讨论对象。历史本质主义是一种以支序系统学为基础的关系本质主义。支序系统学理论利用生物之间的系统发育关系对不同的分类单元进行划分。它认为最能反映生物系统发育关系的是不同分类单元之间的亲缘关系和进化关系。在此基础上，人们提出了系统发育种概念（phylogenetic species concept）。它认为，物种就是由源自一个最近共同祖先的所有成员构成的群体。基于系统发育种概念，历史本质主义认为，每一物种的成员都具有共同的进化史，即它们都源自同一祖先。因此，“源自同一祖先”这一属性就为某一物种的所有成员所共有且仅为该物种所有，这一属性就是物种的本质。然而，对支序系统学理论的分析表明，它并不支持历史本质主义。

奥卡沙另一种意义上的关系本质主义，是第四章的讨论内容。他认为，现代分类学采用的生物学物种概念、系统发育种概念以及生态学物种概念等都是通过外在关系而非内在属性对物种进行定义的。在他看来，人们寻找内在本质的尝试都不成功，只有把外在关系作为物种本质才能挽救生物学本质主义。他尝试把关系本质与克里普克的本质主义理论相结合，从而避开传统内在属性的生物学本质主义难题。在具体的讨论中，笔者将围绕以生物学物种概念为基础的关系本质主义展开。笔者将指出关系本质主义无法应对类本质主义信条中的解释要求，并且这个要求对本质主义来说是必不可少的，因而关系本质主义不能成立。

在第五章中，笔者将讨论起源本质主义。这里的起源本质主义是关于物种的，而非个体的。该理论指出，“某一个体来源于某一特定的源头”就是一种本质特征。在这一点上，它和上述关系本质主义一样都把某种关系属性视为物种的本质属性。物种的起源本质主义是克里普克的个体起源本质主义与“物种作为个体”（species as individual）观点的结合。如果这种结合是可能的，那么个体起源本质主义就可以转变为物种起源本质主义。不过，这样的结合可能会面临两个困境：第一，起源本质主义关于物种形成的解释与进化生物学中的物种形成模式不符；第二，克里普克的起源本质主义与物种作为个体的观点不兼容；第三，更为严重的是，起源本质主义与上述几种关系本质主义一样都只能勉强应对本质主义的分类要求，而对解释要求则束手无策。

第六章主要讨论 HPC 类理论。它像传统生物学本质主义一样，坚持按照生物有机体成员之间的相似程度来划分不同的物种，在这一点上它和以林奈观点为代表的传统生物学本质主义一脉相承。与林奈观点不同的是，它不再强调这些相似性必须是普遍且不变的。比如 HPC 类的所有成员共享一簇相似性，而可以对这些相似性进行解释的是某种稳态机制（homeostatic mechanisms）。这些机制可以是源自同一祖先或者是某种共同的发育机制，它可以对类成员的相似性做出解释和说明。但是，这些机制对于类的成员来说既不需要是充分的也不需要是必要的。可以说，该观点与传统的生物学本质主义相比已经弱了很多。然而，它可能面临的一个问题是：弱的生物学本质主义能否真正维护生物学本质主义？笔者的回答是否定的。

第七章将重点讨论戴维特的 INBE 理论。这种理论认为，我们可以在物种的属性之间找到一种类律（lawlike）的概括，当我们去解释为什么存在这些概括时，我们必须至少诉诸一部分生物的内在属性，这些内在属性就是物种的本质。然而，其中可能产生的问题是：人们关于物种属性之间关系的概括是否可以被视为定律？即使这些概括可以被称为定律，我们是否就可以由此得出物种存在本质这个结论？在这部分的讨论中，笔者得出的仍是否定性的答案。其后，笔者将讨论达姆斯代基于戴维特观点发展出的一种新型的 INBE。最后，笔者将表明，新版的 INBE 并未解决戴维特观点遇到的难题。

第八章尝试指出新生物学本质主义的困境。笔者将指出，新生物学本质主义失败的原因在于生物学本质主义的形而上学预设与现代生物学实践之间的张力。依据本质主义的要求，生物学本质主义设定了物种必定存在本质并且这些本质可以完成特定的任务。然而，依据生物学经验证据所确定的物种本质却不能完成生物学本质主义所设定的任务，新生物学本质主义一次次地遭遇失败。现代生物学实践与生物学本质主义的形而上学预设之间的张力最终导致新生物学本质主义的失败。新生物学本质主义的一系列失败可能会使人们产生这样一个疑问：人们在生物学本质主义的源头上对其理解是否就是有问题的？

第九章尝试对新生物学本质主义的困境做出历史分析。在具体的分析中，笔者将指出，生物学本质主义在古希腊起源时，它的分类和解释两个信条在很大程度上孕育了分子分类学和分子遗传学两个学科，不论是传统生物学本质主义还是新生物学本质主义遇到的难题，都可以从这两个学科与生物学本质主义之间相互关系的演进中得到解释。这一演进关系包括两个方面：一方面，两个学科逐渐从生物学本质主义中成熟和分化出来；另一方面，在两个学科中，传统生物学本质主义不断地被现代生物学观点所取代。可以说，生物学本质主义遭遇的难题是生物学本质主义所孕育的两个学科不断分化的过程，也是生物学本质主义不断被现代科学观点取代的结果。随着两个学科的真正成熟以及它们与生物学本质主义的彻底分化，生物学本质主义也走向了其逻辑终点。

最后，在开始正文的讨论之前，笔者想对本书涉及的一些重要概念做些说明。首先是“物种”这个概念。它是生物学中最具争议性的概念之一，人们关于它的争论在很大程度上源自其自身的含混性和多义性。从生物学家和哲学家对它的使用中，我们区分出三种不同的含义。第一种是其最初的含义，即“种类”或“类别”（kind）。在此意义上，除生物学之外它还可用于其他学科，比如逻辑学。第二种含义指的是具体的生物实体，比如狮子、猴子、熊猫等，生物学家把它称为作为“分类单元”（taxon）的物种概念。第三种含义是指作为最低级的“分类阶元”的物种概念（就是指七级生物分类等级，界、门、纲、目、科、属、种中的最低一个层次）。第二种含义与第三种的最大区别是，作为第二种含义的物种是客观存在的，而作为第三种含义的物种是人为设定的。迈尔（E. Mayr）对这两个概念做出了明确的区分：

> 分类单位是具体的动物或植物对象，例如狐狸、蓝（知更）鸟、苍蝇等个体的类群都是物种分类单位。
>
> ……
>
> 物种阶元是一种类别，其成员是物种分类单位。某个学者所采用的物种阶元的特殊定义就决定了他必须将哪些分类单位安排为物种。物种阶元的问题纯粹是一个定义的问题。①

在生物分类学中，人们往往在后两种含义上使用物种概念。在讨论物种的本体论地位问题时，我们主要在第二种含义上使用物种概念。实质上，生物学本质主义主要讨论的是每一个具体的物种是否都有自己的本质而与其他物种相区别。②

另一个重要的概念是本质主义。人们对它有着多种不同的区分。第一个是类本质主义与个体本质主义（individual essentialism）的区分。通常来说，关于这两者的讨论是可以独立进行的，生物学本质主义主要讨论的是类本质主义。本质主义像其他很多的主义一样并不是一个单一的主张，而是由多种不同的信条所构成的，而且这些信条会随着时间的变化而发生或多或少的变化。一般来说，本质主义认为每一类事物都有一种或一些独特的属性或特征使其是其所是，这些属性或特征就是该类事物的本质。③某一类事物的本质为该类事物的成员所共有且仅为该类事物所有。如果我们可以把握某类事物的本质，那么我们不仅可以对该类事物的某些特征做出解释，而且可以对该类事物有可能具有但并未显现的某些行为或特征做出预言。最为重要的是，“对于本质主义者来说，真正的本质可以获取世界的基本结构，或者用柏拉图的话来说，它们‘在自然的关节处分解自然’（carve nature at its joints）”。④第二个是类型的本质主义（typological essentialism）与目的论的本质主义的区分。本章第三节已提及后一种本质主义，它把物种的某种目的论的功能，或者物种达成某种目的的倾向属性或力量视为本质属性。前一种本质主义则认为，物种的本质

① 恩斯特·迈尔. 生物学思想发展的历史. 2 版. 涂长晟，等译. 成都：四川教育出版社，2010：166-167.

② 有学者主张，物种以上的分类阶元（比如属）也是存在本质的。不过，本书只关注物种的本质主义，而不讨论更高阶的分类阶元是否有本质。

③ 上文已大致论及，本质属性主要有三类：内在属性、关系属性以及两者的组合。

④ Ereshefsky M. The Poverty of the Linnaean Hierarchy: A Philosophical Study of Biological Taxonomy. Cambridge: Cambridge University Press, 2001: 17.

是某种物理属性（内在的、关系的或两者的组合）而非倾向属性。第三个是强本质主义与弱本质主义的区分。强本质主义认为，事物的本质属性不仅要对事物的成员来说是充分必要的，而且必须是“内在的、不变的、非历史的”。[①]而弱本质主义则仅要求一组本质属性对于某一类别的成员来说必须是充分必要的。这些仅是对本质主义的一般性说明，笔者会在正文中做出更具体的讨论。

① Boyd R. Homeostasis, species, and higher taxa//Wilson R(ed.). Species: New Interdisciplinary Essays. Cambridge: MIT Press, 1999: 146.

第一章　本质主义与进化论

上文指出，达尔文进化论的冲击是导致传统生物学本质主义被放弃的主要原因。那么，它们之间究竟在什么地方存在冲突呢？在本章中，笔者将重点说明胡尔、索伯（E. Sober）和迈尔等哲学家基于进化论提出的反生物学本质主义论证。这些论证不仅提供了传统生物学本质主义走向衰落的原因，而且提供了新生物学本质主义兴起的一些必要背景。在本章中，我们首先对本质主义的信条做出具体说明。在本章的剩余部分则着重说明学者们围绕这些信条提出的三个反生物学本质主义论证。

第一节　类本质主义的三个信条

类本质主义哲学有着悠久的历史。古希腊的哲学先贤们从一开始追问哲学问题时就是以本质主义的思维方式来观察和解释世界的。古希腊哲学的这种思维方式最为集中地体现在柏拉图的理念论思想中。在他看来，理念就是世界的本质，现象世界的事物不过是对理念的分有或模仿。理念是这些事物的本质和存在的依据。柏拉图的这种本质主义思想在很长一段时间中一直影响着后世哲学家们的思维方式。无怪乎，当代英国哲学家怀特海会说："对构成欧洲哲学传统最可靠的一般描述就是，它是对柏拉图学说的一系列脚注。"[①]虽然这样的评价有一些言过其实，但是我们还是能在某种程度上看到柏拉图的哲学思想所产生的重要影响。

对一个哲学概念而言，越是具有悠久的历史可能就会伴有越多的争议。本质主义像其他重要的哲学概念一样有着很多不同的含义和争议。同一历史时期的不同学者可能对它有不同的理解，而且在历史的发展过程中它的含义也可能会不断地发生变化。要想给这个概念一个精确的定义或概括并非易事。但是为了论述的需要，我们有必要对它进行一个大致的界定。在笔者看来，艾瑞舍夫斯基对类本质主义所做的界定还是较为精准的。他把类本质主义的信条归结为如下三点：

---

① 怀特海. 过程与实在：宇宙论研究. 李步楼译. 北京：商务印书馆，2011：63.

(1)一个类的所有成员且仅有该类的成员拥有共同的本质。

(2)一个类的本质是导致该类成员的相关典型特征的原因。

(3)知道一个类的本质可以帮助我们解释和预言那些相关的典型特征。[①]

我们对这三个信条做一些具体的说明。信条(1)是要求类的本质属性对于识别类的成员来说是既充分又必要的。本质属性就是为某一类事物的所有成员且仅为该类事物的成员所具有的属性。艾瑞舍夫斯基在另一处就把信条(1)表述为:"一个类的所有成员且仅有该类的成员共有的一些性状,这些性状是该类的真正本质。"[②]实质上,该信条要求本质主义必须给出某一类事物的"同一性条件"(identity conditions),而某类事物的本质属性就是该类事物的"同一性条件"。比如,水的分子式是 H_2O,这个分子式就是水的本质属性,也是水的同一性条件。我们可以通过 H_2O 这个"同一性条件"把某类事物识别为水,凡是具有 H_2O 这个分子式的物质都是水,而凡是不具有的则都不是水。信条(2)要求类的本质必须具有因果效力。一个类的本质与该类相关的其他属性之间存在着因果关系,"一个类的本质导致(cause)与该类相关的其他属性。比如,自然类'黄金'的本质是黄金的原子结构……黄金的原子结构导致黄金具有可溶于某些酸类和能够导电这些与该类相关的属性"。[③]信条(3)要求类的本质必须具有解释作用。这要求类的本质必须要对类成员所具有的一些典型特征做出解释和预言。比如,H_2O 作为水的本质,必须能够对水的一些特性(如无色、无味、透明等)做出解释和预言。

我们再对类本质和类成员的相关典型特征做一些说明。类的本质或本质属性一般被认为是内在属性或内在结构,就像水的本质 H_2O 是水的内在结构一样,它们相当于洛克(J. Locke)所说的"实在的本质"(real essence)。[④]而类成员的相关典型特征主要指的是类的外部特征或表面特

① Ereshefsky M. Species. The Stanford Encyclopedia of Philosophy (Summer 2022 Edition). Zalta E N(ed.). https://plato.stanford.edu/archives/sum2022/entries/species/ [2024-03-12].

② Ereshefsky M. The Poverty of the Linnaean Hierarchy: A Philosophical Study of Biological Taxonomy. Cambridge: Cambridge University Press, 2001: 95.

③ Nanay B. Three ways of resisting essentialism about natural kinds//Campbell J, O'Rourke M, Slater M(eds.). Carving Nature at Its Joints: Natural Kinds in Metaphysics and Science. Cambridge: MIT Press, 2011: 183-184.

④ 洛克. 人类理解论. 关文运译. 北京:商务印书馆,2009:461.

征（superficial characteristics）。比如无色、无味、透明等就是水的典型特征，或者斑马的条纹就是斑马的典型特征，它们相当于洛克所说的“名义的本质”（nominal essence）。[①]类本质主义认为，类的本质属性可以对类成员的相关典型特征做出解释，这就是信条（2）的主要内容。

无疑，类本质主义信条在物理学等学科中是适用的。通常来说，物理学和化学等学科的研究对象就是一些自然类，人们不需通过人为的标准就可以对它们做出区分。[②]科学家的工作就是去揭示这些自然类别的本质，发现类本质与相关属性间的律则性关系，从而用这些律则性关系进行解释和预言。可以说，物理学和化学等学科的实践在很大程度上验证了本质主义观点。不过，我们更为关心的则是类本质主义是否适用于生物学，或者说，生物物种是否有本质。传统的哲学家们通常都认为物种是自然类，它们具有类本质。在本质主义思维方式占统治地位的时期，本质主义从非生物学领域扩展到生物学领域似乎是一个顺理成章的过程。而且更为重要的是，这种观点与人们的直觉和常识颇为契合。比如，上文指出，人类都拥有一些可以在直觉上对生物做出分类的“常识生物学”知识。由此可见，不论是从学理上还是从常识上来说，物种都被认为是具有类本质的自然类。

然而，对于生物学中的本质主义，历史上一直有反对的声音，特别是随着现代进化论的产生，这种反对的声音更为强烈了。很多哲学家纷纷表示本质主义并不适用于生物学。他们分别从上述三个信条出发对生物学本质主义进行了批判。本质主义在生物学中的应用面临着很多疑难，我们可以以信条（1）在生物学中遇到的难题来说明这一点。

信条（1）运用于生物学中的主要困难是，它无法与达尔文的进化论相调和。依据信条（1），如果物种存在本质，那么每一物种都需要有一种或一些为该物种的所有成员共有且仅为该物种所具有的属性，不论这些属性是内在的还是外在的。传统的生物学本质主义认为物种的本质是某种内在属性。比如，模式物种概念试图把某些形态特征视为物种本质，凡是具有某种相似形态特征的个体就可以被视为同一物种，反之则否。然而，传统的本质主义者们的这些努力，在坚持达尔文进化论的学者们看来是难以成功的。按照现代遗传学的理解，那些形态特征只是生物的表现型，它们在很大程度上

---

① 洛克. 人类理解论. 关文运译. 北京：商务印书馆，2009：461.

② 一般来说，人们都认可物理学和化学等学科的研究对象是自然类。不过，也有学者持相反的意见。由于关于这个问题的争论不会影响到我们的讨论，因而这里不做具体说明。

受到基因的调控，生物在进化过程中可能会发生基因变异或突变，这就可能导致形态特征发生很大的变化，以致我们通过这些形态特征根本无法对物种进行有效的分类。下面，我们从两个方面来说明这一点。

第一，同种的生物个体之间也可能有着差异巨大的形态特征。这种情况源自生物体在形态上的可塑性。通常来说，生物形态的特征是基因和环境两个因素相互作用的结果。每一个生物种群中的个体都有着不同的基因，同时也可能处于不同的环境中，这就会导致同一个种群中的不同个体有着不同的形态特征。再者，即使是同一个个体在不同的生命时期，其形态特征也可能会发生很大的变化。对此，有学者就指出：

> 种内的（intra-specific）基因变异是极其广泛的——减数分裂、基因重组和随机突变共同确保了在可能的基因型范围内有无限的变化，有性生殖物种的成员可以作为例子。坦白地说，这是一种错误的观点：存在一些共同的基因属性，它为一个给定物种的所有成员所共有而为其他物种的所有成员所缺乏。[①]

我们在一个种群中根本找不到在形态特征上完全相似的两个个体，就像我们在自然界中找不到完全相同的两片树叶一样。可以说，在同一种群中，生物个体之间都是相似的，同时也是有差异的。对此，人们可能会问：如果以相似性作为划分物种的标准，那么多大程度上的相似性才算真正的相似性呢？不论以何种程度上的相似性为标准都有可能把同类划归不同的种群，也可能把不同类的个体划归同一个种群。

第二，不同物种可能存在着相同或相似的形态特征。很多在亲缘关系上非常接近的生物种群之间大多存在着相同或者相似的基因，这些基因可能造成不同的生物种群之间有着相似的形态特征。一方面，这可以从达尔文的共同由来（common descent）学说来说明。它声称现存的生物物种都是过去物种的后代，所有的生物都来源于共同的祖先。如果所有的生物都源于同一个祖先，那么“相关物种的有机体就会从它们共同的祖先那里继承相似的基因和发育机制。这些共同的发育资源在不同物种的个体中产生许多相似性”。[②]另一方面，平行进化（parallel evolution）也可能使不

---

① Okasha S. Darwinian metaphysics: species and the question of essentialism. Synthese, 2002, 131(2): 196.

② Ereshefsky M. Species. The Stanford Encyclopedia of Philosophy (Summer 2022 Edition). Zalta E N(ed.). https://plato.stanford.edu/archives/sum2022/entries/species/[2024-03-12].

同物种的成员具有相似的形态特征。“平行进化”就是生活在相同环境中的不同物种间由于面临着相同的自然选择压力，它们的形态特征可能会出现趋同的现象。由此，不同的物种间就可能有着相似的形态特征。

对于上述两点，我们再做一点引申。第一点表明，减数分裂、基因重组和随机突变可能会使同一物种的成员具有不同的形态特征；第二点表明，不同的物种源自同一祖先，继承了相似的遗传机制，因此，不同的物种间可能存在着相似的形态特征。概括来说，达尔文的进化论表明同一物种并不具有唯一且共同的本质属性。有学者把达尔文的进化论的反本质主义内涵归结为以下两个原则：

> 第一个原则是群体思想（population thinking），它把物种视为在同一地理空间中和不同地理空间中发生着变化的有机体群体，种群中和种群间的变异性表明在任何特定的时间都没有单一的一组属性与一个物种的所有成员相关联。第二个原则是渐变论（gradualism），它把物种视为在时间中发生改变的世系（linenge）。因为这种改变，在时间中不存在单一的一组属性与一个物种的所有成员相关联。[①]

两个原则合起来，我们就会发现，物种在空间和时间维度上都不存在一组唯一且不变的本质属性。[②]这两个原则是生物学哲学中的反生物学本质主义思想的理论源泉，它们分别催生出了两种不同的反生物学本质主义论证。在后面的两节中，我们会分别对它们做出说明。

进化论使传统的生物学本质主义难以为继。如果把传统生物学本质主义的信条（1）运用于生物学中，那么得出的观点即是，每一物种都具有唯一且共同的本质或模式。然而，进化生物学却告诉我们物种并不存在唯一且共同的本质或模式。显然，传统的生物学本质主义与达尔文的进化论是不兼容的。两者之间的冲突使传统的生物学本质主义逐渐在生物学中失去市场并最终为大多数哲学家所放弃。

新生物学本质主义在修改或放弃一些基本信条的基础上卷土重来。我们可以从新旧两种生物学本质主义对三个信条的不同理解来说明两者之

---

① Richards R. The Species Problem: A Philosophical Analysis. Cambridge: Cambridge University Press, 2010: 20.

② 实质上，上面两点理由在反驳信条（1）的同时也反驳了信条（2）。如果生物物种并不具有唯一且共同的本质，那么形成物种成员的相关典型特征的原因就不是物种的本质。

间的差异。在笔者看来，新生物学本质主义的“新”主要体现在它对基本信条的修正和改进上。比如，对于信条（1），传统上认为物种的本质属性是形态特征，而以 DNA 条形码理论和 HPC 类理论为代表的新生物学本质主义则认为物种的本质属性是 DNA 序列或某种稳态发育机制。传统上认为物种的本质属性一定是内在的，而关系本质主义则认为物种本质并非内在的而是外在的。还有的新生物学本质主义理论放弃了本质主义的一些基本信条，比如，HPC 类理论就放弃了信条（1），它认为本质属性对某一物种的成员来说并不需要是既充分又必要的。①一些关系本质主义者放弃了信条（2）和（3），他们认为关系本质并不需要具有解释作用。从这些比较中，我们可以大致看到新生物学本质主义对传统生物学本质主义的基本信条所做的改造和修正。至于这些改造和修正能否成功，我们留待后面继续讨论。

第二节　本质主义与渐变论

现在来看胡尔基于达尔文的渐变论提出的反生物学本质主义论证。他的论证主要针对信条（1）。类本质主义的信条（1）要求类的本质对于类成员来说既是充分的又是必要的，类的本质就是类的同一性条件。依据不同的同一性条件，我们可以把事物区分为不同的类别，类本质成为不同类别之间的界限，不同的类别之间是彼此间断、不连续的。如果不同的事物之间是连续的，并不存在明确的界限，那么我们就无法找到某一事物的同一性条件，类本质更是无从谈起。由此可见，本质主义蕴涵了类别的不连续性观点。

生物学本质主义在古希腊已初显端倪，直到中世纪它才被明确地表达出来。在柏拉图和宗教创世神学的双重影响下，中世纪的生物学家们提出了本质论的物种概念（essentialist species concept）。②该概念要求每一物种自始至终是恒定不变的，任何物种对可能的变异都有严格限制。③这即是说，物种之间不仅是不连续的，而且这种不连续性是不发生变化的。实质

① 有一点需要说明的是，虽然信条（1）和（2）紧密相关，但是人们放弃信条（1）却并不必然会放弃信条（2）。生物学本质主义者们可能在坚持物种的类本质是造成物种成员相关典型特征的原因的同时，却认为物种的类本质对物种来说并不是唯一且共同的。

② 恩斯特·迈尔. 生物学思想发展的历史. 2 版. 涂长晟，等译. 成都：四川教育出版社，2010：168.

③ 恩斯特·迈尔. 生物学思想发展的历史. 2 版. 涂长晟，等译. 成都：四川教育出版社，2010：171.

上，本质论的物种概念是一种物种不变论，它除了认为物种之间存在着明确的界限外，还认为这些界限是不发生变化的。在很长一段时间里，物种不变论作为主导观点支配着人们在物种问题上的想象力。然而，随着新物种的产生和物种灭绝的现象不断被发现，人们开始意识到物种是在不断地发生变化的，这导致物种不变论的观点逐渐失势。

然而，传统的生物学本质主义并未与物种不变论一起走向衰亡，而是以一种新的面貌继续发挥着作用。一部分哲学家认为，物种会发生变化的现象只说明物种不变论是错误的，而不表明生物学本质主义是错误的，人们完全可以在承认物种进化的同时，坚持生物学本质主义。这种观点的一个重要产物就是所谓的“骤变说”（saltationism）或“骤变进化”。[①]骤变说认为，物种可以发生变化，只是这种变化是突变的、跳跃的，新物种以跳跃的方式快速形成，一种模式迅速地突变为另一种模式。[②]骤变进化的结果是，新旧两种物种具有不同的本质，它们之间由于跳跃的、不连续的变化而存在着明确的界限。这样，骤变说在承认物种可以进化的同时，保留了生物学本质主义。借助骤变说，生物学本质主义在生物学中继续发挥其作用。[③]

传统的生物学本质主义受到的真正挑战源自达尔文的物种渐变思想。达尔文在《物种起源》一书中认为物种演化是连续、缓慢的，一物种通过连续不断地积累微小的表型变异逐渐转变为另一物种。达尔文的这种观点被称为“渐变论”。依据渐变论，一物种到另一物种的转变是一个渐变的过程，在这个过程中存在着连续的过渡类型，两个物种之间并不存在明确的界限。达尔文依据物种渐变的事实坚持“自然界不存在跳跃”（natura non facit saltum）的观点[④]，这在根本上与骤变说相对立。人们对物种渐变论的接受使骤变说最终失去市场。物种渐变论表明物种间的界限是模糊的，它不仅否定了物种不变论和骤变说，而且为生物学中的反本质主义提供了重要的理论资源。

根据达尔文的渐变论，胡尔提出了一个反生物学本质主义论证。他认为，传统的生物学本质主义是和定义联系在一起的，人们用一种或一组属性作为充分必要条件去定义某一事物，这个定义就是该事物的本质。生

① Mayr E. Toward a New Philosophy of Biology: Observations of an Evolutionist. Cambridge: Harvard University Press, 1988: 457.

② “骤变说”所说的突变过程是非常迅速的，往往经过一代就可以完成。

③ 当然，关于物种渐变还是骤变的争论并未就此完结，我们在后面还会提到。

④ 达尔文. 物种起源. 上海：上海世界图书出版公司，2010：104.

物学本质主义要求每一物种都应该被明确定义从而与其他物种保持各自的界限，它不能容忍物种间存在模糊性。然而，他指出，物种渐变的事实表明物种的变化是缓慢的且持续的，在一物种向另一物种转变的过程中可能会产生连续的过渡类型（它们常被称为“变种”），人们很难通过一种单一的属性或一组属性把物种与变种截然区分开来，想要对物种进行定义是难以做到的。对此，他说道：

> 如果物种的演化是渐变的，那么它不可能通过一种单一的属性或一组属性而得到限定。如果物种不能被限定，那么物种的名称就不能通过传统的方式而得到定义。如果不能通过传统的方式对物种进行定义，那么它们就不能得到定义。如果它们不能得到定义，那么物种就不是真实的。①

也就是说，物种不能被明确地定义，它们之间的界限是模糊的，生物学本质主义不成立。索伯把胡尔的论证总结为②：

> 进化是一个渐变的过程。如果物种 A 渐变地演化为 B，那么在这个谱系中，应该在哪里画出标记 A 结束和 B 开始的线呢？任何的界限将都会是任意的。而本质主义声称，它要求准确的和非任意的自然类之间的界限。

胡尔认为物种渐变的事实表明物种之间并没有明确的界限，而生物学本质主义却认为物种之间存在明确的界限，后者与前者相冲突。这说明，类本质主义的信条（1）在生物学中并不适用，传统的生物学本质主义不能成立。

生物学中存在很多物种渐变的例子。环形种（ring species）充分说明了物种进化的连续性。我们知道，物种在演化过程中可能会产生不同的亚种（subspecies）。虽然这些亚种可能属于同一物种，但是它们之间在生理形态、遗传特征、地理分布和生态环境上会有很大的差异，从而可以相对容易地把它们区别开来。比如，人类中存在一些不同的人种，这些不同

---

① Hull D. The effect of essentialism on taxonomy: two thousand years of stasis (I). The British Journal for the Philosophy of Science, 1965, 15(60): 320.

② Sober E. Philosophy of Biology. Boulder: Westview Press, 1999: 150.

的人种就是人类的亚种。所谓“环形种”，就是由呈环链状分布的若干亚种所组成的生物种群。这些不同的亚种呈不规则的环状分布，相邻的亚种之间有部分的基因交流。这个圆环的两端可能相连，但它们之间往往由于存在生殖隔离而不能进行基因交流（即它们不能互相杂交或它们杂交所产生的后代不育）。一个典型的实例就是环绕北极生存的海鸥，它们是由若干亚种组成的，经过长期的演化之后分布于北太平洋的亚种越过北美洲和北大西洋而与西欧的亚种相遇。环形种为物种演化的渐变论主张提供了实际的例证。同时，它也说明了有些物种之间并没有明确的界限，人们不能自然地对它们进行归类。如果人们不能自然地对物种进行归类，那么就不能说物种有本质。

综上所述，我们可以把胡尔的论证概括如下：

（1）生物学本质主义认为物种之间有明确的界限。

（2）达尔文的渐变论表明物种的演化是渐变的，物种之间的界限是模糊的。

（3）所以，生物学本质主义不成立。

第三节　界限与模糊性

胡尔是否真正地驳倒了生物学本质主义呢？对此，索伯提出了反对意见。他的反对意见主要针对胡尔论证的（1）。在（1）中，胡尔认为生物学本质主义要求物种间有着明确的界限，物种界限的模糊性不能与生物学本质主义兼容。虽然索伯承认物种的演化是渐进的，且物种间的界限是模糊的，但是他声称物种界限的模糊性对生物学本质主义并不构成威胁。其主要理由是，生物学本质主义并不必然要求物种间有明确的界限，物种界限的模糊性可以与生物学本质主义兼容。

他以化学元素的“原子序数”为例展开论证。在他看来，在化学元素周期表中的每一种元素都是一个自然类，每种一元素的本质就是其原子序数。[①]比如，氮元素的原子序数是 7，原子序数 7 就是其本质。依据信条（3），氮原子的原子序数可以对氮元素的相关典型特征做出解释。同时，氮元素作为自然类，与它相邻的元素之间是不连续的，原子序数 7 与 6 和 8 之间不存在中间序数，比如 6.5 和 7.5。这意味着，在化学元素周期表中，不同的化学元素有着不同的本质，不同的原子序数之间有着明确的

① Sober E. Evolution, population thinking, and essentialism. Philosophy of Science, 1980, 47(3): 355.

界限。然而，化学元素嬗变（transmutation）[①]机制的发现改变了人们的这一认识。索伯以卢瑟福用 α 粒子轰击氮核发现了质子这个例子来说明化学反应的嬗变过程。这个化学反应可以用方程式表述如下[②]：

$$^{14}_{7}N + ^{4}_{2}He \rightarrow ^{17}_{8}O + ^{1}_{1}H$$

在这个化学反应中，α 粒子被吸收，产生了一个质子。同时，氮嬗变为氧。由此，我们可以提出一个问题：当卢瑟福用 α 粒子轰击氮核时，氮核在什么时刻不再是氮核，而氧核在什么时刻成为氧核？索伯认为我们很难准确地对这样的时刻做出说明。在这个化学反应中，具有不同本质的两种元素发生了转变，这种转变究竟发生在什么时刻是模糊的。这意味着，在这个化学反应中存在着一些连续性的过程。在此情况下，我们是否可以说嬗变机制的发现挑战了化学中的本质主义呢？事实上，嬗变机制的发现并不影响人们把化学元素的原子序数视为元素的本质，人们仍旧使用元素的原子序数对化学元素的相关典型特征做出解释。索伯由此认为，“氮元素可以转变为氧元素的事实在任何意义上都不意味着它们缺乏本质”。[③]他把化学元素的原子序数视为一种模糊本质（vague essences）。[④]在他看来，“拥有一个特定的原子序数是一个模糊的概念”[⑤]，这种模糊性在原则上并不与本质主义冲突。

索伯把模糊本质与生物学本质主义进行了类比。在他看来，化学中不同自然类本质间的模糊性可以与本质主义相兼容。同样，在生物学中，即使承认物种的演化是渐进的，不同物种之间的界限也是模糊的，也不应该妨碍人们坚持本质主义，“仅仅依据存在进化这个事实并不能表明物种缺乏本质”。[⑥]他还指出：“我猜想没有任何一个科学概念是准确的。对于所有的概念来说，对它们所被应用的情景的描述都是不确定的。本质主义是可以容许这样的不精确性的。”[⑦]由此来看，没有任何一个科学概念是完全精确的，我们也没有理由要求本质主义强调的本质是完全精确的，我们必须允许一定程度的模糊性。如果允许本质存在模糊性，那么物种渐变演化导致的物种界限的模糊性就不会对生物学本质

① Sober E. Evolution, population thinking, and essentialism. Philosophy of Science, 1980, 47(3): 356.

② Sober E. Evolution, population thinking, and essentialism. Philosophy of Science, 1980, 47(3): 357.

③ Sober E. Evolution, population thinking, and essentialism. Philosophy of Science, 1980, 47(3): 355.

④ Sober E. Evolution, population thinking, and essentialism. Philosophy of Science, 1980, 47(3): 358.

⑤ Sober E. Evolution, population thinking, and essentialism. Philosophy of Science, 1980, 47(3): 358.

⑥ Sober E. Evolution, population thinking, and essentialism. Philosophy of Science, 1980, 47(3): 356.

⑦ Sober E. Evolution, population thinking, and essentialism. Philosophy of Science, 1980, 47(3): 356.

主义构成原则性的威胁。[①]

值得一提的是，索伯提出模糊本质的真正目的并非要为生物学本质主义辩护，而是认为胡尔的论证并未击中要害。他把本质主义充分必要条件的定义称为构成性定义（constituent definition）。[②]他认为我们通常很难确定事物的构成性定义，即使可以做到，“本质主义的这一要求也只能被琐细地（trivially）满足”。[③]相反，他认为本质的主要作用在于提供解释：“一个物种的本质就是作用于该物种所有成员的因果机制，它使该物种是其所是。”[④]实际上，索伯是想表明要反驳本质主义应该针对它的解释作用而非其构成性定义。因此，在他看来，即使胡尔依据物种界限的模糊性提出的反生物学本质主义可以成立，也是无足轻重的。

我们可以把索伯的论证概括如下：

（i）虽然化学元素的界限是模糊的，但这并不表明化学元素缺乏本质。

（ii）物种有着与化学元素相同或相似的模糊性。

（iii）物种界限的模糊性也不表明物种缺乏本质。

实质上，索伯的模糊本质已经对类本质主义的信条（1）做出了修正。我们知道，信条（1）要求类本质对于类成员来说是既充分又必要的。这要求某类事物的本质为该类事物的所有成员所共有且仅为该类事物所有，某类事物的本质作为它存在的依据与其他事物存在着明确的界限。如果没有明确的界限，那么我们就无法对不同的事物进行区分。然而，索伯的模糊本质观点似乎表明，类本质主义的信条（1）并没有那么重要，它甚至可以被放弃。依据其观点，事物之间的界限是模糊的，我们很难找到某一类事物之所以成为该类事物的充分必要条件，即使可以找到所谓的同一性条件，它们也可能是非常琐细的。概括来说，索伯主张的类本质主义的信条（1）并非关键所在。

我们现在来看索伯是否驳倒了胡尔。对于索伯的论证，艾瑞舍夫斯基认为（i）不能成立，界限的模糊性无法与本质主义兼容。在他看来，信条（1）要求构成类本质的基本性状对于该类来说必须是充分必要的，这些基本性状使该类事物是其所是。依据这个信条，我们只有首先确定这

① 需要说明的是，索伯显然把化学元素变化都看作“嬗变”的，化学中不存在其他的变化模式，只有这样他的类比论证才可以成立。

② Sober E. Evolution, population thinking, and essentialism. Philosophy of Science, 1980, 47(3): 355.

③ Sober E. Evolution, population thinking, and essentialism. Philosophy of Science, 1980, 47(3): 354.

④ Sober E. Evolution, population thinking, and essentialism. Philosophy of Science, 1980, 47(3): 354.

些性状，才能找到事物的本质，从而确定事物的实在性。相反，如果不能确定事物的本质，那么也就无法确定事物的实在性。对此，他指出："如果一个实体缺乏明确的本质，那么这个实体就根本不存在，因为一个实体只能作为一个独特的事物的类才能够存在。"①艾瑞舍夫斯基与索伯的不同之处是，他认为模糊性不能与本质主义兼容，"本质主义要求明确的界限和准确的本质"。②由此，艾瑞舍夫斯基认为索伯的观点不能成立。

那么，艾瑞舍夫斯基对索伯的批判是否切中要害了呢？要回答这个问题，我们先对上述论证做一些引申分析。索伯认为作为化学元素本质的原子序数是一个模糊概念，嬗变机制表明化学元素之间的界限是模糊的。然而，这并不能说明索伯就完全否认氮元素和氧元素之间存在界限。笔者想指出的是，主张界限是模糊的并不必然意味着否定界限的存在，索伯只是认为对本质进行准确的定义是很难做到的；再者，虽然索伯认为在嬗变发生的过程中氮元素和氧元素的界限是模糊的，但是在这个过程完成之后我们仍旧可以相对准确地确定两种元素之间的界限，正是由于嬗变发生之后元素之间存在的界限，化学中的本质主义才得以成立。对此，下文会给出更详细的说明。在笔者看来，索伯只是认为化学元素之间的界限是模糊的，但他并不否认它们之间存在界限，艾瑞舍夫斯基对索伯观点的解读不仅曲解了索伯的原意，而且也不符合化学研究的实践。

艾瑞舍夫斯基与索伯的争论把我们关注的焦点引向了类本质主义的信条（1）。在笔者看来，信条（1）的要求是非常苛刻的，我们在实际的操作过程中都很难真正找到定义事物的充分必要条件。正如索伯所言，事物之间的界限通常是较为模糊的，人们并不容易找到一类事物的充分必要条件。在生物学中更是如此，生物的演化是一个多种力量相互作用的过程，每一物种的演化都是一个独特的过程，想要通过一个或一组明确的特征把不同的物种区别开来显然是不可能的。由此来看，信条（1）的要求是极端的，很难有事物可以满足。索伯的模糊本质要求对类本质主义的信条（1）做出调整，即本质主义并不要求不同种类之间的界限都可以通过明确的充分必要条件区分开来，它只要求具有不同本质的种类之间应该具有相对明确的界限。

艾瑞舍夫斯基的论证不成立，并不表明索伯的论证就可以被接受。

---

① Ereshefsky M. The Poverty of the Linnaean Hierarchy: A Philosophical Study of Biological Taxonomy. Cambridge: Cambridge University Press, 2001: 97.

② Ereshefsky M. The Poverty of the Linnaean Hierarchy: A Philosophical Study of Biological Taxonomy. Cambridge: Cambridge University Press, 2001: 98.

笔者认为索伯论证的问题不在（ i ）而在（ ii ）。由于嬗变机制并不表明化学元素缺乏本质，因而他认为物种间界限的模糊性也不表明物种缺乏本质。其论证成立的必要前提是（ ii ）。笔者想要追问的是：（ ii ）真的成立吗？物种真的有着与化学元素相同或相似的模糊性吗？笔者的答案是否定的。

现在，我们来对化学元素的模糊性与物种的模糊性做一些比较性的分析。在嬗变的例子中，氮元素通过嬗变转变为氧元素，只有在反应发生的时候，它们之间才存在模糊性，而在嬗变完成之后或没有发生嬗变的时候，它们之间仍有着明确的界限。举例来说，现在有一张桌子，我们可以把一张桌子改造为一张椅子，我们不确定在什么时刻桌子被变成了椅子，但当改造完成后我们还是能够准确地说出它们的不同。这说明，在元素嬗变的例子中，模糊性只存在于化学反应发生的过程中，而不存在于反应之后。与之不同，在物种渐变的过程中，一物种逐渐转变为另一物种，物种缓慢地发生着变化，不论是在这种变化发生的过程中还是之后，模糊性始终存在。比如，在谷堆悖论的例子中，我们一粒一粒地向一个谷堆上添加谷子，我们始终无法确定在什么时刻才能真正地堆成一个谷堆。[①]经过比较，我们发现，虽然化学嬗变和物种渐变的过程中都存在着模糊性，但前者只在某些时刻存在而后者则始终存在。由此可见，它们是两种不同形式的模糊性，前者与后者并不相同或相似，所以（ ii ）不成立。

以上论证似乎已经说明了索伯的类比论证不能成立的原因所在。然而，我们还有必要对这两种形式的模糊性产生的原因做一些分析，进而才能说明索伯的类比论证不成立的根本原因所在。

我们知道，模糊性是因变化而产生的，化学元素的模糊性源自嬗变而物种的模糊性产生于渐变，两种模糊性的不同在更深层次上是两种变化模式的不同。在化学中，嬗变是在核子层面上发生的，在氮元素嬗变为氧元素的过程中，α 粒子被吸收，产生了一个质子，同时，氮气嬗变为氧气。在嬗变发生的过程中，一种元素迅速转变为另一种完全不同的元素，模糊性产生于这种转变发生的过程中。嬗变可以说是快速的、跳跃的和离散的（不连续的）。[②]对于这种变化模式，细心的读者可能会发现它似曾相识。没错，它和骤变说如出一辙，索伯显然没有意识到这

① Williamson T. Vagueness. London: Routledge, 2002: 8.

② Bird A. Philosophy of Science. London: Routledge, 1998: 63.

一点。[①]骤变说主张，物种 A 可以通过突变的、跳跃的方式迅速地转变为物种 B，在 A 转变为 B 的过程中，我们也无法确定 A 究竟在什么时刻转变为 B。对于骤变说来说，模糊性存在于 A 转变为 B 的过程中。然而，这种模糊性对骤变说来说无关紧要，重要的是突变发生之后 B 在根本上区别于 A，在此意义上骤变说的本质主义才得以成立。由此来看，骤变说完全可以与这种模糊性兼容。同样地，在嬗变发生的过程中，模糊性的存在也无关紧要，重要的是嬗变使一种元素突变为另一种不同的元素，嬗变发生之后两种元素之间有着明确的界限。嬗变之后元素之间的界限使化学中的本质主义得以成立。化学中的本质主义之所以可以容纳模糊性，是因为嬗变发生之后元素之间是否存在模糊性更为重要，而嬗变过程中是否存在模糊性则无关紧要。

如果嬗变的变化模式和骤变说一样都是突变式的，那么它在原则上就不能与物种的渐变论相类比。因为，后者是作为前者的替代性理论而被提出的。虽然渐变论也主张在物种 A 转变为物种 B 的过程中存在模糊性，但与骤变说不同的是，它认为产生模糊性的变化机制是缓慢的、连续的，而非突变的。物种的变化是缓慢且持续的，不论是在物种 A 转变为物种 B 的过程之中还是之后，模糊性始终存在。在这一点上，渐变论与骤变说之间存在着本质的差异。由此可见，两种不同形式的模糊性分别源自两种相互冲突的变化机制，两种不同形式的模糊性之间根本无法进行类比。

在笔者看来，两种变化模式的差异也可以说明本质主义在化学（以及物理学）和生物学两个领域中的不同境遇。本质主义在化学（以及物理学）等学科中仍有着很大的影响力，而它在生物学中则基本上已被放弃。本质主义之所以会在两个领域中面临截然不同的境遇，是因为这两个领域中的变化模式是截然不同的。或者说，两种变化模式在本体论上有着根本性的区别。化学（以及物理学）等学科的变化模式是突变式或跳跃式的，化学中的嬗变和量子力学中的量子跃迁（quantum transition）就是最好的例证。在这种变化模式中，A 物质可以迅速地转变为 B 物质，B 与 A 之间有着明确的界限，从而 B 在本质上区别于 A。可以说，突变式的变化模式为本质主义提供了强有力的理论支撑，这也就解释了本质主义何以在现代化学（以及物理学）中仍有广泛的影响。相反，在生物学中，物种的

① 事实上，在生物学哲学中，学者们就是把快速的、跳跃的变化模式称为“嬗变”。虽然，生物学中的“嬗变”比化学中的“嬗变”要慢得多，但是相较于渐变来说，它已经算是非常迅速的了。关于这一点，可以参见 Mayr E. One Long Argument: Charles Darwin and the Genesis of Modern Evolutionary Thought. Cambridge: Harvard University Press, 1991: 43.

演化往往是渐变的，物种 A 缓慢地转变为物种 B，在 A 向 B 转变的过程中往往存在着很多过渡阶段，A 与 B 之间的界限是模糊的。渐变与突变完全是两种不同的变化模式，如果突变的变化模式支持本质主义的话，那么渐变的变化模式则与本质主义直接对立。由此，我们也就可以理解何以本质主义会在两个不同的学科中面临截然不同的境遇。

至此，笔者已经表明，化学元素的嬗变机制与物种的渐变机制在原则上是相互冲突的，这就产生了两种不同形式的模糊性，从而使索伯的类比论证无法成立。

有人可能会坚持认为本质主义可以与物种渐变论兼容。比如，戴维特就认为生物学本质主义可以与达尔文的渐变论兼容。对此，他指出：

> 可以设想，S_1 和 S_2 是人们所理解的两个不同的物种，而且 S_1 在自然选择的作用下产生 S_2。本质主义要求 S_1 具有一个内在的本质 G_1，S_2 具有一个内在的本质 G_2。G_1 和 G_2 是不同的，但是它们也有很多共同之处。这个图景可以很好地兼容达尔文的观点：S_2 的进化是自然选择在 S_1 的成员中引起基因变异的一个渐变的过程。①

上述引文可能引出这样一个问题："G_1 和 G_2 是不同的，但是它们也有很多共同之处"这句话究竟是什么意思？"G_1 和 G_2 是不同的"，它们之所以不同，是因为它们是不同的本质。"但是它们也有很多共同之处"该怎么理解呢？它的意思似乎是，作为不同本质的 G_1 和 G_2 之间有许多相同之处。至于它们之间的相同之处究竟是什么，他并没有交代。如果戴维特说的真是这个意思，那么这就会产生一个疑难。按照我们的常识，如果 G_1 和 G_2 是两种不同的本质，那么这就意味着 G_1 和 G_2 之间有着本质区别，它们之间不存在任何相同的部分。相反，如果 G_1 和 G_2 之间有着相同的部分，那么它们就不能被视为不同的本质。因此，既说 G_1 和 G_2 是不同的本质，又说它们有很多共同之处，这似乎是自相矛盾的。从戴维特的论述中，我们丝毫看不出来 G_1 和 G_2 是如何既不相同又有许多共同之处的，更看不出它们是如何与达尔文的渐变论兼容的。

另一种反对意见认为，物种的变化模式并非渐变的，而是间断平

① Devitt M. Resurrecting biological essentialism. Philosophy of Science, 2008, 75(3): 372.

衡[①]的。间断平衡说是由埃尔德里奇（N. Eldredge）和古尔德（S. J. Gould）在 1972 年提出的。他们认为："进化远非平衡的，物种在它们存在的大部分时间里是不发生变化的，然后在一个相对较短的时间里，或者走向灭绝或者演化成为子种（daughter species）。"[②]依据这一理论，物种进化会经历漫长的平衡期，在这个平衡期中物种会经历缓慢的变化或者不发生变化，在物种经历了漫长的平衡期之后，这种平衡也可能会被打破，物种会在极短的时间内发生突变，或者走向灭绝或者演化为另一物种。间断平衡就是指在物种演化的过程中渐变和突变是交替出现的。如果间断平衡说是正确的，那么人们可能就会指出物种的进化并不是渐变的而是渐变与突变交替出现的。如果物种的进化是突变的，那么我们就可以在突变发生前后的两个物种间划定明确的界限。如果我们可以在两个物种之间划定明确的界限，那么生物学本质主义就是成立的。

那么，间断平衡说可以为生物学本质主义提供的辩护是否成立呢？对此，笔者持否定态度。因为间断平衡说是否可以完全取代物种的渐变论仍然是一个有争议的话题。有学者就指出，间断平衡说与渐变论之间的冲突并没有想象中那么严重，它们之间的冲突在很大程度上源自人们对渐变论的误解。[③]

综上所述，索伯的类比论证并不成立。生物学本质主义主张，物种具有本质，并且这些本质划定了物种间的界限，种间模糊性与生物学本质主义并不兼容。胡尔指出，物种渐变的事实表明物种的界限是模糊的，物种本质主义不能成立。而索伯则提出类比论证来试图调和模糊性与本质主义间的矛盾。在类比论证中，他认为化学元素嬗变产生的模糊性可以兼容于化学本质主义，物种渐变产生的模糊性对生物学本质主义也不构成实质性的威胁。不过，他的类比论证是不能成立的。这两个领域中的模糊性呈现为两种不同的形式，两种模糊性深层的嬗变机制与渐变机制之间有着根本性的冲突，因而前者不能类比于后者。

第四节　群 体 思 想

传统的生物学本质主义面对的另一个反驳源自群体思想。最早提出

① Eldredge N, Gould S J. Punctuated equilibria: an alternative to phyletic gradualism//Schopf T. J(ed.). Models in Paleobiology. San Francisco: Freeman, 1972: 82-115.

② Devitt M. Resurrecting biological essentialism. Philosophy of Science, 2008, 75(3): 374.

③ Ridley M. Evolution. Oxford: Blackwell Publishing Company, 2004: 601.

这一概念的是迈尔，他认为这一思想是达尔文的三大科学贡献之一。[①]他指出，在这一思想提出之前，统治哲学和生物学领域的是模式思想（typological thinking），它一直支配着 17—19 世纪的哲学家们的思维方式。这种思维方式认为世界呈现出的多样性之下隐藏着一些数量有限且固定不变的模式，只有这些模式是实在的，人们观察到的多样性和变异性只是错觉。相反，群体思想认为，只有个体是实在的，一个种群中的每一个个体都是独特的，“所有有机体和生命现象都是由独一无二的特征构成的，而且它们仅在统计学的意义上被集体地描述”。[②]依据群体思想，模式并非实在的，它只是对个体进行统计而获得的抽象平均值（average）。迈尔从两个方面说明了这两种思维方式的差异。

在如何说明物种特征的问题上，两种思维方式有着根本差别。依据模式思想，每一物种都有着独特的模式，从而与其他模式的物种区别开来，不同模式之间存在着明显的裂隙（gap）。相反，群体思想用完全不同的术语来说明物种的特征，物种的存在基于这样一个简单的事实：“在有性生殖的有机体中，没有两个个体是相同的，因此没有两个个体的集合是相同的。”[③]依据群体思想，物种只是对个体的表型特征进行统计而获得的抽象结果，“如果两个由个体构成的群体之间的平均值的差异大到人们通过观察就可以识别的程度，那么我们就将它们视为不同的物种”[④]。在如何描述自然选择过程的问题上，两种思维方式有着根本差别。对于模式思想来说，自然选择是一个“全或无”（all-or-none）的现象，它在选择过程中针对的是某一类型，保留好的类型，淘汰低劣的类型。相反，对于群体思想来说，自然选择不是一个“全或无”的过程，它针对的是个体所具有的某一个性状或某一些性状，保留好的性状，淘汰低劣的性状。这样，“一个个体具有的好性状越多，它越是可能生存下来并且繁殖后代”。[⑤]总之，在迈尔看来，模式思想和群体思想是两种截然不同的思维方式，伴随着达尔文进化论的影响，群体思想最终取代了模式思想。

---

① 达尔文的另外两个贡献分别是：证明了“进化的存在”和提出“自然选择机制”。

② Mayr E. Typological versus population thinking//Sober E(ed.). Conceptual Issues in Evolutionary Biology. Cambridge: MIT Press, 2006: 326.

③ Mayr E. Typological versus population thinking//Sober E (ed.). Conceptual Issues in Evolutionary Biology. Cambridge: MIT Press, 2006: 327.

④ Mayr E. Typological versus population thinking//Sober E (ed.). Conceptual Issues in Evolutionary Biology. Cambridge: MIT Press, 2006: 327.

⑤ Mayr E. Typological versus population thinking//Sober E (ed.). Conceptual Issues in Evolutionary Biology. Cambridge: MIT Press, 2006: 328.

索伯基于群体思想发展出一种新的反生物学本质主义。索伯的论述从分析亚里士多德的物理学理论开始。根据这一理论，地球上的重物在没有干扰力（interfering forces）作用的情况下，都倾向于保持它们的自然状态，即朝向地球的中心。有些重物之所以会偏离自己的自然状态，是因为它们受到外力的干扰。亚里士多德还把这样的理论运用到生物学中，他认为在有性生殖的生物繁殖的过程中，如果没有外在作用力的干扰，那么后代将都会与其父亲相像。相反，后代和其父亲不像或是相差较远就被视为受外力干扰所产生的怪物。亚里士多德的解释模式大致是，在不存在干扰力的情况下，物体都倾向于保持自身的自然状态。索伯把这种解释模式称为“自然状态模型”（natural state model）。对于这个模型，索伯指出：“如果一个物体没有处于其自然状态中，那么我们知道这个物体必然被外力所作用，并且要找到这个外力。我们可以通过查询我们知道的外力的目录来找到这个外力。如果那个外力没有出现，我们可能会寻找那个目录或者修订关于一个系统的自然状态是什么的概念。”[①]在这个解释模式中存在着两个必不可少的构成部分，即自然状态和干扰力，它们合起来就可以对很多现象做出解释。自这个解释模式被提出之后，它就一直为后世的学者们所采用。

自然状态模型不仅在历史上有着重要影响，而且在当代科学中也有一定的市场。其中最为著名的就是零力定律（zero-force law）。举例来说，牛顿的惯性定律就是，一个物体在没有外力（零力）作用的情况下，将保持静止或做匀速直线运动。另一个例子是群体遗传学中的遗传平衡定律（law of genetic equilibrium）。它由哈迪和温伯格在 1909 年同时提出来，因而被称为“哈迪-温伯格定律”（Hardy-Weinberg law）。其大致内容是，在一个大的随机交配的群体里，基因频率（gene frequency）和基因型频率（genotypic frequency）[②]在没有迁移、突变和自然选择等外力的作用下，将保持平衡，不会发生变化。这两个例子都说明，物体在零力的作用下，将保持自身的自然状态。这个自然状态在前一个例子中是保持静止或做匀速直线运动，在后一个例子中则是保持基因频率和基因型频率的平衡。

索伯用自然状态模型来代替迈尔所说的模式思想。在迈尔的论述

---

① Sober E. Evolution, population thinking, and essentialism. Philosophy of Science, 1980, 47(3): 361.

② 基因频率是指生物群体中某一等位基因在该基因位点上出现的比率；基因型频率则是具有某种基因型的个体在整个群体中所占的比率。

中，模式思想认为一个物种的类型是实在的，而物种中的变异则是错觉，它们是对模式不完美的实现或偏离。在他看来，模式思想代表的是本质主义的思维方式，它只是自然状态模型的一个例子。但是，自然状态模型并不与本质主义完全等同。前文指出，哈迪-温伯格定律也被视为自然状态模型，但是它并不是本质主义的。本质主义除了接受自然状态模型外，它还试图在特定层次上对自然现象做出解释。在这两个方面，它都和群体思想有着实质性的区别。下文就给出具体的说明。

索伯通过对误差律（error Law）[①]的解释来说明自然状态模型与群体思想的差别。我们知道，科学研究要进行观察和实验，并从中获得相关的数据。在正常情况下，在人们收集的一组数据中，几乎没有一个数据能与理论计算的结果完全吻合，它们总是存在着一定的误差。那么，该如何对这些误差做出解释呢？它们是人类自身的局限所致还是自然本身的特性使然呢？对于这个问题，索伯认为存在着两种不同的答案。一种是以伯努利（D. Bernoulli）[②]等的观点为代表，他们认为在一组实验数据中只有一个正确的值，误差来自外力的干扰。这个解释利用的正是自然状态模型："干扰力导致其中（变量）的变化，在自然中有且只有唯一的真值。"[③]这些观察数据的不一致通过自然状态和干扰力得以解释。索伯进一步指出，对误差律的这种解释仅在认识论而非本体论上运用了自然状态模型。这种解释假定自然本身存在一个唯一的真值，它不存在误差，而观察数据的误差源自外在的干扰，比如人类认识能力的局限或仪器的精密度不够。归根结底，这种解释模式认为误差产生的根源在于外在因素而非自然本身。

另一种观点则是从本体论上对误差律做出解释。索伯指出这种解释模式是由凯特勒（A. Quetelet）[④]提出的。凯特勒认为观察数据的误差源自自然本身而非外力的干扰。高尔顿（F. Galton）[⑤]吸收了凯特勒的观点，并把它运用到生物学中，提供了一种完全不同于自然状态模型的解释方式。高尔顿的遗传学理论认为人类群体中存在的个体差异源自人类自身而非外力的干扰。每个个体都存在变异，这些个体的后代又从他们的祖先那里继承了这些变异，变异的存在是遗传的结果。索伯认为高尔顿的观点已经蕴涵了群体思想的雏形，"对高尔顿来说，变异性不被解释为单个原

① Sober E. Evolution, population thinking, and essentialism. Philosophy of Science, 1980, 47(3): 365.

② 丹尼尔·伯努利（1700—1782）是荷兰数学家、物理学家和医学家。

③ Sober E. Evolution, population thinking, and essentialism. Philosophy of Science, 1980, 47(3): 365.

④ 凯特勒（1796—1874）是比利时统计学家、数学家和天文学家。

⑤ 高尔顿（1822—1911）是英国人类学家、生物统计学家，也是达尔文的表弟。

型（prototype）受到干扰的结果。而对每一代中的变异性的解释则诉诸上一代的变异性和有关变异性传递的事实”。[①]高尔顿的解释方式是根据群体本身的特点对生物的变异性做出解释，而模式思想则认为每一个个体中都存在着唯一不变的模式，个体变异性源自对模式的偏离。由此来看，高尔顿的解释模式已然体现了为现代生物学家广泛接受的群体思想。

我们来说明一下这两种思维方式的异同。虽然群体思想和模式思想都承认在模式或平均值中存在的个体变异性，但是它们在对变异性的解释上却有着实质差异。模式思想认为每一物种都有着区别于其他物种的模式，在没有外力干扰的情况下，物种中的每一个成员都会例示这种模式，个体变异性的产生是受外力干扰而偏离模式的结果。依据模式思想，我们只需诉诸个体中不变的模式和干扰力这两个因素就可以对个体的变异性做出解释。虽然群体思想也认为群体存在着模式，但是它认为这种模式并不是模式思想意义上的模式，而是对个体的集合进行统计所获得的抽象平均值。在群体思想中，每一个具体的个体才是真实的存在，个体的变异性遗传自祖先的变异性，个体的变异性只有在群体的变异性中才能得到说明。这便是两种思维方式的根本性差异。

群体思想取代模式思想及其代表的本质主义似乎已经顺理成章。由迈尔和索伯所发展出来的群体思想是与模式思想截然不同的思维方式，而现代生物学的发展体现的是群体思想而非模式思想，我们不需假定模式或本质的存在就可以对生物的变异性做出解释。由此，我们应该放弃模式思想以及其代表的本质主义观点。

上文的论述系统地呈现了三个重要的反生物学本质主义论证。信条（1）认为每一物种皆具有其独一无二的特征或属性从而区别于其他物种。第一个反生物学本质主义论证以生物进化、基因突变等事实为依据，表明信条（1）并不成立。第二个论证则从另一个侧面对信条（1）提出了反驳。信条（1）也表明，物种本质可以在物种之间划定明确的界限。从达尔文的物种渐变论出发，胡尔认为物种渐变使人们根本无法依据一种或一组属性把不同的物种真正地区分开来。第三个论证针对的是信条（3）。索伯认为，作为生物学本质主义基础的模式思想应该被现代生物学提倡的群体思想取代。这三个反生物学本质主义论证基本上呈现了人们在生物学本质主义问题上的争论，新生物学本质主义正是在这些争论的基础上逐渐兴起的。

---

① Sober E. Evolution, population thinking, and essentialism. Philosophy of Science, 1980, 47(3): 368.

第五节 学者们关于传统生物学本质主义的共识

在学者们的激烈批评之下，传统的生物学本质主义逐渐在生物学中失去市场。学者们关于传统的生物学本质主义形成了一些基本共识。这些共识主要包括三个方面，下面就对它们分别做出说明。

第一，一个物种的所有成员并不共享一种或一组独特的属性。这是类本质主义的信条（1）受到达尔文进化论的冲击之后产生的直接后果。由于生物学家和哲学家大都接受达尔文的观点，因而与达尔文观点相冲突的主张自然就会受到人们的一致反对。有学者指出：

> 几乎所有的生物哲学家都同意……这只是一个错误的观点：职业生物学家们认为同种的有机体群体共享一组共同的形态的、生理的或者基因的性状，这些性状使这些有机体与其他物种区别开来。①

概括来说，学者们的普遍共识是：一物种并不能通过一种或一组独特的属性与其他物种相区别。

第二，“如果一个物种的成员并不享有一组独特的基因属性，那么那些属性就不可能是本质属性”。②传统上，人们在论及本质属性时主要指的是内在属性，这种看法在很大程度上受到亚里士多德的影响。在他看来，构成事物本质的属性只能是内在的，外在的或关系的属性对事物来说只是偶然的属性而非本质属性。如果生物学家们否认物种的一组内在属性可能成为本质，那么内在属性尤其是基因属性就不能是物种的本质，“没有内在的基因型或表现型属性对于成为一个物种的一个成员来说是本质的”。③因此，人们就形成了这样的共识：“生物学家们并不认为物种可以通过表现型和基因型的相似性而得到定义。”④

第三，物种不能通过内在属性来进行定义，却可以通过外在属性来

① Okasha S. Darwinian metaphysics: species and the question of essentialism. Synthese, 2002, 131(2): 196.

② Devitt M. Resurrecting biological essentialism. Philosophy of Science, 2008, 75(3): 344-382.

③ Sterelny K, Griffiths P E. Sex and Death: An Introduction to Philosophy of Biology. Chicago: University of Chicago Press, 1999: 186.

④ Sober E. Philosophy of Biology. Boulder: Westview Press, 1999: 151.

进行定义。内在属性不能成为物种本质并不意味着物种没有本质，因为物种的本质完全可能是外在属性。当使用内在属性定义物种的努力失败之后，人们开始尝试使用外在属性来定义物种。现代生物分类学家们大多都通过关系属性来定义物种。当然，物种的关系属性中也包含着不同的类型，使用不同类型的关系属性定义物种也就相应地产生了不同的物种定义。学者们虽然在物种的关系属性究竟是什么这个问题上存在争议，但是他们大都认为可以借助某种关系属性来定义物种。人们在物种的关系属性上形成的最大共识是：物种可以通过某种关系属性来进行定义。然而，可能会有一个疑问：人们是否真的可以通过某种关系属性对物种进行定义？如果可以，那么这是否意味着这种关系属性就是物种本质？对此，我们留待下文解答。

学者们对三个共识的反应在很大程度上促成了新生物学本质主义的产生。在下文中，学者们对三个共识的不同反应形成了新生物学本质主义在当代兴起的三种不同进路。第一种进路以 DNA 条形码理论为代表。它可以被视为对共识一和二的回应，它主张物种存在着内在本质，只是这种本质并非通过一组作为充分必要条件的属性所确定而是通过特定的社会交往方式来确定。第二种进路以历史本质主义和关系本质主义为代表。它们是对共识二和三的呼应和推进，它们认为物种本质并非内在属性而是关系属性，物种可以通过关系属性来定义。第三种进路以 HPC 类理论和 INBE 理论为代表。它们接受共识一和三而反对共识二，它们都认为物种的本质属性既可以是内在的也可以是外在的，并且本质属性对于物种来说并不需要是既充分又必要的。

下面，我们就对三种进路包含的具体观点分别做出具体的讨论。

第二章　DNA 条形码理论

面对传统生物学本质主义面临的困境，一些生物学本质主义者试图运用现代生物学的理论资源为本质主义提供新的辩护。DNA 条形码理论就是其中的一个代表。DNA 条形码理论是 DNA 条形码技术与克里普克的专名理论相互结合的产物。它尝试在生物学中复兴一种克里普克式的本质主义。那么，我们不禁会问：传统的生物学本质主义究竟有着什么样的困境呢？DNA 条形码理论能够摆脱这些困境并为生物学本质主义的当代复兴开辟新的天地吗？在本章中，笔者将首先交代克里普克的专名理论，接着将说明 DNA 条形码理论是如何把克里普克的理论与 DNA 条形码技术结合在一起的，最后将对 DNA 条形码理论做出评价。

第一节　本质主义：从亚里士多德到克里普克

传统上，本质主义是和定义联系在一起的。亚里士多德的本质主义坚持：定义是对事物本质的描述。亚里士多德把事物的属性区分为本质的和非本质的两种，本质属性是事物存在的依据。我们对事物所下的定义就是对它们的本质属性的描述。本质主义观点的确立意味着在定义与种名的指称对象之间建立起同一又必然的联系。“在亚里士多德的观点中，关于任何实体我们都可以知道三件事：它的本质、它的定义和它的名称。名称对本质进行命名。定义给出了一个关于本质的完整的和详尽的描述。由此可以衍生出，名称就是实体和一个对它进行描述的定义的名称。”[①]在生物分类学中，亚里士多德上述观点体现为逻辑的下行分类方法，即通过属加种差的内涵定义方法来确定物种的本质。这一定义方法在实际操作中发展出了两种不同的形式：合取的定义方法和析取的定义方法。

合取的定义方法认为：种名的定义就是物种的一组标准特性的合取。“尽管有很多关于本质的谈论，但用现代的术语来说，亚里士多德主张定义是通过属性合取地连接在一起获得的，这些属性各自是必要的且连

① Hull D. The effect of essentialism on taxonomy: two thousand years of stasis (Ⅰ). The British Journal for the Philosophy of Science, 1965, 15(60): 318.

接起来是充分的。”[①]假设 A 这一语词具有如下一组标准的特性 a、b、c、d，那么，A 的定义的逻辑结构是：$a\wedge b\wedge c\wedge d$。比如，“单身汉”的定义就是从未结婚的成年男性。“单身汉”这个语词的意义就由“从未结婚的”“成年的”“男性”这些属性合取构成。每一种属性构成“单身汉”这个语词意义的必要条件，而这些属性的连接构成了它的必要条件。这意味着这些属性对于特定的物种成员来说既是普遍的又是单一的，即这些属性为该物种的所有成员所共有且仅为该物种的成员所具有。

不过，合取定义在生物分类学的实践中存在着困难。以“柠檬”的定义为例来说，它由“一种特殊的树种”“酸味”“黄色”“卵圆形”等特征合取构成。但是，一个绿色而非黄色的柠檬仍然是柠檬，而符合这些所有特性的事物并不一定就是柠檬。所以，我们可以说种名所指称的对象并不必然与物种一组特性的合取相等同；反之，物种一组标准特性的合取也不必然地指称特定的种名。所以，合取的定义方法并不能保证我们可以必然地确定物种的本质。

为了避免上述问题，人们提出了析取的定义方法。“在不违背亚里士多德定义精神的前提下，语词也可以被析取地定义。”[②]该方法认为：种名的定义可以看作物种的一组标准特性的析取。假设，A 具有如下一组独特的特性 a、b、c、d，那么，A 的定义的逻辑结构是：$a\vee b\vee c\vee d$。“在这种析取的定义中，每一种属性各自是充分的且在这些属性中至少有一个是必要的。”[③]与合取的定义方式相比，在析取的定义方式中名称的定义与它所指称的对象之间并不需要有那么严格的对应关系。任何对象只要与某一名称定义中的一个或一簇属性相符合就可以被视为该名称所指称的对象。比如，我们说“亚里士多德是一位古希腊的哲学家或柏拉图的学生或亚历山大大帝的老师或《形而上学》一书的作者等等”。某人只要符合其中的一个或一簇属性，我们就可以认为此人就是亚里士多德。

那么，亚里士多德必然是哲学家吗？不一定。因为，我们总是可以设想在某一可能世界中，亚里士多德并不是哲学家。显然，我们缺乏充分的依据来说明亚里士多德与哲学家这种属性之间存在着必然的联系。

---

① Hull D. The effect of essentialism on taxonomy: two thousand years of stasis (I). The British Journal for the Philosophy of Science, 1965, 15(60): 318.

② Hull D. The effect of essentialism on taxonomy: two thousand years of stasis (I). The British Journal for the Philosophy of Science, 1965, 15(60): 323.

③ Hull D. The effect of essentialism on taxonomy: two thousand years of stasis (I). The British Journal for the Philosophy of Science, 1965, 15(60): 323.

所以，在这个意义上，析取的定义方法同样无法使我们必然地确定物种的本质。

综上所述，亚里士多德的本质主义可以归结为以下两点：

（1）种名与物种的一组标准属性的合取或析取同义。

（2）种名的定义决定它的指称。

由上可知，种名与对象间的指称关系通过物种的某些特性的合取或析取来确定。那么，物种属性的变化必然会引起种名指称方式的变化。“自然种类的特征可能随着时间发生改变，可能因为一种条件的改变，而非本质的改变，使得我们需要停止使用相同的语词。”[①]这样，可以说通过定义的方式我们根本不能获得事物的本质。传统上，这种研究本质主义的进路也被称为“描述性观点”（descriptive view）。[②]实质上，这种关于本质主义的定义与语言哲学中的摹状词理论是密切相关的，它们只是对同一个问题的不同表述而已。

“描述性观点”的失败使传统的生物学本质主义者们必须寻找新的理论资源，克里普克的本质主义主张为它们提供了新的契机。克里普克的观点正是在反驳摹状词理论的基础上发展起来的。克里普克的本质主义主张始于他对专名理论的讨论，所以我们先交代他的专名理论，进而在此基础上引出他的本质主义主张。[③]

克里普克认为专名和摹状词之间并不存在联系，人们或许使用一些摹状词去指称一个专名，但是这些摹状词并非专名的意义，专名本身没有意义。对此，他指出：

> 这种理解对如何确定指称所作的解释似乎从原则上就是错的。如果认为我们给自己举出某些特性，它们在性质上惟一地标示出一个对象，并由此而确定我们的指称，那么这种想法看来是错误的。[④]

克里普克在对专名和摹状词进行了区分之后，为了进一步说明这种

① Putnam H. Is semantics possible//Putnam H(ed.). Mind, Language and Reality: Philosophical Papers. Cambridge: Cambridge University Press, 1975, 2: 142.

② Bird A. Philosophy of Science. London: Routledge, 1998: 65.

③ 由于克里普克和普特南在专名以及相关的本质主义问题上持有相近的看法，人们通常把他们的理论称为“克里普克-普特南理论”。为了论述上的方便，我们仅以克里普克的观点为例。

④ 克里普克. 命名与必然性. 梅文译. 上海：上海译文出版社，2005：77-78.

区分，他又提出了关于“严格指示词”和“非严格指示词”的区分。克里普克认为，如果一个专名在一切可能世界中都指称同一对象，那么这个专名就可以被称为“严格指示词”；反之，如果一个专名在某一可能世界中不指称同一对象，那么它就是“非严格指示词”。例如，“奥巴马”这个专名只指称“奥巴马”本人，而不管他是不是美国的第 44 任总统或者具有其他的属性。相反，“美国的第 44 任总统”这个摹状词也可以指奥巴马，但是它并不必然指奥巴马，我们完全可以设想，奥巴马在当年的总统竞选中输给了希拉里，那么，希拉里就是美国的第 44 任总统而非奥巴马。因此，“奥巴马”这个专名的指称就不能由“美国的第 44 任总统”这个摹状词来确定。

因此，在克里普克看来，专名并不具有摹状词所表示的意义。他说道：

> 一般说来下述情况是不存在的：一个名称的指称由某些惟一的识别标志所决定，由某些惟一的特性所决定，这些特性为指称的对象所满足，而该指称对象则被说话者认识或相信为真。第一，为说话者所相信的这些特性不必是惟一地详细说明的。第二，即使它们需要加以惟一的说明，它们对说话者的用法的实际指称对象来说也不可能是惟一地真，而可能是对某种别的东西也真或者对于任何东西都不真。[①]

如果专名并不与摹状词相联系，那么专名的指称是如何确定的呢？克里普克给出的答案是“因果-历史指称理论”（causal-historical theory of reference）。克里普克认为语言是一种社会现象，要解决语言使用中的指称问题，人们必须从社会成员的交往和使用语言的实践中寻找答案。他说：

> 指称看来实际上是由下述事实所确定的，即说话者是某个使用这个名称的说话者团体中的一员。这个名称通过口头传播，一环一环地传播到他那里。[②]

---

① 索尔·克里普克. 命名与必然性. 梅文译. 上海：上海译文出版社，2005：91.

② 索尔·克里普克. 命名与必然性. 梅文译. 上海：上海译文出版社，2005：91.

在克里普克看来，专名指称的确定包含两个连续的过程："命名仪式"（baptism）[①]和"因果传递"。首先是命名活动中的"命名仪式"，接着是名称在历史"因果链条"（causal chain）[②]中的相互传递。比如，一个人叫"张三"，他之所以叫"张三"，不是因为它具有什么意义或者与什么重要的特征相联系，而是因为"张三"出生的时候，他的父辈或祖辈给他取了这个名字，这就可以被视为一个"命名仪式"。然后，在"张三"的成长过程中，他的同学、朋友等与他有社会交往的人，都使用这个名字称呼他。这样，"张三"这个名称的传递就形成了一个社会历史的"因果链条"。人们在这个"因果链条"中就可以确定"张三"这个名字的指称，而不必诉诸某些名字所包含的意义或重要特征。

克里普克把他的专名理论进一步推向了通名。他所讨论的通名主要指的是"自然类词项"（natural kind term）。他认为通名也是"严格指示词"。与专名一样，通名指称的确定也遵循类似的"因果-历史指称理论"。但稍有不同的是，确定通名指称的是一切可能世界中都恒定不变的某类事物的本质属性，即该种类事物的内在结构[③]。他认为这种仅为某一种类的全体成员所共有的内在结构就是该类事物的本质，例如，水的本质属性是 H_2O，金元素的本质属性是它的原子序数，即 79。在任何可能世界中，只要分子式是 H_2O 的所有实体都必定是"水"。相反，具有水的一切外部特征而没有水的内在结构——H_2O 的实体也不能被认为是"水"。H_2O 作为水的内在结构不仅可以确定"水"的指称，而且可以对"水"的无色、无味、透明等外在特征做出解释。

至此，我们基本上勾勒出了克里普克本质主义理论的轮廓。总结上文，笔者把克里普克的本质主义归结为以下两点：

（1）专名并不与一组标准属性的合取或析取同义。

（2）专名指称的确定依赖于特定的社会交往活动。

第二节 DNA 条形码技术

现在，我们再交代一下 DNA 条形码理论的另一个理论资源——DNA 条形码技术。它是兴起于 21 世纪初的一种新的生物学分类方法。要了解

① 索尔·克里普克. 命名与必然性. 梅文译. 上海：上海译文出版社，2005：80.

② 索尔·克里普克. 命名与必然性. 梅文译. 上海：上海译文出版社，2005：80.

③ 索尔·克里普克. 命名与必然性. 梅文译. 上海：上海译文出版社，2005：106.

这种新的分类方法，我们还得从这种新的分类方法产生的背景说起。我们知道，生物分类学的重要任务之一就是对物种进行鉴定和归类。对物种进行鉴定总是要以一定的物种特征或性状为依据。自林奈以来，分类学家们往往采用物种的形态学或解剖学特征作为物种鉴定的依据。然而，这些传统的生物鉴定方法存在着很大的局限性：一是传统的形态学分类方法自身存在的问题，即生物形态特征的可塑性以及遗传变异导致的生物形态特征的可变性都会造成鉴定结果的不准确；二是分类学家自身在知识、能力以及理论观点上的局限也可能造成分类结果的误差。①这些问题促使分类学家不断努力寻找新的更为有效的生物鉴定技术。

分子生物学的发展带来的分子生物技术的进步为新生物分类方法的诞生提供了契机。很多生物学家都尝试使用分子方法来对生物进行鉴定和分类。②吕贝克·陶茨（D. Tautz）等最先提出使用 DNA 序列（DNA sequence）作为生物鉴定的标准。在他们看来，使用这种新的生物鉴定标准可以解决很多传统分类方法中存在的问题。他们把这种以 DNA 序列为标准的分类学系统称为 DNA 分类学（DNA taxonomy）。③2003 年，加拿大生物学家赫伯特等首先提出使用“线粒体细胞色素 C 氧化酶 I ”（the mitochondrion gene cytochrome c oxidase I ）基因（简称 CO I 基因）的一段包含 650bp（碱基对）的特定序列作为生物鉴定的依据，尝试对所有生物物种进行鉴定和编码。他们把这段特定的 DNA 片段称为 DNA 条形码（DNA barcoding）④。赫伯特对 DNA 条形码的定义是：“DNA 条形码是一种新的系统，它计划通过使用相对较短的、标准的基因区域作为物种的内在标记（tags）来提供快速的、准确的和可自动化的物种鉴定。”⑤简单来说，DNA 条形码是一种尝试用特定的 DNA 序列作为标准来对物种进行鉴定的新的分类学方法。

自 DNA 条形码分类方法被提出之后，这种方法逐步发展并产生了一系列重要的影响。2004 年，美国华盛顿举办了一个关于 DNA 条形码的学

① Waugh J. DNA barcoding in animal species: progress, potential and pitfalls. BioEssays, 2007, 29(2): 188.

② Blaxter M. Counting angels with DNA. Nature, 2003, 421(6919): 122-123.

③ Tautz D, Arctander P, Minelli A, et al. DNA points the way ahead in taxonomy. Nature, 2002, 418(6897): 479.

④ Hebert P D, Gregory T R. The promise of DNA barcoding for taxonomy. Systematic Biology, 2005, 54(5): 852.

⑤ Hebert P D, Gregory T R. The promise of DNA barcoding for taxonomy. Systematic Biology, 2005, 54(5): 852.

术研讨会，该次会议创立了“生命条形码联盟”（Consortium for the Barcode of Life，CBOL）。[①]该联盟旨在“促进在DNA条形码上的全球标准和协作研究”。[②]同年，美国国家生物技术信息中心（National Center for Biotechnology Information，NCBI）与生命条形码联盟合作，宣布为标准DNA条形码序列和相关的信息检索提供支持，物种的标准DNA条形码序列和相关信息将存档于GenBank（基因银行）（https://www.ncbi.nlm.nih.gov/genbank/）数据库中[③]，研究者和公众可以自由地查询和使用相关的数据。自此之后，GenBank数据库中的物种条形码的标准DNA序列以及相关信息越来越多，致力于DNA条形码研究的组织也越来越多。[④]

介绍了DNA条形码技术形成的起因和过程之后，我们来说明一下DNA条形码技术的原理以及DNA条形码标准序列的选择标准。DNA条形码技术的产生受到商品零售业中商品条形码的启示。与商品条形码相似，生物学家们尝试在生物体DNA中寻找条形码来对物种进行鉴定和标记。我们知道，DNA分子的双螺旋结构由A、T、C、G四种脱氧核糖核苷酸按照特定的方式配对构成，理论上15个核苷酸就可以产生4^{15}种完全不同的排列组合，利用它们就足以区分地球上所有的生物种类。根据不同物种在某段特定DNA序列上的差异就足以把它们区分开。DNA条形码技术的理论预设是，每一物种都可能有着唯一的DNA条形码。也就是说，每一物种在理论上都有着独一无二的身份标识——DNA条形码。

那么，什么样的DNA序列才能成为DNA条形码的标准序列呢？这就涉及DNA条形码标准序列的选择标准问题。理想的DNA条形码系统应满足下面几个标准：

> ①基因区段的序列在种内的个体之间应该是近乎相同的，而在种间是存在差异的。②它应该是标准的，同一个DNA区段可以用于不同的分类群。③目标基因区段应该包含足够的系统

① Hebert P D, Gregory T R. The promise of DNA barcoding for taxonomy. Systematic Biology, 2005, 54(5): 859.

② Valentini A, Pompanon F, Taberlet P. DNA barcoding for ecologists. Trends in Ecology and Evolution, 2009, 24(2): 110.

③ Valentini A, Pompanon F, Taberlet P. DNA barcoding for ecologists. Trends in Ecology and Evolution, 2009, 24(2): 110.

④ Waugh J. DNA barcoding in animal species: progress, potential and pitfalls. BioEssays, 2007, 29(2): 188.

> 发育信息以便较为容易地把未知的或没有“条形码”的物种分配到它们的分类群（属、科等）中。④它应该是极端稳定的，包含高度保守的引发位点以及高度可靠的 DNA 扩增物和测序物。这是特别重要的，当使用环境样品时，每一个萃取物都是一个包含了很多需要被鉴定的物种的混合物。⑤目标基因应该足够短以便对局部降解的 DNA 进行扩增。[①]

也就是说，标准的 DNA 条形码序列不仅应该有着足够的变异性而且要有着足够的保守性，同时它还必须是标准的，并且包含足够信息的。实际上，满足上述标准的标准 DNA 序列是不存在的。[②]主要原因在于，人们无法对种内和种间的变异程度（也就是遗传距离[③]）做出有效的限定，不同物种之间的变异程度是不同的，人们很难确定统一的标准。生物学家们不仅在选取哪一段 DNA 片段作为标准 DNA 条形码序列上存在争议，而且在种间以及种内应该选取多大的变异程度上也存在分歧。由于生物学家们找不到普遍适用的标准 DNA 条形码序列，因此他们在实际操作中往往根据自己的需要选择 DNA 条形码序列。比如，赫伯特等最早倡导使用 CO I 基因作为标准的 DNA 条形码。

然而，仅凭 CO I 基因无法对所有的物种进行鉴定，对那些通过 CO I 基因无法鉴定的物种，人们就会加入其他辅助性的 DNA 片段。在很多情况下，标准的 DNA 条形码序列可能并不是只有一个 DNA 片段而是两个或多个 DNA 片段。

一旦标准的 DNA 条形码序列确定，生物学家们就可以进行快速且准确的物种鉴定和分类。生物学家们可以将已经发现的物种或者未知种名的物种的 CO I 基因（或 CO I 基因和其他辅助性 DNA 片段的组合）输入 GenBank 数据库中进行比对和检索，就可以很快地进行归类或鉴定出新的物种。这种技术不仅可以用来鉴定已知的物种，还可以用来发现未知的物种。相比传统的分类学方法，DNA 条形码分类方法更为精确、快速并且实现了自动化，它有效地弥补了传统分类学方法的不足。

---

① Valentini A, Pompanon F, Taberlet P. DNA barcoding for ecologists. Trends in Ecology and Evolution, 2009, 24(2): 111.

② Taberlet P, Coissac E, Pompanon F, et al. Power and limitations of the chloroplast trnL (UAA) intron for plant DNA barcoding. Nucleic Acids Research, 2007, 35(3): e14.

③ 遗传距离（genetic distance）是衡量种间遗传差异大小的指标。

第三节 DNA 条形码技术与物种本质主义

说到这里，人们可能会问：DNA 条形码技术作为一种生物分类技术是如何与生物学本质主义联系在一起的呢？它是如何与克里普克的理论进行结合的呢？这种结合能否成功呢？

现在来看 DNA 条形码技术是如何与生物学本质主义联系在一起的。有哲学家尝试把 DNA 条形码技术与克里普克的专名理论结合在一起，从而发展出一种新的生物学本质主义。我们可以把这种新版本的生物学本质主义称为“DNA 条形码理论”。那么，这种结合了生物学技术和哲学理论的新生物学本质主义是如何可能的呢？拉波特认为，某段独特的 DNA 片段在功能上就相当于一个“严格指示词”。对此，他指出：

> 生物学家们通过提供一个样本，即“类型样本”（type specimen）来创造一个新的物种词项。新命名的物种词项通过类型样本的例示来指称该物种……两个生物学家在今天的亚马孙雨林中创造了一个新的物种词项。他们每一个人都收集了一个类型样本，指定一个词说：“让我们用这个词来命名具有这个类型样本的有机体所组成的生物物种。”（说话者指着说）……这个类型样本可能只是一个在化石中保存的骨骼的碎片，或者是一个真正的 DNA 片段。①

马利特（J. Mallet）和威尔默特（K. Willmott）进一步指出：

> 一旦 DNA 样本和它的序列被读取出来，它们同时也就成为类型样本的一个关键部分……而且被视为这个类型样本所属的分类单元的一个标签……原则上，对于每一个分类单元来说，一个独特的 DNA 序列无疑就是一个独一无二的名字。②

由此，我们可以了解 DNA 条形码理论的基本主张。

---

① LaPorte J. Natural Kinds and Conceptual Change. Cambridge: Cambridge University Press, 2004: 5.

② Mallet J, Willmott K. Taxonomy: renaissance or tower of babel? Trends in Ecology and Evolution, 2003, 18(2): 53.

基于上面的论述，我们对 DNA 条形码理论再做一点说明。DNA 条形码理论把 DNA 条形码视为克里普克意义上的“严格指示词”。当生物学家们运用 DNA 条形码技术对物种进行鉴定后，每一物种都获得了一个区别其他物种的 DNA 条形码。每一个 DNA 条形码就像克里普克的专名（或者通名）一样必然性地指称一个特定的物种。DNA 条形码作为专名在任何可能世界中都指称同一物种，不论这个对象是否满足一组标准特性的合取或析取。DNA 条形码作为“严格指示词”有外延而没有内涵，对象本身就是专名的语义值。所以，任何认知性内容的变化都不会引起指称方式的改变。对此，陶茨等指出：

> 如果 DNA 序列作为主要的指称（在 DNA 分类学中），那么，（种）名的改变就变得不成问题了，因为这种序列将会一直提供与先前旧名称的联系……这和人类中的情况相同，在人类那里名字是用来交流的，但是护照号码和社会保险号码被用于明确的身份识别。[①]

我们可以指纹身份证为例对上文的论述做一些通俗的说明。在日常生活中，不同的人可能具有同样的名字，而同一个人也可能具有不同的名字。然而，每一个人都拥有独一无二的指纹。这个指纹就可以被视为一个专名，它可以成为某人唯一的识别标志。一个人的名字、外貌特征，甚至身体构造都可能发生变化，而指纹作为专名却始终不变地指示着同一个对象。同理，DNA 条形码与物种间指称关系的确定同样不依赖物种的其他任何特征。

那么，作为专名的 DNA 条形码是如何与它的指称对象建立起必然联系的呢？对此，前面几位哲学家并未给出具体的说明，我们在这里可以做些尝试性的回答。虽然克里普克对于该问题已经给出了大致的回答，但是他的回答只是哲学意义上的。要回答上述问题，我们需要把他的答案推广到生物学中。克里普克给出的答案是因果-历史指称理论。以这一理论为参照，上述联系在生物学中的建立过程可能是这样的：生物学家们在传统生物分类方法的基础上利用 DNA 条形码技术，将已知种名的物种的 CO Ⅰ基因收录起来建立一个条形码数据库，将未知种名的物种的 CO Ⅰ基因输

---

① Tautz D, Arctander P, Minelli A, et al. A Plea for DNA Taxonomy. Trends in Ecology and Evolution, 2003, 18(2): 71.

入数据库中进行比对和检索，就可以很快地鉴定出它是属于哪个物种，还是一个新物种。这样，他们就可以通过 CO I 基因为每一种物种命名（DNA 条形码）。

实质上，这一过程完成了一种克里普克意义上的“命名仪式”。随着生命条形码联盟的建立，初始的命名作为公共的交流方式在共同体的不同成员之间互相传递，从而形成了 DNA 条形码作为专名传递的“因果链条”。这一系列过程使专名与它的指称对象之间建立起必然性的联系。我们只能从命名的起源和历史而非物种的特定属性的合取和析取中寻找获得专名的原因。对此，克里普克指出：

> 在一般情况下，我们的指称不光依赖于我们自己所想的东西，也依赖于社会中的其他成员，依赖于该名称如何传到一个人的耳朵里的历史以及诸如此类的事情。正是遵循这样一个历史，人们才了解指称的。①

至此，笔者把 DNA 条形码理论的本质主义归结为以下两点：

（1）DNA 条形码作为物种专名并不包含传统意义上的定义，它们的指称并不由物种的一组标准特性的合取或析取所决定。

（2）DNA 条形码作为专名，其指称的确定依赖于特定的社会交往活动。

概括来说，DNA 条形码作为专名直接指称一种特定的物种，而并不需要与该物种的任何属性发生联系。DNA 条形码通过特定的社会交往获得它的指称，物种属性的变化并不会改变 DNA 条形码的指称方式。这就突破了定义决定指称的传统观点，在种名与其指称对象之间建立起必然的联系，从而使生物学本质主义成为可能。

有人可能会质疑上述结合是否真的可行。在笔者看来，这种结合既不可行也不一定有效。先来说为什么这种结合是不可行的。DNA 条形码理论认为每一物种都有着独一无二的 DNA 条形码，它们就像物种的专名一样，每一个 DNA 条形码指称一个独一无二的物种，确定了 DNA 条形码也就确定了它的指称。看似通过 DNA 条形码技术获得的成果可以和克里普克的专名理论很好地契合起来，然而，这种结合存在着很多问题，有些是技术层面上的，有些是理论层面上的。

先说技术层面上的问题。上文指出，现实中符合理想 DNA 条形码

---

① 索尔·克里普克. 命名与必然性. 梅文译. 上海：上海译文出版社，2005：79.

系统的 DNA 序列是不存在的，人们在技术上无法实现通过一段标准 DNA 条形码序列标记所有物种。不过，人们可以通过多段 DNA 序列相组合的方法来解决这个问题。技术层面上的问题似乎并不构成实质性的威胁。根本性的威胁来自理论层面。在克里普克的专名理论中，专名与它的指称之间存在着必然关系。比如，水的指称是 H_2O，水与 H_2O 之间存在着必然关系意味着在所有可能世界中水都指称 H_2O，我们不能够设想在某一个世界中水不指称 H_2O。然而，专名与指称之间的必然关系在 DNA 条形码与其指称的物种之间却并不一定存在。原因何在呢？前一节指出，人们在标准 DNA 条形码序列的选取中没有形成统一的标准，标准选取的不同就有可能造成鉴定结果的差异。比如，某个生物学家或组织选取 A 段 DNA 条形码序列作为物种 S_1 的标记基因，而其他人可能选取 B 段 DNA 条形码序列作为物种 S_1 的标记基因。也就是说，A 或 B 作为 S_1 的标记基因并不是必然的。

人们在使用 DNA 条形码鉴定物种的过程中可能存在着很多不确定性，某段 DNA 条形码作为某个物种的标识是偶然的，它可能随着科学家选取标准的变化而变化。[①]根据克里普克的理论，A 作为 S_1 的标记基因就相当于 A 是 S_1 的专名，A 在所有可能世界中都指称 S_1，不能设想在某个世界中 A 不指称 S_1。真的不能设想吗？在笔者看来，A 不指称 S_1 的可能性不仅是可以设想的，而且是真实存在的。由于选择标准的不同，科学家们完全可以用 B 指称 S_1 而不用 A 指称 S_1，A 与 S_1 之间并不存在着必然的关系。由此来看，DNA 条形码技术并不能真正地与克里普克的专名理论相结合。对此，哈金指出，“一些旨在通过基因条形码来识别物种的项目，仅能偶然地标记特征，而无法解释巨嘴鸟为什么有巨大的嘴这一本质问题”。[②]在他看来，DNA 条形码只是物种的偶然标记，并且它不能对物种成员的相关典型特征做出解释，因而它们不是物种的本质。

再来说一下理论层面，为什么 DNA 条形码技术与专名理论的结合不一定是有效的。在笔者看来，这种结合即便可能也未必是有效的。一般来说，我们提出某个理论总是为了解决某一个或一些问题。如果某个理论可以较好地解答它面对的问题，那么它就会被认为是有效的。相反，如果一个理论不仅不能较好地解答它面对的问题，反而带来了更多的新问题，那

① Hebert P D, Gregory T R. The promise of DNA barcoding for taxonomy. Systematic Biology, 2005, 54(5): 857.

② Hacking I. Natural Kinds: Rosy Dawn, Scholastic Twilight. Royal Institute of Philosophy Supplement, 2007, 61: 234.

么它就不能被视为有效的。

依据这个标准，我们来评价 DNA 条形码技术与克里普克专名理论的结合是否有效。我们知道，作为这种结合产物的 DNA 条形码理论是一种新版的生物学本质主义，它尝试为生物学本质主义提供一种新的辩护方案。如果它要为生物学本质主义辩护，那么它就必须回答生物学本质主义面对的问题。如果它可以回答生物学本质主义面对的问题，那么它就是有效的。反之，它就是无效的。在笔者看来，它并不能回答生物学本质主义面对的问题，因而它是无效的。

然而，人们可能会问：生物学本质主义究竟要回答什么样的问题呢？为什么 DNA 条形码理论不能有效地回答这些问题呢？下文就试图对这些疑问做出解答。

第四节　内在属性与分类问题

我们先说一下生物学本质主义究竟肩负着什么样的任务。对此，戴维特给出了较为详细的说明。在他看来，所有的生物学本质主义都要回答如下两个问题：

> （1）一个有机体依据什么被认为是 F?
> · 什么使一个有机体成为 F?
> · F 的本性（nature）是什么？
> · F 的本质（essence）是什么？
> （2）F 群体依据什么被认为是一个亚种、一个物种、一个属等呢？
> · 什么使 F 群体成为一个亚种、一个物种、一个属等呢？
> · 一个亚种、一个物种、一个属等的本性是什么呢？
> · 一个亚种、一个物种、一个属等的本质是什么呢？①

戴维特认为第一个问题是生物有机体的属性问题，即依据什么样的标准，F 被认为属于某一个物种；第二个问题是生物群体的定义问题，即依据什么样的标准，F 群体被认为是一个物种而非亚种或属。他接受迈尔

① Devitt M. Resurrecting biological essentialism. Philosophy of Science, 2008, 75(3): 357.

的观点[①]，把第一类问题称为“分类单元问题”（the taxon problem），把第二类问题称为“分类阶元问题”（the category problem）。[②]我们可以举例来说明这种区分。当我们问“为什么鲸不是一种鱼”时，是在问第一类问题，即我们依据什么样的标准不把鲸划归为鱼类？而当我们问“为什么鲸是一个物种”时，就是在问第二类问题，即我们依据什么样的标准把鲸视为一个物种而非亚种？

对于戴维特的上述区分，艾瑞舍夫斯基在引用它时做了一些修正。他认为，生物学本质主义要回答的两个核心问题是：

（1）分类问题：为什么生物体 O 是物种 S 的一员？

（2）特征问题：为什么物种 S 的成员典型地拥有特性 T？[③]

虽然艾瑞舍夫斯基引用的是戴维特的观点，但是两者之间还是有一些差别的。在本节中，笔者会采用艾瑞舍夫斯基的观点，对戴维特观点的讨论将在第四章中进行。这里之所以采用艾瑞舍夫斯基的观点，是因为他指出的生物学本质主义的两个任务较为具体，而且与类本质主义的三个信条相契合。问题（1）是类本质主义信条（1）在生物学中的具体化，问题（2）强调的是物种本质的因果效力和解释作用，它整合了类本质主义信条（2）和（3）。下面，我们分析一下 DNA 条形码理论是否可以回答上述两个问题。

先看问题（1）。笔者认为 DNA 条形码理论可以对问题（1）做出解答。实质上，问题（1）就是生物分类学的核心问题，即如何把生物进行归类。我们知道，DNA 条形码技术的提出正是为了解决生物分类问题。传统上，依据形态特征或进化关系的分类方法往往由于缺乏精确的标准而使生物分类实践遭遇很多难题。DNA 条形码技术采用分子生物学的最新成果，为生物分类学的发展开辟了新的道路。在具体的分类操作中，DNA 条形码技术可以通过比较不同种群特定 DNA 序列间的“遗传距离”差异来回答问题（1）。若不同生物种群间 DNA 条形码的“遗传距离”属于一个特定阈值，那么它们便可被视为同一物种。反之，则不能被

① 恩斯特·迈尔. 生物学思想发展的历史. 2 版. 涂长晟，等译. 成都：四川教育出版社，2010：166-167.

② Devitt M. Resurrecting biological essentialism. Philosophy of Science, 2008, 75(3): 357.

③ Ereshefsky M. What's wrong with the new biological essentialism. Philosophy of Science, 2010, 77(5): 679.

视为同一物种。虽然 DNA 条形码技术在生物分类中可能存在着一些技术上的问题，但是作为一种新兴的生物分类方法它还是相当有效的。应当说，解决分类问题对于 DNA 条形码理论来说并不存在原则性的困难。

我们再来看问题（2）。即要求生物学本质主义必须回答“为什么物种 S 的成员典型地拥有特性 T”这个问题。用具体的例子来说就是：为什么长颈鹿会有长长的脖子？依据 DNA 条形码理论，要回答这个问题就要诉诸物种的内在结构，它不仅可以确定种名的指称，而且可以对物种成员的相关典型特征做出解释。那么，在 DNA 条形码理论中，什么是物种的内在结构呢？无疑，作为 DNA 条形码的那段特异的 DNA 序列就是内在结构。

然而，随之而来的问题是：作为内在结构的 DNA 条形码可以对物种的典型特征做出解释吗？笔者的答案是：显然不能！我们知道，物种的典型表型特征的形成是基因型与环境相互作用的结果。撇开环境的因素，一个表型特征的产生往往是多个相关的基因相互作用的结果。作为 DNA 条形码的 CO Ⅰ 基因只是非常小的一段 DNA 序列，它在物种典型特征的产生和发育过程中要么是不相关的，要么只起到背景性的作用，因而 DNA 条形码根本无法对物种的典型特征做出解释。

有人可能会说，作为 DNA 条形码的 DNA 序列往往不只是一段，多个 DNA 序列相结合就能起到解释作用。对此，笔者想澄清的是，生物学家在使用 DNA 条形码进行分类的过程中，不论是采用一段还是多段 DNA 序列，他们的出发点都是为了便于分类而非提供解释。也就是说，什么样的 DNA 序列组合便于进行生物分类，他们就把它们组合在一起。从解释的角度来说，多个 DNA 序列不过是多个 DNA 片段的加和，它们在根本上与解释无关，DNA 条形码理论不能解决问题（2）。

当然，完全可能存在着对 DNA 条形码理论的另一种解读，它或许能够解决问题（2）。我们知道，DNA 条形码技术产生的灵感来自商品零售业的商品条形码。为了便于分类和结算，商场中的每一个商品都有一个条形码。当然，什么样的商品贴什么样的条形码与商品本身的性质或特性没有关系，商品与条形码之间的关系都是随机确定的，但这种关系一旦确定就很少发生改变。再者，每一类商品除了有自己相应的条形码，还有自身的名字，条形码像索引一样与商品的名字以及相关的信息联系在一起。

虽然条形码中包含商品的信息，但它不能解释商品为什么具有这些信息。商品的条形码相当于商品的第二个名称，当我们想要了解商品的名称以及相关的信息时，只需要扫描条形码就可以获得。DNA 条形码理论也可以接受类似的观点，即只把 DNA 条形码视为物种的另一个名称，而不把它视为物种的内在结构。不过，要对物种成员的相关典型特征做出解释，我们又必须确定物种的内在结构。当然，我们可以在这些 DNA 序列之外寻找可能承担解释角色的物种的内在结构。如此一来，DNA 条形码理论就可以解决问题（2）了。这种解决方法的实质是仅保留 DNA 条形码的指称功能，而让其他的属性来承担解释功能。

那么，DNA 条形码理论可以在生物学中找到物种的内在结构吗？笔者认为不能。根据克里普克的观点，我们可以在内在结构和本质属性之间画等号。内在结构是区分不同种类事物的唯一标准。克里普克关于内在结构的论断大多以物理学或者化学知识为其经验基础。比如，他总是以水的分子式和黄金的原子序数为例。在这些学科中，作为事物本质属性的是它们共同且唯一的内在结构。如果把这种观点推广到生物学中，立即就会产生这样一个问题：生物物种的内在结构是什么呢？对此，克里普克并未提供太多的说明。我们可以猜测一下克里普克在这个问题上的可能答案。生物学与物理学或化学不同的是，生命系统中存在着多个不同的层级，比如分子、细胞、组织、器官、个体等。这意味着，生物有机体在每一个层级上都可能有着特定的内在结构。

那么，在确定生物的本质时，我们究竟应该把其中某一个层级的内在结构视为物种的本质属性，还是应该把所有层级的内在结构都视为物种的本质属性呢？或许，生物学本质主义者可以认为物种的本质是它们的 DNA 结构，因为 DNA 结构相比于其他结构更为基本。比如，普特南就曾提及物种的结构可能是它们的染色体结构（chromosome structure）。[①] 依据克里普克的理论，我们可以说物种的内在结构是它们的 DNA 序列。

然而，把物种的 DNA 结构视为它们的本质这一观点存在着很大的问题。因为，大部分学者都主张生物物种并不存在这样唯一且共同的 DNA 结构。他们的理由主要有两点。

第一，物种并不存在唯一的 DNA 结构。生物物种之间大多有着相同或者相似的 DNA 结构，我们无法找到仅为某一物种所专有的 DNA 结构。这一点可以通过达尔文的共同由来学说来说明。它声称现存的生物物种都是过去物种的后代，所有的生物都源自同一祖先。如果所有的生物都源自同一祖先，那么“相关物种的有机体从它们共同的祖先那里继承相似

① Putnam H. Is semantics possible? Metaphilosophy, 1970, 1(3): 188.

的基因和发育程序”。[①]比如，人类和自己最近的两位近亲黑猩猩和倭黑猩猩之间的遗传差异大约为 1.6%[②]。这即是说，我们和它们在遗传上的相似度超过 98%。[③]可能正是基于这一点，有学者戏谑地把人类称为“第三种黑猩猩”。这说明，人类和另外两类黑猩猩在 DNA 结构上的相似度要远远大于差异度。如果要利用 DNA 结构上这 2%的统计差异把人与其他两类黑猩猩完全区别开来似乎不太可能。相反，如果依据相似程度把我们与它们并列在一起也不恰当。直觉上，我们与它们之间似乎有着根本性的差异。这意味着，这些差异是不能用 DNA 结构上的差异来解释的，要解释这种差异我们必须从 DNA 结构之外的特征入手。有生物学家从基因与文化相结合的角度来探讨人类与其他生物的区别，也从侧面佐证了单靠 DNA 结构无法确定人类的本质特征。

第二，同种的生物个体之间也不存在完全相同的内在结构。每一物种的不同个体之间并不存在整齐划一的 DNA 结构。由于生物的遗传多态性（genetic polymorphism）[④]，同种的不同个体之间都有着不同程度的基因差异。一个物种中的每一个个体都有着独特的 DNA 结构，唯一且共同的生物 DNA 结构只能是一种理想。对此，有学者指出：

> （DNA）是非常复杂的，而且每一个个体不论是在基因上还是在生理上都与其他个体不同。对比有关化学同位素的讨论，可以得出这样的结论：每一个个体都是它们自身的自然类。所以，对于克里普克来说，如果他可以挑取一个自然类，他的成功只适用于他刚好看到的那些由动物所组成的类，对于其他的生物并不适合。[⑤]

如果把克里普克的理论推广到生物学中，由于每一个生物都有着独特的 DNA 结构，那么每一个个体都是一个自然类。这样的结论显然是非常荒谬的，也是克里普克难以接受的。再者，即使克里普克的理论可以运

① Ereshefsky M. Species. The Stanford Encyclopedia of Philosophy (Summer 2022 Edition). Zalta E N(ed.). https://plato.stanford.edu/archives/sum2022/entries/species/[2024-03-12].

② 贾雷德・戴蒙德. 第三种黑猩猩：人类的身世与未来. 王道还译. 上海：上海译文出版社，2012：1.

③ Marks J. What It Means to Be 98% Chimpanzee: Apes, People, and Their Genes. Berkeley: University of California Press, 2002: 7.

④ “遗传多态性”指的是一个种群中的某个基因存在着两种或两种以上变异类型的现象。

⑤ Bird A. Philosophy of Science. London: Routledge, 1998: 71.

用于生物学中，从而可以成功地找到生物自然类，但由于自然界中普遍存在的物种多样性，其理论也只适用于生物物种。

基于以上两点理由，笔者认为克里普克的内在结构理论在生物学中的应用可能会面临难以克服的理论难题。

DNA 条形码理论在内在结构方面的缺失使得其辩护方案最终归于失败。如上文所述，所有的生物学本质主义都必须回答问题（1）和（2），尤其是后者，“从亚里士多德到洛克、从克里普克到博伊德，这些本质主义者都把对‘特征’问题的解释看作本质主义的核心特征”。[①]因而，能否回答这个问题就被认为是区分真正本质和名义的本质的重要标准。没有内在结构的 DNA 条形码理论无法回答问题（2），它也就不能被视为一种真正的生物学本质主义。

DNA 条形码理论的新生物学本质主义方案失败的原因在于克里普克的本质主义并不适用于生物学。DNA 条形码理论所宣扬的生物学本质主义的最大特色在于它对克里普克本质主义思想的继承和推广。然而，克里普克的本质主义向生物学的扩展却导致了难以克服的困难。在生物学中，没有内在结构的直接指称理论是无所指称的，DNA 条形码理论仅在专名命名的意义上保留着一些本质主义的痕迹。最终，它也就不免沦为一种残缺的本质主义而不能真正地完成复兴生物学本质主义的使命。

第五节 同一性条件与物种本质

然而，有人可能并不赞同笔者对 DNA 条形码理论提出的反驳。反对者可能会指出，笔者的批评主要针对的是信条（1），而信条（1）并非本质主义所必需。信条（1）要求自然类的本质对于类成员来说既是充分又是必要的。实质上，该信条要求本质主义必须给出某一类事物的同一性条件，而某类事物的本质属性就是其同一性条件。传统生物学本质主义受到的主要批评就是基因变异和突变等因素使人们很难找到物种共同且唯一的本质属性。DNA 条形码理论似乎面临着同样的问题。虽然传统的生物学本质主义和 DNA 条形码理论存在差别，但是它们在思想逻辑上都秉承信条（1）。这意味着，它们如果不能满足信条（1），便不能被视为真正的

---

① Ereshefsky M. What's wrong with the new biological essentialism. Philosophy of Science, 2010, 77(5): 683.

生物学本质主义。

然而，有学者指出，本质主义并不需要主张信条（1），它只需要主张信条（2）和（3）即可。如果这一主张可以成立，那么那些基于信条（1）对传统生物学本质主义以及 DNA 条形码理论的批评似乎都是无的放矢的。如果真是如此，那么这是否意味着 DNA 条形码理论就是成功的呢？

要回答上述问题，我们有必要对信条（1）再做一点说明。信条（1）似乎是本质主义最为主要也最为明确的主张。可以说，这一主张有着非常悠久的历史，最早可以追溯至亚里士多德，之后持有该观点的重要代表人物是洛克。当代也有很多学者信奉这一主张，比如，博伊德就认为自然类“必须具有可以定义的本质，这些本质必须通过必要的而且充分的、内在的、不变的、非历史的属性得到定义”①，威尔逊（R. Wilson）指出，“本质主义的观点认为自然类可以被本质所个体化，一个给定自然类的本质是一组内在的（或许是不可观察的）属性，每一种属性对于一个实体成为一个类的成员来说都是必要且充分的”②，而胡尔给出的则是最低限度的本质主义③，他认为“每一个物种都通过一组本质属性而与其他物种相区别，物种的成员所具有的每一种本质属性对它们来说都是必要的，并且它们所拥有的所有本质属性对它们来说都是充分的”④。由此可见，类本质主义的信条（1）为不同时代的学者们所坚持和传承。

对于博伊德等学者来说，如果这一主张被拒斥，那么这也就等同于本质主义被拒斥。基于这一点，我们似乎可以说，对 DNA 条形码理论以及以其为代表的本质主义的批评都是切中要害的。

然而，也有很多学者认为信条（1）不那么重要，即使放弃它也无关宏旨。上文指出，索伯把胡尔说的确定充分必要条件的定义称为“构成性定义”。⑤索伯认为，人们通常很难确定事物的构成性定义，即使可以做

① Boyd R. Homeostasis, species, and higher taxa//Wilson R(ed.). Species: New Interdisciplinary Essays. Cambridge: MIT Press, 1999: 146.

② Wilson R. Realism, essence, and kind: resuscitating species essentialism//Wilson R(ed.). Species: New Interdisciplinary Essays. Cambridge: MIT Press, 1999: 188.

③ Nanay B. Three ways of resisting essentialism about natural kinds//Campbell J, O'RourkeM, Slater M(eds.). Carving Nature at Its Joints: Natural Kinds in Metaphysics and Science. Cambridge: MIT Press, 2011: 176.

④ Hull D. Contemporary systematic philosophies//Sober E(ed.). Conceptual Issues in Evolutionary Biology. Cambridge: MIT Press, 1994: 313.

⑤ Sober E. Evolution, population thinking, and essentialism. Philosophy of Science, 1980, 47(3): 355.

到，“本质主义的这一要求也只能琐细地被满足”。[①]相反，在他看来，本质的重要作用在于提供解释，“一个物种的本质就是作用于该物种所有成员的因果机制，它使该物种是其所是”。[②]概括来说，索伯主张类本质主义的信条（1）并非关键，即使可以被满足也只是被琐细地满足，而其中最为关键的是信条（2）和（3），即本质的因果效力及其解释作用。对于信条（1），戴维特采取了与索伯相似的态度。他认为根本不存在为共同且唯一的物种所具有的单一的属性。对此，他指出：

> 内在本质不需要是“整齐划一”（neat and tidy）的。因为，内在本质凭借它们的因果作用而被识别出来，我们不必担心这种识别将是“特设的”（ad hoc）：印度犀牛的本质是其内在的属性，事实上解释了其单角和其他的一些表型特征。[③]

索伯和戴维特的观点表明，信条（1）并不如人们所想象的那么重要，坚持本质主义并不必须要坚持信条（1）。最近，梅伦德斯也指出，“假定解释物种表型的内在属性和物种身份条件的承担者之间的必要同延性（coextensivity）”在概念上和经验上都不令人满意。[④]在他们看来，信条（1）不是本质主义的最低要求而是最高要求，这样的要求不仅太强硬而且不能得到经验的支持，因而应该把信条（1）排除在类本质主义的信条之外以调整本质主义思想的内核。

需要指出的是，也有学者反对上述主张。艾瑞舍夫斯基指出，“本质主义要求明确的界限和准确的本质”[⑤]，满足信条（1）就可以确定明确的界限和准确的本质。在他看来，信条（1）是事物本质的“个体化条件”，它使每一事物是其所是，我们只有首先确定这些条件才能找到事物的本质，从而确定事物的实在性。相反，如果不能确定事物的本质，那么也就无法确定某类事物的实在性，并且也不能对事物的本性做出解释。对此，他指出：

---

① Sober E. Evolution, population thinking, and essentialism. Philosophy of Science, 1980, 47(3): 354.

② Sober E. Evolution, population thinking, and essentialism. Philosophy of Science, 1980, 47(3): 354.

③ Devitt M. Resurrecting biological essentialism. Philosophy of Science, 2008, 75(3): 371.

④ Meléndez J. Barcodes and historical essences: a critique of the moderate version of intrinsic biological essentialism. Revista de Humanidades de Valparaíso, 2019, 14: 75-89.

⑤ Ereshefsky M. The Poverty of the Linnaean Hierarchy: A Philosophical Study of Biological Taxonomy. Cambridge: Cambridge University Press, 2001: 98.

> 如果一个实体缺乏明确的本质，那么这个实体就根本不存在，因为一个实体只能作为一个独特的事物的类才能够存在。更实际地说，如果一个实体缺乏特定的本质，那么本质主义者就没有什么东西可以拿来对该实体的本性做出解释。①

显然，艾瑞舍夫斯基的观点与索伯和戴维特的观点针锋相对。前者认为，如果放弃信条（1），那么就无法确定事物的本质，从而也就不能对事物的本性做出解释；后者则认为，放弃信条（1），无碍本质的解释作用。显然，他们的根本分歧在于信条（1）在本质主义思想中所起的作用。起初看来，双方的观点似乎都有道理，这场论争只能以平局收场。然而，纵观这场争论，笔者更认同索伯和戴维特的观点。信条（1）主张“一个类的所有成员且只有该类的成员具有共同的本质”，这一要求太过强硬了。

在很多现实的情况中，要确定一个事物的充分必要条件是很难的，这一点从日常使用的多数概念的模糊性中就可以发现。我们在日常生活中每天都使用着无数的概念与人们交流，好像我们对自己使用的概念都有着清晰的把握。实际则不然，当我们仔细追问人们使用的一个概念的准确定义究竟是什么时，大多数人可能都说不上来。可以说，在日常生活中能够被明确定义的概念很少，或根本就没有。其中的原因似乎是事物之间的界限常常是模糊的，我们很难明确地把它们区分开来，更不可能用充分必要条件去定义每一事物。由此，如果只有满足信条（1）才能被视为合格的本质主义观点，那么笔者相信没有几个本质主义观点可以满足这一信条。

不过，赞成索伯和戴维特的观点，并不表示笔者支持他们为生物学本质主义所做的辩护。即使承认某些属性可以对事物的本性做出解释，这也不意味着要承认生物学本质主义。对此，艾瑞舍夫斯基说道：

> 生物学家们引用其他的特征对有机体的特征做出解释，并不需要附带地做出形而上学上的宣称：那些在解释中被引用的特征对于一个类群中的成员来说是本质性的。比如，生物学家是如何对斑马身上的条纹做出解释的呢？在其胚胎阶段，斑马拥有一种个体发育机制，可以使其发育出条纹。这种发育机制

① Ereshefsky M. The Poverty of the Linnaean Hierarchy: A Philosophical Study of Biological Taxonomy. Cambridge: Cambridge University Press, 2001: 98.

对于斑马的成员来说既不充分也不必要。一些斑马缺少这种机制。再者，可以使斑马发育出条纹的那种发育机制，在很多种哺乳动物中，包括猫，都可以发育出条纹。概括地说，可以产生有机体性状的那些内在属性并不与分类学的界限相一致：它们常常跨越那些界限。那种认为那些内在属性对一个类群的成员来说是本质性的信念，并不是生物学理论的一部分。①

依据艾瑞舍夫斯基的说法，即使生物学家们需要引用生物的一些内在属性对另一些属性做出解释，也并不需要做出“作为解释项的那些内在属性就是物种的本质”这样的形而上学断言。在他看来，把有机体的内在属性视为它们的本质的观念在生物学理论中根本没有市场，这种观念只是一种思想上的冗余。在这一点上，他响应了索伯的主张。索伯在论及群体思想时就认为，在现代生物学中，生物学家们根本不会援引物种本质对物种的性状做出解释，“物种本质主义成为理论上的冗余”。②这即是说，即使承认生物的某些内在属性可以对生物的本性做出解释，也不意味着就进一步承认了本质主义。由此可见，即使人们承认有机体内在属性的解释作用，这也不必然会转向本质主义。

要说明有机体内在属性的解释作用，本质主义并非唯一的选择。不仅存在着其他的选择，而且本质主义与其他的选择并没有太多的优势。本质主义除了承认有机体内在属性的解释作用外，还进一步做出了更强有力的形而上学承诺。这些承诺在现代生物学家们看来是多余的，应该被“奥卡姆剃刀”剃除。

至此，笔者已经基本交代了学者们在类本质主义信条（1）上的相关争论。对其中的一些方面，笔者还想做一些说明。很多学者都认为信条（1）并非本质主义的必然要求，或者认为它很难满足。对此，笔者也认为信条（1）的要求过强了，很少有本质主义主张可以真正地满足它，放弃它不仅无损于本质主义，而且可以增强本质主义的解释效力。由此可见，以某种形式的本质主义不满足信条（1）为由来对其提出反驳并非一种可行的策略。

以亚里士多德为代表的传统本质主义者，试图使用一事物的充分必

① Ereshefsky M. What's wrong with the new biological essentialism. Philosophy of Science, 2010, 77(5): 680.

② Ereshefsky M. Species. The Stanford Encyclopedia of Philosophy (Summer 2022 Edition). Zalta E N(ed.). https://plato.stanford.edu/archives/sum2022/entries/species/[2024-03-12].

要条件去定义该事物的本质。不过，这样的本质主义在很多情况下不能有效地确定事物的本质。比如，还以“柠檬”为例，它由“一种特殊的树种”“酸味”“黄色”“卵圆形”等特征合取构成。然而，一个绿色而非黄色的柠檬仍然是柠檬，而符合这些所有特征的事物并不一定就是柠檬，定义式的本质主义并不是一种恰当的本质主义主张。克里普克的本质主义正是针对传统本质主义的缺陷而提出的。在他看来，确定事物本质的并非某些属性的合取或析取，而是某种在所有可能世界都恒定不变的内在结构。这一观点从根本上解决了传统的定义本质主义遭遇的难题。DNA 条形码理论的倡导者正是看到了克里普克理论的这种特质才试图把现代分子生物学中的 DNA 条形码技术与其理论相结合，从而为新生物学本质主义的复兴开辟了一条新的道路。

然而，DNA 条形码理论也面临着严重的难题。它不能对本质主义至关重要的特征问题做出解答，因而它不能被视为一种成功的本质主义。它遭遇这一难题的原因在于它不能在生物物种中找到唯一且共同的物种本质。有反对者指出，对于本质主义来说最为重要的是本质的解释作用，它对于某一物种来说并不必须是唯一且共同的。然而，即使接受物种本质不必是唯一且共同的，也不意味着承认 DNA 条形码理论是可以接受的。即使某些生物属性可以起到解释作用，我们也不必做出物种存在本质这样的本体论承诺。因此，DNA 条形码理论并非一种成功的新生物学本质主义。

DNA 条形码理论代表了传统生物学本质主义在当代的新进展。虽然它借重了新的哲学和科学成果，但是它并没有逃脱与传统生物学本质主义相同的命运。在接下来的两章中，笔者将会介绍两种不同版本的新生物学本质主义。它们不再尝试为传统的生物学本质主义提供辩护，而是各自发展出了另一种完全不同的新生物学本质主义。在下一章中，我们先介绍它们中的第一种——历史本质主义。

第三章　历史本质主义

与 DNA 条形码理论不同的是，历史本质主义为生物学本质主义的复兴提供了一条全新的路径。面对传统生物学本质主义的难题，一部分学者认为，反生物学本质主义论证针对的只是传统的生物学本质主义——内在属性的生物学本质主义——而非生物学本质主义本身。在他们看来，除了内在属性的生物学本质主义外，还存在另一种形式的生物学本质主义——历史本质主义。历史本质主义可以避开反生物学本质主义论证的质疑从而为生物学本质主义提供真正的辩护。在本章中，笔者将会首先对历史本质主义的理论基础——系统发育种概念[①]做出说明和交代；接着，详细论述几个不同版本的历史本质主义并对它们的一般特征做出总结和概括；最后，对历史本质主义做出整体性的分析和评价。在结论中，笔者将指出历史本质主义的方案同样会遭遇难题，它提供的新生物学本质主义主张也是不成功的。

第一节　支序系统学与系统发育种概念

历史本质主义的理论基础是系统发育种概念，而系统发育种概念是在支序系统学中发展出来的。如果要真正理解历史本质主义，我们有必要对支序系统学以及系统发育种概念做一些说明。在这一节中，笔者会先交代一下支序系统学的基本思想，并在此基础上对系统发育种概念做出说明。

在支序系统学提出之前，生物分类学中存在着很多的混乱现象。生物分类学家们在划分分类单元的过程中存在着很多问题，比如他们在将种划归属的过程中，一般没有太严格的程序，而且不同的学者可能会依据不同的程序。他们在划分分类单元的过程中，往往也采取多种不同的指标，比如分类单元之间的进化关系、生物学特征或形态上的相似性等。不同的学者可能采取不同的指标，即使采取相同指标的不同学者对其在分类过程

① 所谓“系统发育”是与“个体发育”相对的。如果说，生物的“个体发育”是指受精卵经过细胞分裂、组织分化和器官的形成，一直到发育成性成熟个体的过程，那么，“系统发育”是指某一个分类群或分类单元的形成和发展的过程。它研究的是生物类群的演化关系，所获得的一个重要成果就是我们在进化生物学中常看到的系统发育树。

中的作用也有不同的理解。学者们在分类过程中很大程度上要依据自己的经验。如果分类过程中要依据个体的主观判断，那么生物分类的结果也就不可避免地沾染了主观性和个人性。对于同一个生物种群，不同的学者使用不同的分类指标和分类方法，就会造成迥然相异的分类结果。

针对分类学中存在的上述困难，著名分类学家亨宁（W. Hennig）试图提出一种能够客观地反映系统发育关系的分类系统，这就是支序系统学。[①]亨宁的理论之所以被称为支序系统学，是因为它强调生命树（tree of life）中的分支关系（branching relations）。[②]支序系统学认为，最能或唯一反映系统发育关系的依据是分类单元之间的亲缘关系（geneological relationship）或者进化关系，它反映了不同的分类单元与共同祖先的相对近度（relative recency of common ancestor）。[③]假定存在着三个分类单元A、B 和 C，如果 A 和 B 与 C 相比与某一祖先的亲缘关系更近，那么 A 和 B 应该被划归为同一群体，A 和 B 互为姐妹群关系（sister taxa）。[④]

那么，亨宁的支序系统学是如何判断分类单元之间的亲缘关系的呢？我们知道，生物的演化是一个长时间的过程，现存物种的祖先大都灭绝，很难确定它们的祖先与其他分类单元之间的亲缘关系。在这种情况下，亨宁使用同源特征（holomogy）对不同的分类单元进行划分。所谓同源特征，就是指生物后代所具有的来源于某一共同祖先的同一特征的特征。一个同源特征就是“一个遗传自同一个祖先的不同有机体之间的相似性”。[⑤]为什么同源特征可以用来判断不同分类单元之间的亲缘关系或系统发育关系呢？从同源特征的定义中，我们会发现，如果一些不同的生物起源于同一祖先，那么它们或多或少都与祖先有某些相似性，并且它们可能都从祖先那里继承了一些共同的特征。依据这些共有的特征，我们就可以去判断它们之间的亲缘关系。不过，并不是仅仅确定同源特征就可以去

---

① clade 这个词是赫胥黎（J・Huxley）在 1957 年提出的，它被用来表示进化树上的一个分支。“分支系统学”这个概念是由反对亨宁理论的迈尔提出的，亨宁及其追随者都不太愿意接受这个词。参见 Bowler P J. Evolution: The History of an Idea. Berkeley: University of California Press, 1989: 330.

② Ereshefsky M. The Poverty of the Linnaean Hierarchy: A Philosophical Study of Biological Taxonomy. Cambridge: Cambridge University Press, 2001: 67.

③ Hennig W. Phylogenetic systematics//Sober E(ed.). Conceptual Issues in Evolutionary Biology. Cambridge: MIT Press, 1994: 258.

④ Ereshefsky M. The Poverty of the Linnaean Hierarchy: A Philosophical Study of Biological Taxonomy. Cambridge: Cambridge University Press, 2001: 67.

⑤ Sterelny K, Griffiths P E. Sex and Death: An Introduction to Philosophy of Biology. Chicago: University of Chicago Press, 1999: 202.

推导分类单元之间的系统发育关系，我们还要确定这些类群从祖先开始一直到现在都经历了哪些演化过程。这就需要对同源特征做出一些具体的区分。生物分类学家们把同源特征细化为祖征（plesiomorphy）、衍征（apomorphy）、共有祖征（symplesiomorphy）、共有衍征（synapomorphy）和独征（autapomorphy），只有借助于它们才可以推导出不同类群之间亲缘关系的远近。这几个特征的具体内容如下：

> 祖征：一个不发生改变地遗传自一个祖先的性状。衍征：一个在进化中得来的新性状。明确地说，祖征和衍征是相对的语词，因为所有的祖征在一开始的时候都是衍征，而且一个具有衍征的分类群会有后代，在这些后代中那些衍征就会成为一个祖征。共有祖征：一个原始的性状。这是一个被一个群体所共有的同源性状，它起源于这个群体存在之前的群体而且作为共同的性状被这个群体中的所有成员所遗传。由于这个原因，一个共有祖征不会告诉我们一个群体内部的任何关系。共有衍征：一个共有的衍生性状。一个仅为一个群体的部分而非全部成员所共有的性状，因此，这个性状可以决定一个群体内部的关系。独征：一个对某一个分类群来说是独一无二的性状。①

简单来说，祖征就是源自祖先的特征，衍征是后代在演化中获得的新征，共有祖征就是不同的分类单元所共有的祖先特征，共有衍征是不同的分类单元共同获得的新征，独征就是仅为某一分类单元所独有的特征。

我们可以通过图 3-1②直观地说明上述几个同源特征之间的关系。在图 3-1 中，我们可以看到鸭嘴兽、袋鼠和老虎有一个共有祖征就是“有脊柱”，因为“有脊柱”这个性状起源于比他们的共有祖先更早的祖先。对它们来说，“被毛、具乳腺”就是它们的共有衍征，因为它们仅为鸭嘴兽、袋鼠和老虎而不为鳄鱼所有。同样地，“胎生”这个性状对于袋鼠和老虎来说也是共有衍征。而“长孕期”对老虎来说就是独征，因为它仅为老虎一个种群所共有。当然，共有祖征、共有衍征、独征之间的关系也都是相对的。

---

① Sterelny K, Griffiths P E. Sex and Death: An Introduction to Philosophy of Biology. Chicago: University of Chicago Press, 1999: 202.

② 周长发. 生物进化与分类原理. 北京：科学出版社，2009：155.

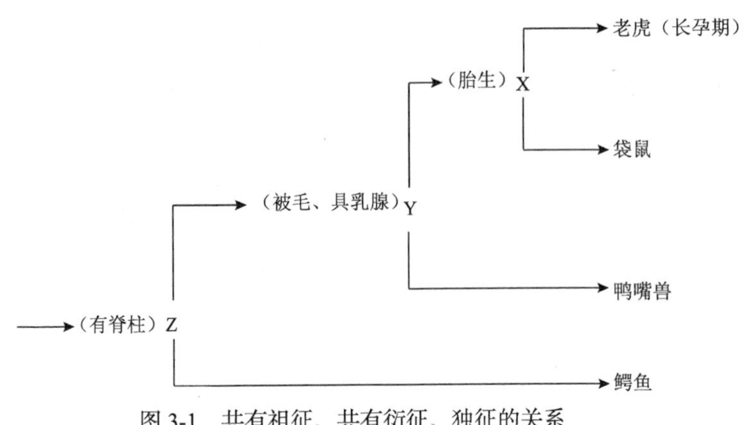

图 3-1 共有祖征、共有衍征、独征的关系

区分了“同源特征”之后就可以开始进行系统发育关系的推导。系统发育关系的推导就是“通过‘共有衍征’来寻找和确立姐妹群，在某些分类单元之间建立分支关系，约定如下：当两个（或以上）分类单元共有一个或多个不为第三者所具有的同源共有衍征时，它们的关系最近”。[①]只有利用共有衍征，我们才能真正地确定不同分支之间的系统发育关系。以图 3-1 为例，“被毛、具乳腺”是鸭嘴兽、袋鼠和老虎的共有衍征，这说明相比于鳄鱼，它们之间的亲缘关系较近，鸭嘴兽这个分类群与袋鼠和老虎组成的分类群互为姐妹群。同样地，“胎生”是袋鼠和老虎的共有衍征，它们之间的亲缘关系较近，互为姐妹分类单元。经过系统发育关系的推导，人们就可以建立系统发生图（phylogram），它可以直观明了地反映不同分类单元之间的系统发育关系，进而，就可以在系统发生图的基础上对生物进行分类。具体的操作过程，我们会在下面的章节中举例说明。

支序分类学认为只有单系群（monophyletic group）才可以用来分类。亨宁指出，“每一个高阶的分类单元都是单系群”。[②]索伯对单系群做了一个集合论的定义：“假定 T 是任意物种的集合，让 $X \in T$ 表示物种 X 是 T 中的一员这个命题，让 XAZ[③]表示物种 X 是物种 Z 的祖先（ancestor）这个命题。进化分类学家的单系群概念可以被表述为：T 是单系的，当且仅当存在一个物种 $S \in T$ 而且对任何物种 D 来说，如果

① 周长发. 生物进化与分类原理. 北京：科学出版社，2009：155.

② Pedroso M. Essentialism, history, and biological taxa. Studies in History and Philosophy of Science Part C: Studies in History and Philosophy of Biological and Biomedical Sciences, 2012, 43(1): 185.

③ XAZ 中的 A 是 ancestor 的缩写。

SAD，那么 D∈T。”[①]简单来说，单系群就是“包含祖先和它的所有后代的群体”。[②]一个单系群包含了一个祖先和它的所有后代，划分单系群的依据是共有衍征。单系群体现的是生物类群间的祖-裔关系（ancestor-descendant relationship）。比如在图 3-1 中，袋鼠和老虎加上它们的共同祖先 X 就是一个单系群，其被归类为“真兽亚纲”（Eutheria）。

同样地，鸭嘴兽、袋鼠和老虎再加上它们的共同祖先 Y 也构成一个单系群，其被归类为“哺乳纲”（Mammalia）。然而，由于历史的久远和化石记录的残缺，某一单系群的祖先往往很难确定，单系群在很多情况下就是一个由源自同一祖先的全部后代所组成的群体。图 3-1 中，在 X、Y 等祖先缺失的情况下，袋鼠和老虎所组成的群体就是一个单系群，鸭嘴兽、袋鼠和老虎所组成的群体也是一个单系群。

一些学者试图使用单系群来定义物种，这便是系统发育种概念。实质上，单系群反映的是不同分类群在系统发育过程中的某种进化关系或祖-裔关系。人们利用这种祖-裔关系可以对不同的生物类群进行归类。同样地，人们也可以通过单系群这种祖-裔关系来对物种进行定义。有学者就认为，物种就是最小的单系群。人们依据支序分类学的单系群概念提出了系统发育种概念。

> 物种是在分类中最小的可识别单元，它依据单系群的证据（通常但不限于共有衍征的存在）对生物有机体进行归群（grouped），这个分类单元被归类（ranked）为一个物种，是因为它们是值得正式承认的最小的“重要”世系，这里的“重要”指的是在特定的情况下，在产生和维持世系中占主导地位的那些过程的作用。[③]

该物种概念充分体现了亨宁的支序系统学方法。支序系统学理论将生物进行分类至少需要两步。第一步就是构建不同生物类群之间的系统发

① Sober E. Monophyly//Keller E F, Lloyd E A(ed.). Keywords in Evolutionary Biology. Cambridge: Harvard University Press, 1992: 205.

② Sober E. Monophyly//Keller E F, Lloyd E A(ed.). Keywords in Evolutionary Biology. Cambridge: Harvard University Press, 1992: 185.

③ Mishler B D, Brandon R N. Individuality, pluralism, and the phylogenetic species Concept. Biology and Philosophy, 1987, 2(4): 406.

育关系或演化关系，对它们进行归群[①]，即把不同的生物个体或类群各归其类。要把不同生物类群归群依据的就是上述定义所说的“单系群的程度”。所谓单系群的程度就是不同类群亲缘关系的远近程度，它主要是依据共有衍征来确定的。这即是说，生物分类学家利用共有衍征对不同的生物类群进行归群。第二步则是对已经得到归群的类群进行归类。生物归类是利用单系群确定物种或其他的分类单元，并把这些分类单元安排到种、属、科等不同等级的分类阶元上去，如此即完成生物分类。在这个分类系统中，物种就是最小的单系群，它是一个生物进化中的最小世系。单系群在产生或维持这个世系中起着主导性的作用。

至此，我们对支序系统学做了一个概要性的说明。支序系统学的主要特征是强调不同分类单元之间的进化关系。一个分类单元被视为一个单系群是因为该类群成员之间的祖-裔关系，该类群的不同成员正是由于共享了这种关系而被视为同一个单元。某种祖-裔关系就成为一个分类单元与其他分类单元相区别的重要特征所在。

第二节　基于历史的本质

学者们在支序系统学的基础上提出了历史本质主义。他们认为支序系统学所建立的某种祖-裔关系就是生物分类单元的本质特征。比如，按照单系群的定义，它包含了一个祖先和它的全部后裔，在单系群中的所有成员都来自同一个祖先。人们可以把“源自同一祖先”作为某一单系群与其他单系群相区别的本质特征。由于祖-裔关系反映的是生物分类单元之间的进化（历史）关系，因此这种形式的生物学本质主义被称为历史本质主义。

人们基于支序系统学的祖-裔关系提出了不同版本的历史本质主义。比如，奎罗斯（K. de Queiroz）就认为：“‘哺乳纲’这个名称可以被定义为一个来自马和针鼹鼠（echidnas）的最近共同祖先的‘分支’（clade）。而且‘哺乳动物’（mammals）就可以被定义为是作为这个分支的一部分的那些有机体。”[②]在系统发育树（phylogenetic tree）中，一

① 这里说到“归群”和“归类”之间的区别，它们分别对应的是迈尔所区分的“分类单元问题”和“分类阶元问题”。前者要回答的是我们依据什么样的标准把某一个体或类群视为一个分类单元，后者要回答的是我们依据什么标准把一个分类单元视为一个分类阶元。

② Queiroz K. The definitions of species and clade names: a reply to Ghiselin. Biology and Philosophy, 1995, 10(2): 224. 奎罗斯认为“哺乳纲”和“哺乳动物”的区别是正式名称和俗名的区别，它们两者指称的是同一事物。

个分支就是一个单系群。奎罗斯认为，马和针鼹鼠都属于哺乳动物纲，它们和其他哺乳动物纲的生物因为源自一个最近的共同祖先而被视为一个单系群，从而被安排进高级分类单元“哺乳纲”中。如果一种生物源自马和针鼹鼠的最近的共同祖先，那么它必然是哺乳动物。进而，这个生物属于“哺乳纲”就有着逻辑上的必然性。对此，他指出：

> 比如，“哺乳动物”这个词项作为一个来自马和针鼹鼠的最近共同祖先的分支的一部分并不仅仅是一个偶然属性。就像一个已经结婚（而且是男性）的人在逻辑上必然是一个丈夫一样。一个作为源自马和针鼹鼠的最近共同祖先的分支的一部分的有机体在逻辑上必然是一个哺乳动物。[①]

奎罗斯使用“马”和“针鼹鼠”这两个分类单元作为参考点（reference point）来定义历史本质主义。有学者也把参考点称为“分类符”（specifiers）。[②]佩德罗索指出，如果给定一个分类单元 x 和它的分类符，就可以把奎罗斯的历史本质主义概括如下：

> （QU）对于所有的 y 来说，当且仅当，y 来自 x 的分类符的最近共同祖先，y 必然是分类单元 x 中的一员。[③]

对于奎罗斯的观点，吉色林（M. Ghiselin）提出了异议。他认为，“哺乳纲”中包含了“马”和“针鼹鼠”这两个分类单元，在已知“哺乳纲”所包含的分类单元的情况下，来自“马”和“针鼹鼠”的最近共同祖先的生物在逻辑上必然属于“哺乳纲”。然而，“哺乳纲”并不必然包含“马”和“针鼹鼠”这两个分类单元，在反事实的条件下，“哺乳纲”可能并不包含“马”和“针鼹鼠”。

这究竟是什么意思呢？可以以奎罗斯的（QU）为例来进行说明。在（QU）中，可以假定分类单元 x 有一个分类符 a，依据奎罗斯的观点，x

---

① Queiroz K. The definitions of species and clade names: a reply to Ghiselin. Biology and Philosophy, 1995, 10(2): 224.

② Pedroso M. Essentialism, history, and biological taxa. Studies in History and Philosophy of Science Part C: Studies in History and Philosophy of Biological and Biomedical Sciences, 2012, 43(1): 183.

③ Pedroso M. Essentialism, history, and biological taxa. Studies in History and Philosophy of Science Part C: Studies in History and Philosophy of Biological and Biomedical Sciences, 2012, 43(1): 183.

中必然包含 a，如果 y 来自 x 的分类符 a 的最近共同祖先，那么 y 在逻辑上必然是分类单元 x 的一员。而吉色林则认为，x 并不必然包含 a，在反事实的条件下，x 并未产生 a 或者 a 存在于其他的分类单元中，a 的最近共同祖先与事实条件不同，如果 y 来自 x 的分类符 a 的最近共同祖先，那么 y 在逻辑上可能就不是分类单元 x 的一员，而是其他分类单元中的一员。对此，他指出，“我们用来进行‘定义’的那些属性事实上并不是逻辑上必然的”。[①]这意味着，“哺乳纲”并不必然会产生“马”和“针鼹鼠”这两个分类单元，奎罗斯的（QU）并不成立。

针对吉色林的批评，拉波特提出了一种改良版的历史本质主义。在拉波特看来，奎罗斯的（QU）难以成立的主要原因是作为分类单元的 x 并不必然包含分类符 a，谁会成为分类单元 x 的分类符是偶然的，因而使用偶然的分类符无法获得逻辑上必然的定义。对于（QU）存在的问题，他提出的解决方案如下：

> 为了使本质主义的观点更加清晰，我想去命名那个作为马和针鼹鼠最近共同祖先的类群，这个类群的产生是一个偶然的事实。我把它命名为 G。一场灾难可能在 G 产生马和针鼹鼠之前就把它毁灭。但是，尽管 G 偶然而非必然产生马和针鼹鼠，但是，对于任何有机体来说，如果它来源于 G，那么它必然属于哺乳纲这个进化枝，而且，对于任何有机体来说，如果它属于哺乳纲这个进化枝，那么它必然来源于 G。因此，哺乳纲就具有一些必然的属性。它必然包括 G 中的或来源于 G 的全部有机体。它必然只包括 G 中的或来源于 G 的有机体。[②]

在拉波特看来，“哺乳纲的分类符（比如马和针鼹鼠）并不必然是一样的。哺乳纲不变的特征是 G 是其最近的祖先”。[③]马和针鼹鼠作为哺乳纲的分类符只有在现实的情形中是必然的，在反事实的情形中则并非如此。不过，哺乳纲的一个本质特征就是它有一个最近共同祖先 G。

---

① Ghiselin M. Ostensive definitions of the names of species and clades. Biology and Philosophy, 1995, 10(2): 221.

② LaPorte J. Natural Kinds and Conceptual Change. Cambridge: Cambridge University Press, 2004: 12.

③ Pedroso M. Essentialism, history, and biological taxa. Studies in History and Philosophy of Science Part C: Studies in History and Philosophy of Biological and Biomedical Sciences, 2012, 43(1): 184.

对于拉波特的观点，佩德罗索则指出，如果给定一个支系 x，G 是 x 的分类符在现实世界中的最近共同祖先，那么可以把拉波特的历史本质主义概括如下：

（LP）对于所有 y 来说，当且仅当 y 来自 G 时，y 必然是 x 的一员。[①]

为了更清晰地说明拉波特的观点，可以把（LP）与（QU）做个比较。（QU）认为 x 中必然包含它的分类符，如果某一生物个体 y 源自 x 分类符的最近共同祖先，那么它必然来自 x。然而，人们提出批评认为 x 并不必然包含它的某个分类符。如果在反事实的情形中，x 并未包含它在现实情形中所包含的分类符，那么 y 可能就属于另外的支系而非 x。为了避免（QU）存在的问题，（LP）假定支系 x 在现实世界中的最近祖先是 G，它不再要求某一分类单元必须源自 x 分类符的最近共同祖先 G 才能属于 x，而是主张只要 y 来自 G，它就是 x 中的一员。依据（LP），x 在不同的可能世界中可能有着不同的分类符，只是这些分类符在所有的可能世界中都共有一个共同的祖先 G，因而只要 y 来自 G，那么 y 必然是支系 x 的一员。

另一位哲学家格里菲斯认为“生物单元包含历史本质是因为它们被具有共同祖先这种关系所定义”。[②]依据其观点，生物单元之所以具有本质是因为它们具有共同的祖先或者它们有着共同的历史起源（historical origin）。这种共同的历史起源就是它们的本质。对此，他指出：

支序系统的分类单元以及它的部分和过程被具有历史本质的进化的同源特征所定义。不共享那个类的历史起源，就不可能成为那个类的一员。尽管黑猫可能不是一种家养的猫。作为一种家养的猫，她必然属于那个亲缘关系中的一员，这个亲缘关系存在于一个分类单元起源的物种形成（speciation）事件和

---

① Pedroso M. Essentialism, history, and biological taxa. Studies in History and Philosophy of Science Part C: Studies in History and Philosophy of Biological and Biomedical Sciences, 2012, 43(1): 184.

② Pedroso M. Essentialism, history, and biological taxa. Studies in History and Philosophy of Science Part C: Studies in History and Philosophy of Biological and Biomedical Sciences, 2012, 43(1): 184.

> 它不复存在的物种形成事件之间。一种家养的黑猫不可能不属于那个亲缘关系。[①]

在格里菲斯看来，支序系统学用进化史来定义分类单元，而进化史就体现为某种亲缘关系。这种亲缘关系存在于物种形成事件和灭绝事件之间，一个分类单元产生于前一个物种形成事件而消失于后一个物种形成事件。[②]比如，一个现存的物种 A 分裂为新种 B 和 C，这时可以说物种 B 和 C 形成，而物种 B 或 C 再次分裂为两个不同的新种时，它们将不复存在，作为物种的 B 和 C 就存在于前后两个物种形成事件之间。某个分类单元就可以被视为由两个物种形成事件所限定的亲缘关系的一个特殊片段。奥卡沙举例指出：

> 你和我都是智人（*Homo sapiens*）[③]的成员，这是因为我们都属于那个亲缘关系中的片段，该亲缘关系起源于 30 万年前（按现在的估算）的非洲，而且从那个时候开始它没有生发出（bud off）任何子种。对于任何有机体来说，如果它不属于那个片段，那么它就不是智人中的一员，不论它与我们多么相像。[④]

由上可见，格里菲斯主张生物分类单元的本质属性可以由共同的历史起源所定义，而共同的历史起源由支序系统学的共同祖先来定义。支序系统学的共同祖先的理论就构成了历史本质主义的基础。

可以对拉波特和格里菲斯的观点做一个比较。他们都认为源自同一祖先是生物分类单元的本质属性。在他们看来，支序系统学的共同祖先为历史本质主义提供了强有力的理论支撑，历史本质主义之所以被认为是正确的，是因为它的理论基础——支序系统学在人们看来是正确的。根据支序系统学与历史本质主义之间的关系，佩德罗索把拉波特的（LP）和格里菲斯的论证进行如下概括：

---

① Griffiths P. Squaring the circle: natural kinds with historical essences//Wilson R(ed.). Species: New Interdisciplinary Essays. Cambridge: MIT Press, 1999: 219.

② 亨宁认为物种形成事件只有在一个祖种分裂为两个新种时才可能发生。参见 Pedroso M. Essentialism, history, and biological taxa. Studies in History and Philosophy of Science Part C: Studies in History and Philosophy of Biological and Biomedical Sciences, 2012, 43(1): 186.

③ “智人”是林奈分类学系统中对人类的命名。

④ Okasha S. Darwinian metaphysics: species and the question of essentialism. Synthese, 2002, 131(2): 200-201.

（1）如果支序系统学所定义的分类单元满足（LP），那么历史本质主义就是正确的。

（2）支序系统学所定义的分类单元满足（LP），所以，

（3）历史本质主义是正确的。[①]

佩德罗索认为，要反驳历史本质主义，可以选择反驳上述概括中的（1），即人们可能会否认科学理论可以为本质主义提供理论支持。不过，他并不准备对（1）进行质疑，而是把批判的矛头指向了（2）。在他看来，“支序系统学并不支持这样的宣称：共享一个特定的最近的共同祖先是一个生物分类单元的定义性特征”。[②]接下来的两节将以佩德罗索的论证为线索来说明历史本质主义面临的难题。

第三节　模式支序系统学与历史本质主义

在说明佩德罗索对（1）的反驳之前，笔者再对支序系统学做一些更为细致的说明。本章第一节中提到支序系统学的根本目的是要构建生物分类单元之间的系统发育关系或进化关系。亨宁及其支持者认为支序系统学是与进化论紧密地联系在一起的。他们指出：“支序系统学应该突出进化论的一个特定方面，也就是通过共祖近度来对分类单元进行归群。”[③]在他们看来，支序分类学在分类中所依赖的“同源特征”都是进化的结果，支序系统学只有在进化论的框架之下才会变得有意义。进化论对支序系统学的支持者来说是自明的前提假设。

不过，并非所有的学者都认可亨宁的观点。有学者对其部分观点进行了质疑，“亨宁之后的一些支序系统学者认为，进化论假说对支序系统学方法的辩护来说并不是必要的，而且，如果把支序系统学独立出进化论之外，它将会变得更好”。[④]反对者认为，进化论在支序系统学的分类实

① Pedroso M. Essentialism, history, and biological taxa. Studies in History and Philosophy of Science Part C: Studies in History and Philosophy of Biological and Biomedical Sciences, 2012, 43(1): 184-185.

② Pedroso M. Essentialism, history, and biological taxa. Studies in History and Philosophy of Science Part C: Studies in History and Philosophy of Biological and Biomedical Sciences, 2012, 43(1): 185.

③ Ereshefsky M. The Poverty of the Linnaean Hierarchy: A Philosophical Study of Biological Taxonomy. Cambridge: Cambridge University Press, 2001: 75.

④ Ereshefsky M. The Poverty of the Linnaean Hierarchy: A Philosophical Study of Biological Taxonomy. Cambridge: Cambridge University Press, 2001: 185.

践中并未起到任何作用，我们应该放弃对进化论的强调。帕特森（C. Patterson）就指出：

> 支序系统学在理论上是中立于对进化的关注的。对于进化它并没有说任何东西。为了进行支序系统学的分析，你不需要知道进化或者相信它。所有支序系统学都要求类群有各自的特征，并且类群之间是不重叠的。①

在支序系统学的分类操作中，分类学家们使用共有衍征来归群，然后使用单系群来分类。分类学家们借助共有衍征就可以完成分类，其中并不涉及进化论。由此，亨宁的反对者认为，支序系统学应该使用特征而非祖-裔关系来进行分类。

亨宁及其支持者所信奉的支序系统学以“亲缘关系”或“进化史”作为标准对生物进行分类，而他的反对者们则主张以某种模式（pattern）②的特征作为分类标准。在分类标准的选取上，前者是“以历史为基础的”（history-based），后者是“以特征为基础的”（character-based）。③为了对两种不同进路的支序系统学做出区分，人们把前者称为“过程支序系统学”（process cladistics），把后者称为“模式支序系统学”（pattern cladistics）。④两者的具体区别在于：

> 过程支序系统学相信共有衍征是共同由来的结果，因此，分类应该以那些能够反映分类单元之间亲缘关系的相似性为基础。另外，模式支序系统学相信分类学家们只使用特征的模式，因此，分类学家们不应该做出推论认为，那些模式是任何特定过程的产物。⑤

---

① Ereshefsky M. The Poverty of the Linnaean Hierarchy: A Philosophical Study of Biological Taxonomy. Cambridge: Cambridge University Press, 2001: 76.

② 这里的模式与模式物种概念中的模式（type）有着重要区别。前者仅指的是某种类型的相似性特征；虽然后者也认为模式是某种相似性特征，但所不同的是它更被视为某种不变的内在本质。

③ Ereshefsky M. The Poverty of the Linnaean Hierarchy: A Philosophical Study of Biological Taxonomy. Cambridge: Cambridge University Press, 2001: 293.

④ Ereshefsky M. The Poverty of the Linnaean Hierarchy: A Philosophical Study of Biological Taxonomy. Cambridge: Cambridge University Press, 2001: 76.

⑤ Ereshefsky M. The Poverty of the Linnaean Hierarchy: A Philosophical Study of Biological Taxonomy. Cambridge: Cambridge University Press, 2001: 76.

对此，有人可能会产生疑问：为什么人们会主张放弃进化论而以特征作为分类的依据呢？其中主要的原因是，模式支序系统学试图建立一种不依赖进化论，且理论上中立的分类系统，这是它和过程支序系统学的根本分歧所在。它的支持者认为，理论上中立的分类对分类学家们来说是一种必然的选择。普拉提内克（N. I. Platnick）指出："如果分类（即我们关于模式的知识）曾经为有关进化过程的理论提供过充分的检验，那么，它们在构成上必然独立于任何特定的有关过程的理论。"①学者们支持模式支序系统学的根本原因在于，以模式为基础的分类理论可以为以过程为基础的分类理论提供支持，只有通过特征分析才能重构进化的历史，为进化论提供必要的证据支持。在这两者的关系上，前者在逻辑上是在先的而非相反。

对于特征的理解，模式支序系统学与过程支序系统学也有区别。模式支序系统学认为并非所有特征都可以用于分类，在这一点上它和数值分类学更为接近，它们都认为只有使用特征的相似性才可以进行分类。稍有不同的是，模式支序系统学认为只有"可被观察的"（observed）的特征才可以用于分类，而共有衍征才是可以被观察到的特征，因此，只有它才可以被用于分类。对于共有衍征，过程支序系统学更强调共有衍征的进化特征，它认为，"共有衍征是一种派生的相似性，它起源于一个祖先分类单元并传递到它的后代分类单元中"。模式支序系统学并不认可对"共有特征"进化论式的理解，它认为"共有衍征"就是对可以被观察到的相似性（特征）的经验概括，人们不必借助于任何理论假设就可以在自然中观察到它们。由此，人们把模式支序系统学的核心内容概括如下：

> 支序系统学和它所进行的相应分类，只不过是展示那种在自然中可以被观察到的共有衍征模式。这完全不同于过程支序系统学的假定：可以被观察到的共有衍征的模式只是起到为特定的进化过程提供证据的作用，而且只能被理解为特定进化过程的结果。②

现在来具体说明一下两种不同进路的支序系统学在理解共有衍征上

---

① Platnick N I. Philosophy and the transformation of cladistics. Systematic Biology, 1979, 28(4): 539.

② Ereshefsky M. The Poverty of the Linnaean Hierarchy: A Philosophical Study of Biological Taxonomy. Cambridge: Cambridge University Press, 2001: 78.

的异同。先说过程支序系统学，它主张使用共有衍征来进行归群，不同的生物类群因具有共有衍征而被归为一个分类单元，进而使用单系群把这些分类单元安排到不同的分类阶元中。单系群就是一个包含祖先及其所有后代的群体。单系群的定义是以进化论为理论预设而得出的。亨宁认为支序系统学要复原的是生物类群之间的演化关系，某一分类单元之所以拥有共有衍征正是生物演化的结果，具有共有衍征的生物分类单元必然存在着一种演化关系，即祖-裔关系。祖-裔关系体现了某种进化史，对同一分类单元的所有个体来说，它们都源自一个最近的共同祖先。

再说模式支序系统学，它和过程支序系统学的相同之处是，它也主张使用共有衍征来进行归群。然而，它反对使用单系群来进行归类，其试图建立一种理论上中立的且没有进化论色彩的分类学体系。依据模式支序系统学，进化论作为前提预设是多余的，没有进化预设的单系群就是一个具有共有衍征的生物群体，它们之间并不存在祖-裔关系，它们因为具有某种类型的模式特征而被视为一个分类单元。两种进路在理解共有衍征上的差异就从这里产生。过程支序系统学认为，共有衍征是进化的产物，只有借助于进化论它才可以得到充分的说明；模式支序系统学则认为，共有衍征不过是自然界中可以被观察到的某种特征模式。

模式支序系统学认为它比与之竞争的其他观点更有优势，一方面，它是一种不依赖于任何理论的分类学体系；另一方面，它不依赖进化论却可以为“进化史”的重建提供有利的证据。然而，这一点并不为竞争对手所认同。模式支序系统学自提出之日就受到对手的激烈批评，它是否真的比过程支序系统学优越，这个问题我们暂且不论。笔者想说的是，作为一种新的研究进路，它的确为生物分类学家们带来了很多启发。

模式支序系统学对“特征模式”的强调激发人们提出了不同于传统的另一种版本的系统发育种概念。传统的系统发育种概念使用单系群对物种进行定义，祖-裔关系是这种定义的基础。而模式支序系统学主张的“以模式为基础”的进路不掺杂任何的进化因素，只需依赖在自然中可以观察到的共有衍征的模式就可以对物种进行定义。这就产生了以模式为基础的物种定义。尼尔森（G. Nelson）和普拉提内克认为：“物种仅仅是可以被检测到的能够自我传承的（self-perpetuating）最小的有机体样本，它们拥有独一无二的特征集合。”①

① Nelson G, Platnick N I. Systematics and biogeography: cladistics and vicariance. New York: Columbia University Press, 1981: 12.

在尼尔森和普拉提内克给出的观点中，物种不是通过某种进化史来被定义，而是通过可以观察或检测到的特征的集合来被定义的。前者认为包括物种在内的所有分类单元都可以通过特征的模式来定义而不必诉诸进化史或“亲缘关系”。推而广之，在模式支序系统学的框架之内，物种和高阶的分类单元都是通过特征而非进化关系来被定义的。

如果承认模式支序系统学的合理性，那么历史本质主义就会受到挑战。佩德罗索基于模式支序系统学对历史本质主义论证的（2）提出了异议。上文指出，历史本质主义只有以支序系统学为基础才可以成立。具体来说，它依赖的是支序系统学主张的进化史或祖-裔关系。然而，本节的论述表明，历史本质主义的理论基础只是支序系统学中的一个学派——过程支序系统学。除此之外，还存在着另一种不同进路的支序系统学——模式支序系统学。依据后者的观点，进化史或祖-裔关系对支序系统学来说是不必要的，支序系统学应该采取一种理论中立的以特征为基础的分类方法。如果历史本质主义是以过程支序系统学为基础的，那么模式支序系统学对过程支序系统学的挑战也就是对历史本质主义的挑战。只要两者之间仍然存在分歧，那么我们就只能说支序系统学中的一个分支支持历史本质主义而非支序系统学支持历史本质主义。

模式支序系统学定义的分类单元并不满足（LP），（2）被反驳，历史主义不成立。佩德罗索指出：“如果支序系统学可以为历史本质主义提供辩护，那么就必须提供附加的前提，即过程支序系统学是正确的，并且模式支序系统学是错误的。”[①]这意味着，要捍卫历史本质主义就必须提供上述附加的前提。然而，根据支序系统学的发展状况来看，这个前提并不合理，人们并没有充分的证据在两种不同进路的支序系统学之间做出孰优孰劣的判断。

人们可以提出异议，虽然模式支序系统学在定义分类单元时不依赖亲缘关系，但是它也可以认可“具有共同祖先”是生物分类单元的本质属性，因而它与历史本质主义并不冲突。对此，佩德罗索指出，模式支序系统学可能与历史本质主义兼容，只是他所讨论的不是它们是否可以兼容的问题，而是过程支序系统学作为支序系统学中的一种进路能否为历史本质主义提供辩护的问题，“如果支序系统学可以为历史本质主义提供辩护，

① Pedroso M. Essentialism, history, and biological taxa. Studies in History and Philosophy of Science Part C: Studies in History and Philosophy of Biological and Biomedical Sciences, 2012, 43(1): 187.

那么只有过程支序系统学可以扮演那样的角色”。①

第四节　单系群与历史本质主义

那么，过程支序系统学能否为历史本质主义提供辩护呢？佩德罗索给出的答案是否定的。对此，我们给出详细的说明。

佩德罗索用一个假设的情形开始他的论证。我们可以设想存在一个“鸟纲”（Aves）的分支，它包含始祖鸟（*Archaeopteryx*）、鸵鸟（*Struthio*）和乌鸦（*Corvus*），如图 3-2 所示。

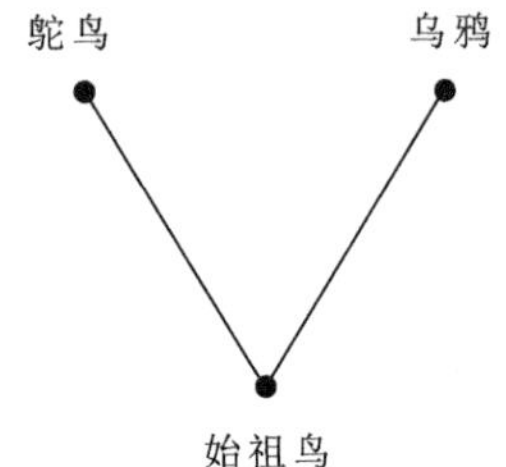

图 3-2　始祖鸟、鸵鸟和乌鸦之间的祖-裔关系树图

图 3-2 表示，在现实世界中，鸟这个分支的最近共同祖先是始祖鸟。依据历史本质主义，始祖鸟不仅在现实世界中是鸟这个分支的最近共同祖先，而且在非现实（或可能）的世界中同样应该如此。可以设想，物种 A 在现实世界中源自鸟纲，那么鸟纲在所有可能世界中都会包含所有在 A 中和源自 A 的生物个体并且仅包含 A 中和源自 A 的生物个体。佩德罗索指出，在这个例子中，人们可能存疑的问题不是始祖鸟是否在现实世界中是鸟纲的最近共同祖先，而是始祖鸟在非现实世界中是否是鸟纲的最近共同祖先。人们对前一个方面不会存疑，因为这是一个被普遍接受的事实。而对后一个方面则并非如此，因为其中涉及了可能世界的问题，只有深入讨论之后才能提供比较合理的答案。佩德罗索关注的正是后一方面。

无疑，历史本质主义必定认为，始祖鸟在非现实世界中同样是鸟纲的最近共同祖先。为什么这样说呢？对于主要的原因，前文已经有过论述，这里再简单提及一下。支序系统学认为一个分支就是一个单系群，一个单系群包含一个祖先及其所有后代。鸟纲作为一个分支，其中包含了所有并且仅包含来自最近共同祖先——始祖鸟的个体。按照（LP），如果

① Pedroso M. Essentialism, history, and biological taxa. Studies in History and Philosophy of Science Part C: Studies in History and Philosophy of Biological and Biomedical Sciences, 2012, 43(1): 187.

一个个体源自始祖鸟，那么它在逻辑上必然是鸟纲的一员。这意味着，在所有可能世界中，源自始祖鸟的个体必是鸟纲中的一员。在佩德罗索看来，鸟纲为历史本质主义提供论证必须包含以下两个前提：

（1）在现实世界中，始祖鸟是鸟纲的最近共同祖先。

（2）并且在所有可能世界中鸟纲都存在，鸟纲是单系群。[①]

前提（1）似乎是没有问题的。在现实世界中，始祖鸟是鸟纲的最近共同祖先已是分类学中的定论。至于前提（2），人们可能争辩说，在某一可能世界中鸟纲并不存在。不过，这样的异议似乎没有太大意义。如果在某一可能世界中，鸟纲不存在或者它不是一个单系群，那么接下来就没有什么好争论的了。人们可以直接得出结论说，始祖鸟在逻辑上并不必然是鸟纲的最近共同祖先。

更值得关心的问题是：即使这两个前提都可以成立，是否就可以推论出始祖鸟在逻辑上必然是鸟纲的最近共同祖先呢？佩德罗索认为即使前提（1）和（2）都是正确的，这也并不必然得出那样的结论。他认为在非现实世界中可能存在着鸟纲并且它是单系群，但是它的最近共同祖先却不是始祖鸟，“把鸟纲定义为单系群并不能充分地保证鸟纲在非现实世界中和现实世界中一样具有同样的最近共同祖先”。[②]佩德罗索的论证表明，在鸟纲的例子中，历史本质主义不能充分地说明始祖鸟在非现实世界中也必然是鸟纲的最近共同祖先。由此，历史本质主义在这里就遇到了难题。

其中的困难究竟是什么呢？关键的问题还在于单系群如何被定义。因为单系群概念是历史本质主义的基础，它也就成为决定历史本质主义是否成功的关键因素。在下面的论证中，笔者将表明依赖单系群的历史本质主义并不能得出预期的结论。具体原因留待后面再说。这里，让我们先从单系群的两面性开始说起。所谓单系群的两面性就是人们在定义它时所采取的两种不同的维度，笔者把它们称为：特征维度和进化维度。支序系统学的分类方法是使用共有衍征进行归类，不同的类群因为具有共有衍征而被划归一个分类单元。这个分类单元被划分的依据是共有衍征，这个方面体现了定义单系群的特征维度。

---

① Pedroso M. Essentialism, history, and biological taxa. Studies in History and Philosophy of Science Part C: Studies in History and Philosophy of Biological and Biomedical Sciences, 2012, 43(1): 187.

② Pedroso M. Essentialism, history, and biological taxa. Studies in History and Philosophy of Science Part C: Studies in History and Philosophy of Biological and Biomedical Sciences, 2012, 43(1): 187.

然而，此时这个分类单元还不能被称为“单系群”，它只是准单系群，它只有在加入进化论的预设之后才可以被称为单系群。一个准单系群具有共有衍征正是进化的结果，一个准单系群的不同类群之间必定存在着某种亲缘关系，它就是祖-裔关系。到此，单系群才能获得完整的定义，它就是一个包含祖先及其所有后代的群体。这个方面就体现了单系群定义的进化维度。

那么，单系群定义的两个维度之间有着什么样的关联呢？笔者觉得可能有着两种不同的解读。一种就是按照亨宁的理解，进化理论是支序系统学的前提预设。不同生物类群之间存在的共有衍征都是进化的结果，只有使用共有衍征才能确定生物进化的准确序列。依据此种理解，单系群在本质上体现的就是一种进化关系。在这种以进化为主导的单系群定义中，进化的假说被认为是最基本的。

另一种理解可以视为亨宁观点的对立面。它认为单系群最为基本的特征不是某种进化关系，而是具有某些特征模式，即共有衍征。在单系群的定义中，使用共有衍征进行归类是第一步，也是最为基础的。至于共有衍征是不是进化的结果并不确定，依据共有衍征划分的分支序列也并不一定能够反映进化关系。这两种对单系群的理解恰好与两种不同进路的支序系统学所对应。不过，这并非笔者要强调的重点。在笔者看来，即使历史本质主义依赖的是过程支序系统学，也要看到在它所强调的单系群定义中也存在着两种不同的维度，人们对单系群也可能存在着不同的理解。

单系群的两种不同维度产生了两种不同的定义方式。一种方式遵循亨宁的主张，使用祖-裔关系来定义单系群，即由一个共同祖先及其所有后代所组成的群体。依据这种方式，衍征只是为单系群的存在提供依据而非对它的定义。在亨宁看来，使用共有衍征可以把不同的生物类群划归一个分类单元，至于这个单元怎么定义需要借助进化论，单系群可以通过祖-裔关系来定义。另一种方式是通过衍征定义单系群。佩德罗索指出，人们可以任选其中的一种定义方式为历史本质主义提供论证。然而，这两种单系群的定义方式都不能为历史本质主义提供成功的论证。①

先看以衍征来定义单系群的方式。依据历史本质主义，图 3-2 中的鸟纲是一个单系群。其中的始祖鸟不论是在现实世界还是在非现实世界

① Pedroso M. Essentialism, history, and biological taxa. Studies in History and Philosophy of Science Part C: Studies in History and Philosophy of Biological and Biomedical Sciences, 2012, 43(1): 187-188.

中都是这个单系群的最近共同祖先。不过，给定历史本质主义的上述两个前提——在现实世界中，始祖鸟是鸟纲的最近共同祖先；并且在所有可能世界中鸟纲都存在，鸟纲是单系群——我们仍然不能保证在非现实世界中，“始祖鸟”也是鸟纲的最近共同祖先。因为“对于挑选出最近共同祖先来说，衍征是不充分的。我们不知道什么是最近共同祖先”。[①]

我们仅凭衍征无法确定始祖鸟就是鸵鸟和乌鸦的最近共同祖先。因为，如果使用衍征来定义单系群，那么我们只能确定的是鸟纲中的三个分类单元，即始祖鸟、鸵鸟和乌鸦具有共有衍征，它们具有一个最近共同祖先，至于始祖鸟是否为鸟纲的最近共同祖先我们并不知道。在这种情况下，三个分类单元中的任意一个都可能是鸟纲的最近共同祖先。依据衍征定义的进路，在已有的衍征不充分时，要确定始祖鸟就是鸟纲的最近共同祖先，只有增加其他的一些特征（共有衍征或独征），这些特征是其他两个分类单元具有而始祖鸟没有的或者是始祖鸟具有而其他两个分类单元没有的。对于历史本质主义来说，这就会有两种不同的途径来论证始祖鸟在非现实世界中也是鸟纲的最近共同祖先：

> （Ⅰ）存在一个共有衍征是鸵鸟和乌鸦所具有而始祖鸟所缺乏的。
>
> （Ⅱ）始祖鸟拥有一个独征是鸵鸟和乌鸦所没有的。[②]

在笔者看来，无论基于这两种途径中的哪一种，历史本质主义都不能充分地说明为什么在非现实世界中始祖鸟是鸟纲的最近共同祖先。

先看（Ⅰ）。鸵鸟和乌鸦具有一个共有衍征是始祖鸟没有的。佩德罗索举例指出，鸵鸟和乌鸦都有尾综骨（pygostyle）[③]这个共有衍征，而始祖鸟没有。然而，这就可以确定始祖鸟是鸵鸟和乌鸦的最近共同祖先吗？当然不能。依据一个仅为后两者所有而前者所不具有的共有衍征似乎只能说明始祖鸟与鸵鸟和乌鸦并不属于同一分类单元或者什么也不能说明。原因何在呢？一方面，很多非鸟类的动物都没有尾综骨，人类就是最好的例子。人类并没有尾综骨只能说明人类与鸵鸟和乌鸦不属于一个分类单元而不能

① Pedroso M. Essentialism, history, and biological taxa. Studies in History and Philosophy of Science Part C: Studies in History and Philosophy of Biological and Biomedical Sciences, 2012, 43(1): 188.

② Pedroso M. Essentialism, history, and biological taxa. Studies in History and Philosophy of Science Part C: Studies in History and Philosophy of Biological and Biomedical Sciences, 2012, 43(1): 188.

③ “尾综骨”是鸟类尾骨退化，最末几枚退化的尾椎愈合而成的一块骨头，其上着生羽毛。

说明人类就是它们的最近共同祖先。另一方面，即使在同一分类单元的不同类群之间，有些衍征也可能是一个类群具有而另一个类群所没有的。由此，增加新的共有衍征并不能证明始祖鸟就是鸟纲的最近共同祖先。

再看（Ⅱ）。始祖鸟拥有一个独征是鸵鸟和乌鸦所没有的。始祖鸟拥有一个独征能否说明它是鸵鸟和乌鸦的最近共同祖先呢？似乎不能。因为，“拥有一个独征和在时间上出现得早之间并不存在联系”。[①]始祖鸟拥有一个独征并不表明它在时间上早于鸵鸟和乌鸦，反而更容易被认为是晚于鸵鸟和乌鸦。始祖鸟拥有一个独征可能被认为是一个新的分类单元。不过，仅仅通过独征无法确定它是不是其他分类单元的最近共同祖先。因此，通过（Ⅱ），历史本质主义也不能证明始祖鸟就是鸵鸟和乌鸦的最近共同祖先。

现在，我们转向以亲缘关系定义单系群的方式。依据这种方式，单系群就包含一个祖先及其所有后代。不过，历史本质主义面对的问题依然存在：即使在所有的可能世界中，鸟纲都是一个单系群并且它的所有成员都源自同一祖先，这些信息也不足以告诉我们鸟纲的共同祖先是什么。佩德罗索试图通过比较分支图（cladogram）和系统发育树之间的不同来说明其中的原因。在他看来：

> 分支图是用来表征关于单系群的假说，并且分支图只在它们的末端才显示分类单元。系统发育树是对祖-裔关系的表征，并且它们的内在节点代表生物分类单元。[②]

实际上，分支图仅是用共有衍征标示出不同分类单元之间的分支关系；而系统发育树标示的则是不同分类单元之间的演化关系。如果想要把一个分支图转化为一个系统发育树就必须加入有关祖-裔关系和进化速率等方面的信息。对于同一个分支图，如果人们添加不同的信息，那么就可能会产生不同的系统发育树。比如，图 3-3 是表征 A、B、C 三个分类单元之间分支关系的分支图。它告诉我们 A 和 B 属于一个分支，而 C 属于另一个分支。

① Pedroso M. Essentialism, history, and biological taxa. Studies in History and Philosophy of Science Part C: Studies in History and Philosophy of Biological and Biomedical Sciences, 2012, 43(1): 188.

② Pedroso M. Essentialism, history, and biological taxa. Studies in History and Philosophy of Science Part C: Studies in History and Philosophy of Biological and Biomedical Sciences, 2012, 43(1): 188.

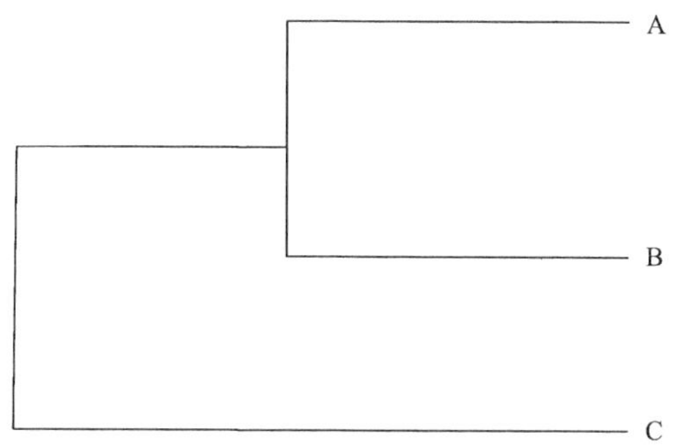

图 3-3　A、B、C 三个分类单元之间的分支图

图 3-3 中的分支关系，可以被表示为不同的系统发育关系，比如，图 3-4 中的（a）和（b）这两种情况。

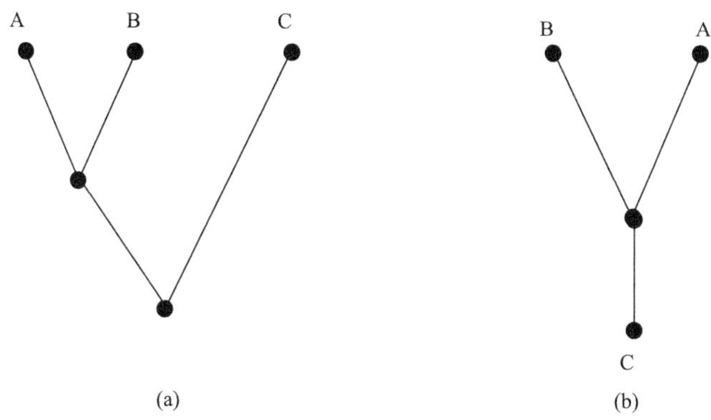

图 3-4　两种不同的 A、B、C 祖-裔关系系统发育树

在图 3-4 的（a）中，C 并不是 A 和 B 的最近共同祖先；而在（b）中，C 是 A 和 B 的最近共同祖先。可见，一个分支图完全可以转化为几种不同的系统发育树。

然而，比较分支图与系统发育树之间的差异与历史本质主义有什么关系呢？根据已有的信息，鸟纲是一个单系群，其中包含始祖鸟、鸵鸟和乌鸦，这三个分类单元在一个分支图上属于同一个分支。如果它们有一个共同祖先，那么它们所属的分支图并没有告诉我们始祖鸟或其他两个分类单元哪一个才是这个分支的祖先。这个分支图只表明，始祖鸟与鸵鸟和乌鸦是姐妹群，它并没有告诉我们它们之间的任何祖-裔关系。相反，只有系统发育树才能表征不同类群之间的祖-裔关系。

不过，始祖鸟所在的分支图完全可能被表征为不同的祖-裔关系，始祖鸟并不必然就是其他两个分类单元的最近共同祖先。单系群提供给我们的是分支图，但并没有告诉我们在一个分支的不同分类单元之间是否具有祖-裔关系。而历史本质主义的成立依赖的是系统发育树提供的祖-裔关系，单系群无法提供祖-裔关系，它也就不能为历史本质主义的论证提供支持。总之，不论单系群如何被定义，鸟纲在所有的世界中都存在，并且它是一个单系群，只是它并不具有历史本质。

单系群在根本上是以特征为依据的，这是它不支持历史本质主义的深层原因所在。单系群的定义中包含了特征和进化两个维度。在使用共有衍征定义单系群时，我们获得的是该单系群中不同分类单元之间的分支关系，即分支图。而分支图提供的信息仅表明不同的分类单元之间是姐妹群。正如胡尔所说，姐妹群只是告诉我们一个单系群的不同分类单元之间是平行关系而非祖-裔关系。①祖-裔关系的获得必须借助更多的有关生物进化的信息。即使在现实世界中单系群是祖-裔关系也不意味着它为历史本质主义提供了支持。历史本质主义要求得更多，它坚持在所有可能世界中每一个单系群都存在着某种特定的祖-裔关系。比如，在鸟纲的例子中，我们已知鸟纲是一个单系群，它包括三个分类单元，即始祖鸟、鸵鸟和乌鸦，并且始祖鸟是鸵鸟和乌鸦的最近共同祖先。

依据这些信息，我们是否可以认为在所有可能世界中，鸟纲都是单系群并且始祖鸟是鸵鸟和乌鸦的最近共同祖先呢？可以直接承认的是，在所有可能世界中鸟纲都存在并且是单系群。而当我们问是否在所有可能世界中始祖鸟都是鸟纲的最近共同祖先时，答案则是否定的。因为，鸟纲作为一个单系群并未提供这些信息，它提供的信息仅是，始祖鸟与鸵鸟和乌鸦是姐妹群。如果要确定始祖鸟是鸵鸟和乌鸦的最近共同祖先，那么必须加入这样的预设：其他所有可能世界都有着和地球一样的生物进化历史。

不过，这个预设是非常可疑的。生命的进化如此复杂，其中伴随着无数的偶然性，我们完全可以设想在某一个可能世界中，有着与地球完全不同的进化历史。在这个可能世界中，始祖鸟不是鸵鸟和乌鸦的共同祖先或者它并没有产生或者它一产生就很快灭绝而没有留下后代。由此可见，历史本质主义认为在所有可能世界中始祖鸟都是鸵鸟和乌鸦的共同祖先，这一主张是不成立的。

我们还可以从另一个角度来说明历史本质主义失败的原因。我们知道，奎罗斯对历史本质主义的定义是（QU）：对于所有的 y 来说，当且

① Hull D. The role of theories in biological systematics. Studies in History and Philosophy of Science Part C: Studies in History and Philosophy of Biological and Biomedical Sciences, 2001, 32(2): 223-224.

仅当，y 来自 x 的分类符的最近共同祖先，y 必然是分类单元 x 中的一员。其中提到了“分类符”的概念，它被认为是识别某个有机体是否属于某个分类单元的关键因素。如果一个生物个体源自某个分类单元的分类符的最近共同祖先，那么它在逻辑上必然属于该分类单元。而拉波特对奎罗斯的批判则是，一个分类单元并不必然包含某一分类符，谁会成为该分类单元的分类符完全是偶然的。拉波特认为只有一个分类单元的最近共同祖先（它被称为 G）是不会发生变化的。虽然 G 可能在进化过程中产生了某个作为分类符的类群或者没有产生或者产生了另外的类群，但是不管 G 的分类符如何变化，G 还是 G。

然而，在笔者看来，情况并非如此。如果承认进化是一个偶然性的过程，那么我们有什么理由认为 G 在地球上存在就必然在其他可能世界中也存在呢？对于一个分支，我们放大对它的关注范围。当我们关注以 G 为共同祖先的分支时，G 是该分支的最近共同祖先，而当我们把 G 放入一个更大的分支，比如 A，它又成为 A 的最近共同祖先，比如 H 的后代。这时，我们会发现，G 有可能成为 H 的分类符，在 A 中作为 H 分类符的 G 同样是偶然的。以此类推，我们会发现，似乎每一个作为分类符的类群对于它所处的分类单元来说都是偶然的。这或许就印证了，生物的进化是一个伴随着无数偶然性的过程。如果承认这一点，并且相信生物进化的过程就像进化树描述的那样由无数个分支事件组成，那么生物进化历史中的某个环节的偶然改变都有可能使进化树呈现出完全不同于现在的形象。由此，历史本质主义坚持认为生物进化在所有可能世界中都有着同样的过程，这只能是空想。

历史本质主义主张物种是以某种祖-裔关系作为其本质的“历史类”。历史本质主义者认为，包括物种在内的所有分类单元都可以使用祖-裔关系进行区分。历史本质主义论证依赖于支序系统学的“单系群”概念。在支序系统学中，“单系群”被定义为包含一个祖先及其所有后代的群体，它体现了某种祖-裔关系。历史本质主义受到的一个挑战正是源自它的理论基础。传统的支序系统学被认为过于依赖进化论，它的反对者们认为不应该使用祖-裔关系而应该使用特征模式进行分类，单系群的本质是模式而非祖-裔关系，历史本质主义似乎失去了它的理论基础。然而，更为严重的是，即使撇开反对者们的攻击不论，历史本质主义仍然难以成立。其中的症结在于，历史本质主义依赖的单系群概念根本不能支持其论证。

第四章　关系本质主义

这一章我们主要介绍奥卡沙的关系本质主义。关系本质主义对生物学本质主义的复兴提供了另外一条全新的路径。这条路径的开辟是以当代生物分类学的发展为基础的。当代生物分类学发展的一个典型特征是，学者们开始使用关系属性取代传统的内在属性以作为生物分类的标准。这种发展不仅突破了传统分类方法的框架，同时也为新本质主义的兴起提供了许多全新的理论资源。在这一章中，笔者将首先介绍三种以关系属性作为分类标准的物种概念，即系统发育种概念、生态学物种概念和生物学物种概念；然后，着重以生物学物种概念为例来说明奥卡沙所主张的关系本质主义；接着，指出他的关系本质主义所存在的问题；最后，将论证指出所有可能的关系本质主义版本都面临着难题，它们为新生物学本质主义提供的辩护都是不成功的。

第一节　三种物种概念

我们先介绍一下奥卡沙所借助的三种物种概念，它们构成了奥卡沙关系本质主义的生物学基础。由于第三章已经论述过系统发育种概念，这里不再赘述。在下面的论述中，我们将重点介绍生物学物种概念和生态学物种概念。

我们首先介绍一下生物学物种概念。要介绍生物学物种概念，首先需要介绍一下什么是物种概念。物种概念就是生物分类学家们对物种所做的定义。不同的学者使用不同的标准去区分和定义具体的生物物种，也就产生了不同的物种概念。生物学物种概念就是用有机体的生物学特征，比如生殖隔离（reproductive isolation），作为标准来定义物种。最为著名的生物学物种概念是由迈尔提出的。他认为“物种是能够实际地或潜在地进行交配繁殖的自然群体，它们（其他这样的群体）在生殖上是隔离的”。[①]这个定义并不限定只有能够实际地进行交配繁殖的自然种群才能算同一物

① 周长发. 生物进化与分类原理. 北京：科学出版社，2009：95.

种。自然中的两个在地理距离上相距较远实际上不会相遇的种群，如果它们具有相互交配繁殖的倾向，那么它们可以被视为同一物种。生殖隔离是指由于各方面的原因，不同的类群之间在自然状态（即非人工状态）下不进行交配繁殖，即使可以交配也不能产生后代或只能产生不可育后代的隔离机制。

生物学家们把产生生殖隔离的机制称为“隔离屏障”（isolating barriers）或隔离机制。隔离机制分为受精前隔离（premating isolation）和受精后隔离（postmating isolation）。受精前隔离是在生物受精以前所产生的隔离，比如地理的、行为的或生理构造上的原因使不同的种群不能相遇，或者即使相遇也不能交配；受精后隔离就是在生物受精后所产生的隔离，比如由不同群体的配子（生殖细胞）、染色体或基因间不能相互作用所导致的生物可以交配但是后代不能存活或者后代不育，它们分别被称为“杂种不活性”（hybrid inviability）和“杂种不育性”（hybrid sterility）。

按照迈尔的生物学物种概念，生殖隔离是区分物种的唯一标准。如果不同的群体之间可以交配并能够繁殖可育的后代，那么它们就属于同一物种；如果它们之间不能交配或交配后繁殖的后代不育，那么它们就不属于同一物种。生物学物种概念在区分物种时把是否存在生殖隔离作为唯一的标准，不考虑物种演化的时间和空间状态，因此它又被称为“无维度物种概念”（non-dimensional species concept）。

还有一点需要说明的是迈尔生物学物种概念中“自然”的含义。它突出了该物种概念的支持者们对自然状态的强调。生物学物种概念认为判断生物种群之间是否存在生殖隔离，要在自然状态而非人工状态下进行。通常来说，如果我们在人工条件下分别饲养来自两个不同地域的两个不同种群的个体，那么这也有可能使它们之间进行杂交并且产生可育的后代。然而，即便如此，生物学物种概念也不把这两个个体视为同一物种。检验它们是否为同一物种，要在没有人为干扰的、自然的条件下进行，这样才能真正判断它们是否属于同一物种。生物学物种概念为什么要强调只有在自然状态下的生殖隔离才能成为判断物种的标准呢？原因在于，生物之间的生殖隔离都是由地理隔离造成的，地理分布的不同造成相近的物种之间无法进行繁殖从而不能进行基因交换，因而它们就被视为不同的物种。

不过，人工养殖可能会打破这种自然状态而使原先在地理上隔离的生物种群相遇，从而进行繁殖和基因交换。由于人工条件下的生殖隔离或繁殖无法呈现出自然的真实状态，因而生物学物种概念强调把生殖隔离作为唯一的标准，对物种进行区分时必须以在自然状态下为其前提条件。

我们再来说明一下生态学物种概念。生态学物种概念与生物学物种概念有着非常重要的联系。生物学物种概念认为，人们之所以可以把不同的物种区别开来是因为它们之间存在着某种“隔离机制”。生态学物种概念认可生物学物种概念的这一观点。与之不同的是，生态学物种概念并不认为这一机制就是生殖隔离。生态学物种概念的支持者们认为区分物种的标准应该是生态位（ecological niche）。他们认为生态位与生殖隔离相比更能全面地说明物种存在的原因。所谓生态位，一般被认为是物种或种群在生物群落（community）[①]或生态系统中的地位和角色。也有人用功能去解释生物种群在生态系统的作用，生态位可以说就是功能位。由于在一个生态系统中不同的种群可能占据不同的生态位，因而这些不同的种群不断演化为不同的物种。生态位概念构成了生态学物种概念的理论基础，生态学物种概念的支持者们认为只有通过种群在生物群落或生态系统中的地位和角色才能明确地把不同的种群区分为不同的物种。

最为著名的生态学物种概念是范瓦伦（L. van Valen）提出的。他认为“物种是一个世系（或者一组密切相关的世系），它占据了一个适应区（adaptive zone），在该范围内，它与任何其他世系的差异最小，并与其范围外的所有世系分开进化”。[②]生态学物种概念的物种定义包含了两个非常重要的概念：世系和适应区。范瓦伦分别对这两个概念进行了说明。

先看他对世系概念的说明。他认为：“世系是一个无性系（clone）[③]或者是一个具有祖-裔序列（ancestral-descendant sequence）的种群。一个种群就是由个体所组成的群体，在这个群体中相邻的个体至少可以在生殖上进行偶然的基因交换。而且在这个种群中相邻个体的基因交换要比与种群之外的个体的基因交换频繁得多。”[④]这个定义告诉我们一个世系就是一个无性系或具有祖-裔关系的种群。在这样的种群中，不同的个体之间可以进行频繁的基因交流，同时这个族群中的个体与该族群之外的个体则

---

① 群落是在同一时间内聚集在同一地域内的物种种群的结合。

② van Valen L. Ecological species, multispecies, and oaks. Taxon, 1976, 25(2/3): 233.

③ 无性系就是无性生殖的生物通过无性生殖的方式所组成的群体。比如，一个培养皿中的细菌就是一个无性系，这一族群是通过克隆的方式产生的。在这个无性系中的不同个体之间，除非发生基因突变，否则所有个体的遗传组成都是一样的。

④ van Valen L. Ecological species, multispecies, and oaks. Taxon, 1976, 25(2/3): 233-234. 其中的祖-裔序列强调种群是由祖先和后代所组成的关系，不同成员之间在血缘上存在着历史的传承。这就类似一个家族由一个最初的祖先繁衍而来，而这个从祖先到后代的繁衍序列就是一个祖-裔序列。

很少进行基因交流。

再看他对“适应区”这个概念的说明。在他看来，适应区就是指生物所适应的环境区域，即生态位。上文指出，生态位是物种或种群在生物群落或生态系统中的地位或角色，其中包括各种有机和无机的条件、它们所利用的资源和它们处于其中的时间。生物种群所处的生态位使它与其他生态位中的种群区别开来。生态学物种概念使用生态位作为区分物种的标志，占据不同生态位的种群就可以被视为不同的物种。

范瓦伦的生态学物种概念强调了物种既是一个世系又占据一个特定的适应区。在他看来，物种不仅是一个历史的而且还是占据一定空间的存在物，某一生物种群所具有的这种时空特征，使其与其他种群之间存在着最小的区别。由此，生态学物种概念对物种做了两个限制：“物种的成员必须生活在一个相似的适应区内；那些成员必须是一个单一世系的一部分。”[①]概括来说，生态学物种概念认为物种就是占据某一“适应区”的一个单一世系种群。

基于以上论述，我们总结一下三种物种概念的共同特征。三种物种概念都是在一定的生物学理论的基础上发展起来的，并且它们都使用某一特定的关系属性作为区分物种的标准。比如，生物学物种概念把种群之间是否存在生殖隔离作为区分标准，而生态学物种概念的标准则是占据特定的生态位，系统发育种概念的区分标准则是某种特定的祖-裔关系。如果物种可以通过某种关系属性而被定义，那么物种具有某种关系本质似乎就是顺理成章的。这种设想为生物学本质主义的支持者们提供了启发，以某种关系作为物种分类标准的生物分类学理论为生物学本质主义的复兴提供了一种新的理论资源。

第二节　生物学物种概念与本质主义

奥卡沙的关系本质主义就是在上述三个主要物种概念的基础上发展而来的。在他看来，当代生物分类学实践告诉我们物种的本质是某种关系而非内在属性，哲学家们提出了三种不同的关系本质，它们分别是：“源自同一祖先”、“属于某一可以相互交配繁殖种群的一部分”或“占据特

① Ereshefsky M. The Poverty of the Linnaean Hierarchy: A Philosophical Study of Biological Taxonomy. Cambridge: Cambridge University Press, 2001: 88.

定的生态位”。[①]在下文中，我们仅以第二种关系为例来说明奥卡沙的关系本质主义。

生物学物种概念使用生殖隔离标准来对物种进行区分，这意味着不同的物种之间存在生殖隔离，而物种内部的个体成员之间却不存在生殖隔离。对于某一物种的全体成员来说，它们都具有“可以与自己群体的其他成员交配并繁殖可育的后代”（或属于某一可以相互交配繁殖种群的一部分）这一属性。另外，由于其他物种与该物种的所有成员都存在生殖隔离，因而这一属性仅为该物种所有。物种可以通过这一属性而得到定义，这一属性对物种来说就是既充分又必要的。按照类本质主义的信条（1）：一个类的所有成员且仅有该类的成员拥有共同的本质，“可以与自己群体的其他成员交配并繁殖可育的后代”（或属于某一可以相互交配繁殖种群的一部分）这一属性显然满足这一要求。由此，关系本质主义者认为，这种为某一物种的成员所共有且仅为该物种所有的关系属性就是物种的关系本质。

关系本质主义可以避开传统的生物学本质主义面临的困境。传统的生物学本质主义主要是内在属性的本质主义，即认为物种的本质是内在属性。内在属性的生物学本质主义面临的一个重要难题就是，达尔文的进化论表明类本质主义的信条（1）是不成立的，物种不能被一组独特的属性所定义。我们很难在物种中找到仅为某一物种的成员所共有的内在属性，不同的物种的成员可能具有相同的内在属性，而同一物种的不同成员也可能具有不同的内在属性。相反，关系本质主义却不会面临这个问题。具有“可以与自己群体的其他成员交配并繁殖可育的后代”（或属于某一可以相互交配繁殖种群的一部分）这一属性作为物种的本质，这一属性就仅为某一物种的成员所共有，而且仅为该物种所有。因此，如果这一属性是物种的本质，那么类本质主义的信条（1）就可以成立，关系本质主义也就避开了传统的生物学本质主义面临的一些难题。

关系本质主义的真正完成还需借助另一理论资源——克里普克的本质主义理论。奥卡沙在关系本质的基础上对克里普克的本质主义观点进行了改造。前文指出，克里普克的理论运用于生物学时，人们无法找到可以确定种名指称的唯一且共同的内在结构。物种具有关系本质的观点则说明，为某一物种的成员共有且仅为该物种所有的本质属性不是内在结构而

---

① Ereshefsky M. What’s wrong with the new biological essentialism. Philosophy of Science, 2010, 77(5): 679.

是外在关系。克里普克的本质主义认为事物的本质是内在结构，即内在属性；而奥卡沙表明，生物物种的本质是外在关系而非内在结构。显然，这里涉及两种不同的属性，奥卡沙要把克里普克的理论应用于生物学，这势必会产生一个问题：克里普克的本质主义能否与关系本质融合。[①]在奥卡沙看来，这种融合是可行的，“仅通过把克里普克和普特南所谓的‘隐藏的结构’（hidden structure）替换为我们可以用来确定物种成员的任何关系属性，他们对自然类的解释可以应用于生物物种”。[②]

不过，从奥卡沙对克里普克和普特南理论的修正中可以看到，他们对自然类的解释是存在问题的。他们把生物物种也视为自然类，认为它们也存在着像化学类或物理类一样的内在结构或隐藏的结构。依据奥卡沙的观点，生物物种的本质不是内在结构而是外在关系，克里普克和普特南的理论在生物学中的应用似乎是错误的。对此，奥卡沙指出，他们的观点并非错在主张生物物种存在隐藏的结构，而是错在对隐藏的结构的理解上。[③]奥卡沙把克里普克和普特南理论与关系本质进行结合，这才真正地把他们的理论扩展到生物学中。奥卡沙使得克里普克和普特南的理论内容变得更为丰富。在后者那里，事物的本质仅指的是内在结构（内在属性）；而在前者那里，事物的本质不仅包括内在属性还包括外在属性。经过奥卡沙的修改，克里普克和普特南对自然类的解释不仅可以应用于非生物类也可以应用于生物类。由此可见，关系本质主义就是关系本质与克里普克理论整合的产物，它似乎不仅捍卫了本质主义，而且也避开了传统生物学本质主义面临的难题。

然而，对克里普克和普特南的理论的修正并非没有代价。如果把他们的理论应用于生物学，那么我们就会发现它只有一半是正确的。在奥卡沙看来，克里普克所说的内在结构除了可以确定通名指称外，还能对某类事物的“表面特征”做出解释。比如，在化学元素中，金的原子序数是79，这是其真正的指称，另外，它还可以解释金为什么具有某些表面特征，比如黄色、延展性等。也就是说，依据克里普克和普特南的观点，内

① 有学者认为，虽然克里普克和普特南在讨论本质时主要指的是内在属性，但是他们的观点并不与关系属性相冲突，两者是可以融合的。参见 Williamams N E. Putnam's traditional neo-essentialism. The Philosophical Quarterly, 2011, 61(242): 151-170.

② Okasha S. Darwinian metaphysics: species and the question of essentialism. Synthese, 2002, 131(2): 202.

③ Okasha S. Darwinian metaphysics: species and the question of essentialism. Synthese, 2002, 131(2): 203.

在结构同时扮演了“一种语义角色和一种因果解释角色”。[①]然而，关系本质在生物学中仅扮演语义角色而不能扮演因果解释角色。关系本质可以确定种名的指称或者可以成为把某个个体划归某个种群的标准，但不能解释为什么某一物种具有某些形态特征，或者只能提供一种非常弱的解释。主要原因在于，“可以与自己群体的其他成员交配并繁殖可育的后代”（或属于某一可以相互交配繁殖种群的一部分）这一属性可以确定某一个体是否属于某一物种，而这一属性与该物种所具有的形态特征之间并不存在着因果联系。对此，奥卡沙指出：

> 对于为什么一个有机体拥有独特的形态性状的因果解释，将会涉及它的基因型及其发育环境，而非它与某些其他有机体进行繁殖的能力。形态特征表明了（indicative of）这种能力，而非这种能力的因果产物。[②]

然而，如果关系本质不能够扮演因果解释角色，那么关系本质主义是否还能被视为一种真正的生物学本质主义？对此，奥卡沙指出，我们完全没有理由认为本质属性必须要同时扮演两种不同的角色，克里普克和普特南显然并没有意识到这一点。在他看来，他们没有意识到上述问题是因为他们谈论的内在结构主要指的是像“水”“金”这样的化学类或物理类，这些类别的内在结构在化学或物理学中同时扮演了语义角色和因果解释角色。然而，在生物学中，物种的关系属性可以扮演语义角色，却不能扮演因果解释角色，“语义角色和因果解释角色将必然是彼此分离的”。[③]因此，克里普克和普特南的理论应用于生物学中只有一半是正确的。

当然，问题并未就此完结。人们可能会继续追问：关系本质主义为什么不能提供真正的解释或者只能提供很弱的解释呢？

第三节 基因库与物种的边界

要回答上述问题，我们有必要对生物学物种概念做些更深入的说

① Okasha S. Darwinian metaphysics: species and the question of essentialism. Synthese, 2002, 131(2): 203.

② Okasha S. Darwinian metaphysics: species and the question of essentialism. Synthese, 2002, 131(2): 204.

③ Okasha S. Darwinian metaphysics: species and the question of essentialism. Synthese, 2002, 131(2): 204.

明。生物学物种概念强调的生殖隔离更准确地说是“遗传隔离”（genetic isolation）。[①]依据生殖隔离的标准，不同类的生物之间可以互相交配并能够产下可育的后代，它们便可视为同一物种，否则就是不同物种。对此，有人提出异议，有些生物之间是可以交配繁殖的，但是我们仍然不把它们视为同一个物种。比如，马和驴杂交可以产生骡子，虽然骡子不育，但我们必须承认它们在一定程度上是可以交配繁殖的，马和驴之间并不存在完全的生殖隔离。事实上，生殖隔离在根本上是基因隔离。按照基因隔离的观点，虽然马和驴在一定程度上是生殖相融的，但是它们之间的基因库（gene pool）是彼此独立的，不能进行基因交流。因此，只要生物种群间的“基因库”是彼此独立的，即使它们可以在生殖上部分地相融，也不能被视为同一物种。

这引出了一个非常重要的概念——基因库。所谓基因库就是基因的仓库。我们知道，物种是一个种群或种群的集合。生物种群的一个主要特征是种群内的雌雄个体能通过有性生殖而实现基因的交流。一个种群在一定的时间内，其组成成员的全部基因的总和就是该种群的基因库。一个种群的基因库在一定范围内和一定条件下是相对恒定的。基因库内的基因可以相互流动，而基因库之间则很少或没有基因交流。基因库之间基因交流的不变性或不连续性是基因隔离以及生殖隔离产生的真正原因。因而，生物学物种概念用基因隔离作为区分物种的标准，物种之间通过基因库的不连续性而相互区分，基因库的边界即物种的边界。

现在，我们可以用基因库理论来说明物种的关系本质。上文指出，物种具有关系本质的原因是生殖隔离，生殖隔离产生的原因是基因库之间的不连续性。人们可能会继续追问：造成基因库不连续性的原因是什么呢？或者说是什么原因使得一个种群的全部基因总和整合为一个独特的基因库从而与其他基因库相区别呢？原因在于，同一种群内的基因之间是可以互相交换和流动的，它们不会因为其他基因的混入而改变自身的特性。正是这种交换和流动的机制像黏合剂一样使同一种群中的不同基因整合为一个有机的基因库，而且使不同的基因库之间保持自身的边界。这种整合机制被称为基因库的“内聚机制”（intrinsic cohesion mechanisms）。[②]基因库自身的内聚机制使得每一个基因库与其他的基因库区别开来，从而保持自身独

① Bock W. Species: the concept, category and taxon. Journal of Zoological Systematics and Evolutionary Research, 2004, 42(3): 180.

② Templeton A R. The meaning of species and speciation: a genetic perspective//Ereshefsky M(ed.). The Units of Evolution: Essays on the Nature of Species. Cambridge: MIT Press, 1992: 168.

特的“关系本质”。

基于上述说明，我们就可以对关系本质何以不具有解释作用这一问题做出解答。实质上，只有基因库的内聚机制才能够扮演因果解释角色。关系本质不过是基因库的内聚机制的产物，前者也只有在后者中才能获得解释。如果关系本质要具有因果解释作用，那么它必须要求每一个基因库都具有自身独特的内聚机制从而与其他基因库相隔离。由此可见，关系本质主义的成立依赖这样一个本体论预设：在所有可能世界中，不同物种的基因库之间都是间断的，每一个基因库都有着明确的边界。

关系本质主义的预设来自生物学物种概念。每一种物种概念都尝试用一个或一些指标对不同的物种进行区分，它们都假定了自然界的不同种群之间在这些指标上有着根本性的差异。逻辑上来说，只有先假定它们在这些指标上存在着实质的差异，我们才能够使用这些指标对它们进行区分，至于是否真的能够使用这些指标完全区分不同的物种那是另外一个问题。同样地，当生物学物种概念使用基因隔离来区分物种时，它实际上就假定了不同的基因库之间是彼此独立不能融合的，每一个基因库之间都存在着明确的边界。不过，这样的假定是否符合事实呢？

我们必须承认在很多物种之间的确有着明确的边界。当然，我们可以不去考虑可能世界的情况，而只关注现实世界。在自然界中，很多生物种群之间有着明显的边界，这似乎是一个显而易见的事实。那么，这种边界是如何产生的呢？这个问题可以用物种形成的机制来回答。一种被称为“骤变式物种形成”（sudden speciation）的方式认为种群中的基因突变或随机漂变等原因可以使一个新种群迅速从另一个种群中产生，新旧两个种群之间相对快速地形成“遗传隔离”，它们之间不存在过渡类型。在这种情况下，我们可以很清晰地确定两个种群基因库之间的间断点，这使得我们很容易地确定它们的边界从而把它们区分开。事实上，在大型动物中，骤变式物种形成方式尤为常见，人们通过基因隔离可以较为容易地把它们区分为不同的物种。显然，这些情形为生物学物种概念的提出奠定了经验基础。[①]不过，这些就是全部的事实吗？当然不是。

应当说，基因库之间除了存在间断性外，还存在连续性。生物学物种概念作为无维度物种概念，过分夸大了种群之间在某一时间横断面上的间断性，而忽视了基因库在时间维度上的连续性，人们常常很难在这些种群之间确定明确的间断点。另一种被称为“渐变式物种形成”（gradual

---

① Mayr E. Speciation phenomena in birds. The American Naturalist, 1940, 74(752): 255.

speciation）的方式告诉我们，物种的形成在很多情况下是渐进的、缓慢的，在一个新物种形成的过程中，新旧物种之间存在着若干个过渡类型，它们的基因库之间并不存在明确的间断点。第一章第二节中提到的环形种就是最好的例证。可以假定某个海岛上存在着某种生物的环形种，它们之间就存在着多个过渡类型，相近的种类之间都存在着不同程度的基因交流。比如，我们发现了 A、B、C、D、E 五个不同的种类，A 和 E 之间不存在基因流动，而相邻的两个种类之间都存在不同程度的基因交流。如果 C 既可以与 A 进行基因交流又可以与 E 进行基因交流，那么我们该把 C 归类为 A 还是 E 呢？在笔者看来，无论哪一种答案都是不能令人满意的。

另外，即使已经存在基因隔离的物种在不断演化的过程中也可能会产生部分甚至完全的基因交流和融合，从而模糊基因库之间的边界。这也是物种杂交现象产生的原因。这种现象在植物物种中表现得尤为明显，很多在形态和亲缘关系上有着很大差异的植物物种之间都可以进行杂交。如果用基因隔离来划分某些植物物种之间的边界，那么它们的边界就是难以确定的。

再者，基因隔离标准对于无性生殖的生物也不适用。很多无性生殖的生物，比如细菌，在繁殖过程中就不存在两性基因之间的交流，它们的后代只是它们自身的复制和克隆。在这些种群中，每一个个体都不会与其他个体交配并产下可育的后代，“在无性繁殖的物种中的每个个体和每个克隆都是生殖隔离（着）的”。[①]如果我们把生物学物种概念的生殖隔离或基因隔离作为区分物种的唯一标准，那么每一个细菌个体或它的克隆都将被视为一个独立的物种。显然，这是一个让人很难接受的结论。

基因库边界之间的连续性和模糊性使关系本质主义面临严重的挑战。上文指出，基因库之间的不变性和不连续性是物种存在关系本质的根本原因。然而，基因库在时间维度上存在的连续性表明，它们之间只在某些时刻才具有不变性；无性生殖生物的案例则说明，只有某些生物物种的基因库之间才存在不变性。这意味着，关系本质只在某些时刻和某些生物物种中才存在。如果关系本质只存在于某些时刻和某些物种中，那么关系本质主义只有在特定的时间和条件下才成立。进一步来说，如果关系本质主义只在特定的时间和条件下才成立，那么它就只是一种非常琐细的本质主义。

---

① 恩斯特·迈尔. 生物学思想发展的历史. 2 版. 涂长晟，等译. 成都：四川教育出版社，2010：185.

生物学物种概念本身的缺陷会使关系本质主义难以为继。每一种版本的生物学本质主义都试图在物种之间划定明确的边界，生物学物种概念试图使用生殖隔离作为划定物种边界的标准。无疑，这一点为关系本质主义提供了理论基础。然而，生物学的实践却告诉我们，通过生殖隔离无法对所有的物种进行区分，这是关系本质主义之所以不能成功的根本原因所在。

第四节　关系本质主义与特征问题

需要说明的是，在奥卡沙看来关系本质主义至少有三种不同的版本，我们的论证只是说明了其中一种以生物学物种概念为基础的关系本质主义是不能成立的，还存在其他两种形式的关系本质主义尚未被讨论。对此，下文将通过对关系本质与特征问题的说明来指出，所有形式的关系主义都是不能成立的。

第二章第四节中提到戴维特认为所有形式的生物学本质主义都需要回答两个问题：分类单元问题和分类阶元问题。他把这两个问题分别称为问题（1）和问题（2）。问题（1）是：一个有机体依据什么被认为是F？问题（2）是：F 群体依据什么被认为是一个亚种、一个物种、一个属等呢？戴维特正是以能否回答这两个问题来评价关系本质主义的三种不同主张能否成立的。如果关系本质主义不能对其中的任何一个问题做出解答，那么这就意味着关系本质主义就是不能成立的。

先来看关系本质主义能否回答问题（2）。实质上，问题（2）是在问人们究竟依据什么样的标准把一个群体视为一个物种或其他的分类阶元。在戴维特看来，关系本质主义依据的三种物种概念都可以对这个问题做出解答。比如，生物学物种概念会告诉我们，一个不同成员之间可以交配繁殖的自然种群只有与其他种群存在着生殖上的隔离，它才能被视为一个物种。同样，生态学物种概念和系统发育种概念也可以告诉我们，依据一个群体占据特定的生态位或者源自同一祖先就可以被视为一个物种。总之，它们都可以很好地回答问题（2）。[①]

再来看关系本质主义能否回答问题（1）。戴维特认为问题 1 涉及一个群体的本性问题，本质主义主要关心的就是这个问题。本质主义是一个关于问题（1）的命题，而不是一个关于问题（2）的命题。对此，他指

① Devitt M. Resurrecting biological essentialism. Philosophy of Science, 2008, 75(3): 358.

出："本质主义是一个关于有机体是什么的论题，比如说，狗不是猫，而不是关于狗是什么的论题，比如说，狗是一个物种而不是一个属。"[①]他进一步指出，关系本质主义对问题（2）的回答丝毫无助于回答问题（1）。比如，一个老虎群体之所以被视为一个物种是因为这个群体与其他群体之间存在某种关系，也即人们依据某种关系属性把一只老虎视为一个物种。

然而，关系属性却不能回答某一个生物有机体为什么是一只老虎。对于人们依据什么样的属性把一个生物有机体视为一个老虎群体而非其他生物群体的一员，关系本质主义对此并未提供任何答案。戴维特指出，假设 F's 是一个物种，比如老虎，那么关系本质主义告诉我们的是："F's 是一个物种而不是一个亚种或属，但是对一个有机体 F 是什么，比如说是老虎而不是狮子，它们却保持沉默。"[②]换言之，针对前一个问题提供的答案不能回答后一个问题。为了便于理解，戴维特举了一个与此相似的例子进行说明。这个例子大致是，我们可以解释为什么一堆事物是工具而不是宠物或者玩具，然而这个解释却不能告诉我们为什么一个事物是锤子而不是锯子。[③]在戴维特看来，对问题（1）的回答要诉诸内在属性，比如说为什么一个生物个体是一只老虎而不是一只狮子，部分原因是该生物个体具有某种内在属性。相反，关系本质主义对问题（2）的回答诉诸的是关系属性，因此可以回答问题（2）的答案不能回答问题（1）。

关系本质主义者可能并不认同戴维特的论证，他们可能为问题（1）提供两种不同的答案。

第一种答案在回答为什么一个生物体是 F 时指出，它之所以是 F 是因为它的亲本（parent）是 F's。有的关系本质主义者就认为"一个个体与一个物种的关系是由它的亲缘关系（parentage）而非任何形态属性决定的"。[④]不过，戴维特认为这个答案并没有回答问题（1）。对此，他指出："它告诉我们，如果一个有机体的亲本是 F's，那么它就是 F。但为什么它们（亲本）是 F's 呢？这个观点并没有解决我们的问题，它只是使它向后退了一步。"[⑤]换言之，这个答案并没有回答问题（1），而是使它向后退了一步。

第二种答案是第一种答案的精致版本。这种答案的灵感来自第二章

---

① Devitt M. Resurrecting biological essentialism. Philosophy of Science, 2008, 75(3): 346.

② Devitt M. Resurrecting biological essentialism. Philosophy of Science, 2008, 75(3): 360.

③ Devitt M. Resurrecting biological essentialism. Philosophy of Science, 2008, 75(3): 360.

④ Griffiths G C. On the foundations of biological systematics. Acta Biotheoretica, 1974, 23(3-4): 102.

⑤ Devitt M. Resurrecting biological essentialism. Philosophy of Science, 2008, 75(3): 361.

第三节中提到的生物学家们使用“类型样本”进行生物分类的分类方法，“生物学家们通过提供一个样本，即‘类型样本’来创造一个新的物种词项”。[①]每一个类型样本也就是一段独特的 DNA 序列，每一段独特的 DNA 序列代表一个物种，人们可以通过类型样本来确定一个物种。那么，关系本质主义者如何依据这种分类学手段来说明一个成员之间可以交配繁殖或者占据生态位的物种是 F's 呢？在他们看来，那样的种群之所以被认为是 F's 是因为它们包含了一个特定的类型样本。这样，在解释一个生物个体为什么是老虎时，他们就可以说因为它是一个成员间可以交配繁殖或者占据生态位的种群的一部分，这个种群包含了一个特定的类型样本，也即老虎的类型样本。简单来说，一个生物个体因为拥有老虎的类型样本而被认为是一只老虎，关系本质主义者可以借助于类型样本对问题（1）做出回答。

对于第二种答案，戴维特认为它同样存在问题。人们在很多情况下使用类型样本去识别物种只是为了便利。虽然类型样本可以告诉人们某一个生物个体属于某个群体，但是它们却并不能真正地解释某个有机体具有什么样的构成（constitute）而使其成为某个物种的一员。在他看来，第二种答案“可能在认识上是有用的，在形而上学上却是没有希望的”。[②]在其观点中，把某个有机个体视为某一物种的成员依据的属性必须是一种解释属性，也即这种属性必须能够解释为什么这个物种具有某些典型的特征。比如，人们依据某种属性把一个生物个体视为斑马，这种属性必须能够对斑马为什么具有条纹做出解释。

概括来说，对问题（1）的回答不仅要说明物种的同一性，而且还要能够对 F 的成员所具有的相关典型特征做出解释。换言之，问题（1）实际上包含了两个子问题：物种同一性问题和解释问题。艾瑞舍夫斯基分别把它们称为：分类问题和特征问题。[③]对于这两个问题，戴维特认为，虽然类型样本可以回答前者，但是它不能回答后者，因此关系本质主义对问题（1）的回答是不充分的。

基于以上论证，戴维特表明，关系本质主义对问题（1）的回答要么是不成立的，要么是不充分的。贝克把这一结论称为关系本质主义面临的

---

① LaPorte J. Natural Kinds and Conceptual Change. Cambridge: Cambridge University Press, 2004: 5.

② Devitt M. Resurrecting biological essentialism. Philosophy of Science, 2008, 75(3): 362.

③ Ereshefsky M. What's wrong with the new biological essentialism. Philosophy of Science, 2010, 77(5): 679-682.

两难困境（dilemma）。[①]由此，关系本质主义要捍卫自己的观点就必须打破这个困境。

艾瑞舍夫斯基对戴维特的论证进行了回应。在他看来，戴维特的观点只是部分正确的。他分别对戴维特在分类问题和特征问题上的观点进行了分析，并指出戴维特在前者上的论证不能成立，而在后者上的观点对关系本质主义来说并不致命。

先看艾瑞舍夫斯基在分类问题上对戴维特观点的分析和回应。艾瑞舍夫斯基认为，关系本质主义可以回答分类问题。假定存在一个生物个体 O，它是物种 S 中的一员。对这个例子来说，分类问题问的就是：O 为什么是 S 中的一员。艾瑞舍夫斯基指出，对于这个问题现有最好的生物学理论可能解释说，因为 S 是一个成员间可以交配繁殖的物种，O 具有某些“内在的生殖机制”[②]，这使得 O 可以和 S 中的其他成员交配繁殖。不过，这种解释可能是不充分的，人们仍旧不知道 O 究竟具有什么样的内在生殖机制从而使其成为 S 的一员，需要其他的一些条件来确定究竟是哪一种内在生殖机制使 O 成为 S 的一员。艾瑞舍夫斯基认为，要回答这个问题就必须诉诸关系属性。对此，他指出：

> 对为什么特定的生殖机制是物种 S 的机制的回答是这些机制存在于由有机体组成的群体中，这些群体是在一个单一的世系中通过亲缘关系连接在一起的。[③]

简单地说，为什么 O 具有的生殖机制是物种 S 的生殖机制呢？因为，在一个单一的世系中，亲缘关系把特定的生殖机制整合于同一群体之中。换言之，真正确定 O 是 S 中一员的是关系属性而非内在属性。艾瑞舍夫斯基认为，在解释物种以及其他分类单元的同一性问题上，关系属性要优先于内在属性。举例来说，一个物种中的某个成员的内在生殖机制可能会发生改变，但这并不影响它仍属于某一物种或某一世系，物种成员的内在生殖机制是可以发生改变的，一个物种的不同成员之间可能有着不同的内在生殖机制。相反，生物有机体作为某一世系或某个基因库

① Barker M. Specious intrinsicalism. Philosophy of Science, 2010, 77(1): 75.

② Ereshefsky M. What's wrong with the new biological essentialism. Philosophy of Science, 2010, 77(5): 681.

③ Ereshefsky M. What's wrong with the new biological essentialism. Philosophy of Science, 2010, 77(5): 681.

一部分的属性是不能发生改变的，一个物种的不同成员之间不可能属于不同的世系或有着不同的亲缘关系。环形种就是最好的例证，它可以很好地说明关系属性在解释分类单元同一性问题上的优先性。对此，艾瑞舍夫斯基指出：

> 一般来说，一个环形种的一个有机体可以具有一个不同的生殖机制，它仍旧可以是那个物种的一部分。但是，一个有机体不可能在被移出其起源的世系并被放进其他的世系之后仍旧是其起源物种的一部分。我认为，对于物种（和分类单元）的成员资格（membership）来说，关系比内在属性更为基础。[①]

总之，艾瑞舍夫斯基认为关系本质主义可以很好地回答分类问题，戴维特的批评并不成立。

再来看艾瑞舍夫斯基在特征问题上所持的观点。在这个问题上，艾瑞舍夫斯基赞同戴维特的意见。在解释斑马为什么有条纹时，他和戴维特一样认为，仅仅援引关系属性并不能充分地对斑马具有条纹这一典型特征做出充分的解释。艾瑞舍夫斯基认为[②]：

> 对斑马为什么有条纹的一个稳健（robust）的解释需要同时援引产生条纹的关系属性和内在属性。仅仅援引关系属性对一个有机体的性状提供的是一个相对较弱的解释。

也就是说，对于某一生物性状的充分解释必须同时诉诸相关的内在属性和关系属性，仅援引关系属性只能提供一个相对较弱且不充分的解释。显然，关系本质主义在特征问题上的确有着难以克服的疑难。

然而，有学者认为特征问题并不会对关系本质主义构成威胁。奥卡沙指出，并不存在先验的理由告诉我们为什么关系本质必须扮演因果解释角色，因而人们应该放弃本质主义的这一要求。[③]同时，他认为特征问题

---

① Ereshefsky M. What's wrong with the new biological essentialism. Philosophy of Science, 2010, 77(5): 682.

② Ereshefsky M. What's wrong with the new biological essentialism. Philosophy of Science, 2010, 77(5): 680.

③ Okasha S. Darwinian metaphysics: species and the question of essentialism. Synthese, 2002, 131(2): 203.

涉及的本质属性的解释需求是本质主义的基本信条，任何本质主义必须回答它，因为“从亚里士多德到洛克、从克里普克到博伊德，这些本质主义者都把对‘特征’问题的解释看作本质主义的核心特征”。[①]在他看来，我们在科学研究中探索自然类本质的核心目的就是希望通过它进行解释和预言，真正的本质主义必须要满足解释的需求，能否回答这个问题是区分真正本质和名义的本质的重要标准。关系本质主义所强调的关系可以作为物种的同一性条件，却不能对物种的典型特征做出解释。如果关系本质主义无法对特征问题做出解答，那么关系本质主义就不能被视为一种真正的本质主义。

综上所述，奥卡沙的关系本质主义并没有完成复兴生物学本质主义的任务。关系本质主义试图主张物种的本质是关系属性而非内在属性，从而避开传统本质主义的困境。应该说，关系本质主义的确解决了传统生物学本质主义面临的一些难题，深化了人们关于生物学本质主义的理解。不过，它又带来了一些新的难题，并且没有彻底地解决这些难题，因而关系本质主义也是一种不成功的生物学本质主义。

如果说上面介绍的 DNA 条形码理论代表的是新生物学本质主义的第一种进路，而历史本质主义和关系本质主义代表的是第二种进路，那么后面章节中介绍的两种版本的新生物学本质主义则代表的是第三种进路。

---

① Ereshefsky M. What's wrong with the new biological essentialism. Philosophy of Science, 2010, 77(5): 683.

第五章　起源本质主义

本书第二章提到的本质主义是克里普克关于自然类的严格指示词观点与 DNA 条形码技术的结合，而本章讨论的起源本质主义则尝试把克里普克关于个体的起源本质主义扩展为关于物种的起源本质主义。物种的起源本质主义认为，一个物种起源于某个特定的祖先种群就是该物种的一种本质属性。本章试图对这一观点做出介绍和分析，并在此基础上表明克里普克关于个体事物的起源本质主义的观点并不能成功地向物种扩展。为了阐明这一点，本章首先介绍克里普克的起源本质主义以及其他学者对它的改进；其次，对描述新物种何以产生的物种形成模式做出说明；再次，以物种形成模式为基础讨论起源本质主义对物种起源的解释及其难题；最后，以生物学实践为基础来说明起源本质主义中的计划观点及其应用于物种时遭遇的难题。本章的结论指出，克里普里的起源本质主义并未为生物学本质主义提供成功的辩护。

第一节　克里普克的起源本质主义

本书的导论指出，我们主要关注的是物种的本体论地位问题。在这一问题上，人们通常提供的答案是，物种是自然类，每一个物种都有其类本质。导论也指出，本书讨论的新生物学本质主义是这种观点在当代的发展。由于传统的生物学本质主义受到冲击，在物种的本体论地位问题上，除了一些学者继续捍卫生物学本质主义外，其他的学者则提出了非本质主义的观点。这些替代性观点中的一种是由胡尔和吉色林提出的。在他们看来，物种是没有本质的个体（individuality）。[①]依据这一观点，物种是特定时空条件下的存在物，同一物种中的不同成员是通过祖-裔关系而联系

① 在这些替代自然类的观点中，除了物种是个体的观点外，其他的学者还提出了物种是集合、HPC 类等观点。参见 Ereshefsky M. Species. The Stanford Encyclopedia of Philosophy (Summer 2022 Edition). Zalta E N(ed.). https://plato.stanford.edu/archives/sum2022/entries/species/[2024-03-12].

在一起的。或者说，物种是“时空条件下的局域性个体、历史实体”。[①]另外，在他们看来，个体与自然类之间有着明显的区别。通常来说，作为个体的物种是可能会走向灭绝的，它们可能曾经存在并最终走向灭绝。相反，自然类则不可能会灭绝，自然类的成员是不受时空限制的，不论在任何时空条件下，具有这一类本质的个体都是该自然类的成员。另外，自然类的成员必须具有这个类的本质，而作为个体的物种的成员并不需要分享某一特定的本质。[②]概括来说，物种作为个体的观点认为物种是受到时空限制的个体而非不受时空限制的自然类。

不过，针对“物种是个体而非自然类”这一观点，索伯提出了异议。在他看来，物种是个体与物种具有本质似乎并不矛盾。他的主要依据来自克里普克的起源本质主义观点。在克里普克的观点中，某一个特定的人类个体诞生自他和她所诞生的精子和卵子，这就构成这个人类个体的本质。索伯据此认为，如果每一个个体都有其起源本质，那么作为个体的物种似乎也应该有其起源本质。对此，他说道：

> 克里普克曾指出，每一个人类个体都具有精确地诞生于他和她的精子和卵子这一本质属性。如果那些作为有机体的个体具有本质属性，那么我们就可以设想像黑腹果蝇（*Drosophila melanogaster*）这样的个体同样也是具有本质的。当然，这些本质可能是与传统本质主义所要求的“纯粹性质”（purely qualitative）的特征大不相同的。[③]

需要指出的是，索伯提出这一观点只是想表明，物种作为个体并不排除它具有本质属性的可能性，胡尔和吉色林通过“物种作为个体”这一观点来反对生物学本质主义可能是行不通的。不过，在如何把克里普克的观点应用于生物物种这一具体问题上，索伯并未提供更为详细的说明。

事实上，胡尔和吉色林把物种视为个体或历史实体并未阻止人们对其进行本质主义的解释。有许多学者就从物种的历史起源这一角度来论证物种本质主义观点，上文讨论的历史本质主义就是这一思路的产物。依据

① Hull D. A Matter of Individuality. Philosophy of Science, 1978, 45(3): 335.

② Hull D. A Matter of Individuality. Philosophy of Science, 1978, 45(3): 356.

③ Sober E. Evolution, population thinking, and essentialism. Philosophy of Science, 1980, 47(3): 359.

这一思路，一个物种的所有成员之间共享某种祖-裔关系或有着共同的历史起源可以视为它们的本质属性。不过，上文论证指出，这一思路主要依据的是支序分类学而非克里普克的起源本质主义。另外，上文也指出，历史本质主义是不能成立的。

在本章中，我们则着重讨论克里普克的起源本质主义。在第三章中，我们的论证主要依据佩德罗索关于历史本质主义的相关论述。在本章中，我们对起源本质主义的讨论同样依赖佩德罗索的相关观点。他接受索伯的提议，尝试对克里普克的起源本质主义是否能够运用于生物学中这一问题做出了进一步的论述。在他看来，对克里普克的起源本质主义是否能够运用于生物学中这一问题的讨论有着十分重要的意义，它不仅涉及物种的本体论地位问题，而且也涉及生物分类学的问题。[①]就前一个问题来说，对克里普克的起源本质主义的讨论可以确定物种究竟是自然或个体，还是拥有本质的个体；而在第二个问题上，有很多的学者试图依据起源本质主义提供一种新的生物分类学从而取代由林奈所建立的分类学体系。对此，佩德罗索指出："对克里普克的论证能否应用到对物种单元的探索，能够帮助我们推进两个与生物系统学相关的哲学问题，即物种的本体论地位和对生物分类学代码的辩护。"[②]

由于本章的讨论主要围绕克里普克的观点展开，因而我们就有必要先对其观点做个简要的介绍。需要指出的是，克里普克的起源本质主义主要是关于个体的而非自然类的。依据其观点，某一事物源自某一特定的源头就构成其本质特征。在其名著《命名与必然性》中，克里普克对这一观点做了具体的论述。在该书中，他主要以"一张桌子"和"用于制造这张桌子的木头"为例来说明其起源本质主义。他问道："这张桌子能由一块与原来的完全不同的木料制造出来，或者甚至是聪明地由从泰晤士河中取来的水冻成的冰块做成的吗？"[③]这个问题想要表达的是，当我们看到了一张桌子，并且我们已经知道了它是由某些特定的木头制造出来的，我们是否可以想象它可以由完全不同的其他木头制造出来。当然，我们可以想象这张桌子由完全不同的其他木头制造出来。不过，在他看来，如果这张桌子是由完全不同的其他木头制造出来的，那么我们也就明白这张桌子将不再是这张桌子而是另外一张完全不同的桌子。也就是说，我们无法想象

① Pedroso M. Origin essentialism in biology. The Philosophical Quarterly, 2014, 64(254): 64.

② Pedroso M. Origin essentialism in biology. The Philosophical Quarterly, 2014, 64(254): 65.

③ 索尔·克里普克. 命名与必然性. 梅文译. 上海：上海译文出版社，2005：99.

这张桌子由完全不同的其他木头制造出来，因而这张桌子不可能由完全不同的其他木头制造出来。[①]对此，他指出："如果某一个物质对象是由某一块物质构成的，那么它就不可能由任何其他物质构成。"[②]这便是其起源本质主义的基本主张。

不过，克里普克的观点并不完善，它存在着很多的问题。事实上，克里普克在《命名与必然性》一书中只是对起源本质主义做了一个概要式的讨论，并没有提供非常明确的论证。比如，对于"物质块"和"制造"等概念的内涵，他就没有提供清晰的定义。在其提出起源本质主义之后，学者们围绕它展开了许多的争论，有些学者认为其观点并不成立[③]，而另外一些学者则尝试从形而上学层面对其观点做出修正。[④]可以说，克里普克提出的只是一个相对粗糙的观点，只有对其进行修正才可能将其应用到生物学中。在克里普克之后，萨蒙（N. Salmon）对其观点进行了较多完善和修正。因而，需要指出的是，佩德罗索关于起源本质主义的讨论主要依据的是经萨蒙修正后的起源本质主义。

虽然萨蒙已经对克里普克的观点做了比较完善的修正，但是要把这种观点应用到生物学中还需要做出进一步的理论工作。萨蒙对克里普克观点的修正仍是以其基本观点为基础的，因而经萨蒙修正后的观点保留了许多克里普克原先所使用的概念和例证。另外，克里普克的起源本质主义主要是关于个体事物的，而生物学本质主义的讨论则关注的是物种，因此要把关于个体的观点应用到物种中也需要对克里普克观点做出相应的调整。应当说，要把克里普克的观点应用到生物学中，我们就需要做出一些相应的概念调整和转换。这样的调整和转换，我们将在第三节中进行具体说明。

结合上述说明，我们做个简单的总结。在本节中，我们主要交代了把克里普克的起源本质主义观点与物种本质的讨论相结合的可能性，并对与之相关的问题做出了初步的交代。同时，我们也指出了克里普克的观点并非完善，并就萨蒙对其观点的修正和完善做出了一些初步的说明。在下文中，我们将对这些观点所依赖的一些生物学理论和经验研究做出说明和交代。

---

① 这一观点背后的逻辑是，可设想性蕴涵可能性，即如果某一事物是可以设想的，那么它便是可能的。否则，它便是不可能的。

② 索尔·克里普克. 命名与必然性. 梅文译. 上海：上海译文出版社，2005：100.

③ Salmon N. Reference and Essence. Amherst, New York: Prometheus Books, 2005: 196-197.

④ Robertson T. Possibilities and the arguments for origin essentialism. Mind, 1998, 107(428): 729-749.

第二节 物种形成的方式

上文指出，要把克里普克的观点应用到生物学中需要做一些概念和框架上的调整和转换。不过，在说明这些调整和转换之前，我们先对一些生物学的理论和经验研究做出简要说明。这里的生物学理论和经验研究主要是关于物种形成（speciation）的。在生物学中，有关物种形成的讨论在很大程度上说明了一个物种是如何从其祖先种群中演化出来的。有了这些铺垫性的说明之后，我们才能更为明确地说明如何才能将克里普克的起源本质主义应用于生物学之中。

生物学家们关于物种形成的讨论主要围绕各种物种概念展开。上文指出，物种概念就是生物学家们对物种所做的定义。不过，不同的生物学家使用不同的标准去区分和定义物种就会产生不同的物种概念。学者们使用较多的是系统发育种概念、生物学物种概念和生态学物种概念等。这些物种概念构成了学者们研究物种形成的理论基础。当然，并非所有的物种概念都会被学者们用于进行物种形成的研究。在这些物种概念中，学者们使用最多的是生物学物种概念。对此，佩德罗索指出：

> 这并不是说其他的物种概念不适用于研究物种形成。……但是即使那些用其他的物种概念研究物种形成的学者们也承认，基于生物学物种概念的物种形成研究在我们理解内在的生殖隔离机制的进化上取得了令人兴奋的进展。[①]

生物学物种概念之所以应用广泛，除了它得到更多经验证据的支持外，另一个原因是它使用起来更为简便。在下文中，我们关于物种形成的讨论是以生物学物种概念为基础的。

那么，生物学物种概念是什么呢？对此，第四章已经做了详细的说明，我们在这里只做一点简要的回顾。依据生物学物种概念，物种是可以相互交配繁殖的自然群体，不同的物种间存在着生殖上的隔离。生殖隔离主要指的是由于各种原因，不同的生物类群之间在自然状态下不能进行交配繁殖，即使可以交配繁殖也不能产生后代或只能产生不可育后代的隔离机制。它之所以被称为“生物学的”，是因为它主要以生物类群的生物性

---

① Pedroso M. Origin essentialism in biology. The Philosophical Quarterly, 2014, 64(254): 67.

状——能否交配繁殖——作为划分物种的依据。另外，在很多支持者看来，生殖隔离是区分物种的唯一标准。如果不同的种群之间可能交配并能够产生可育的后代，那么它们就属于同一个物种；反之，它们则不属于同一个物种。生物学物种概念在区分不同物种时把是否存在生殖隔离作为唯一的标准，不考虑物种演化的时间状态和空间状态，因而它也被称为“无维度物种概念”。可以说，这也是生物学物种概念使用起来更为简便的原因所在。

另外，生物学家们通常把产生生殖隔离的机制称为“生殖屏障”。依据生物学物种概念，新的物种形成于不同的生物类群之间产生生殖屏障之时。前文指出，生殖隔离或隔离屏障大致有两种类型：合子前屏障（prezygotic barriers）和合子后屏障（postzygotic barriers）。[①]前者指的是，由于地理、生物构造和交配季节等方面的差异，不同的生物类群可能无法相遇，或者即使相遇也不能进行交配，从而导致生物的精子和卵子不会形成合子；后者指的是，生物的精子和卵子形成合子后所产生的隔离，比如，不同的生物类群的配子（生殖细胞）、染色体或基因间不能相互作用，由此导致生物配子之间虽然可以形成合子，但是这种合子不会产生后代（杂交不活）或者只能产生不育的后代（杂交不育）。那么，这些生殖隔离是如何产生的呢？这个问题需要借助物种形成的模型来回答，这些模型就是为了解释生殖屏障是怎么产生的而提出的。

现在，我们就来介绍这些物种形成模式。一般来说，生物学家们都是通过新形成的物种与祖种之间地理联系上的差异来区分不同的物种形成模式的。一个正在形成的新种与其祖种之间，由于地理隔离的原因产生地理上的屏障，比如，山川或河流阻隔，从而使它们之间产生合子前屏障。这种物种形成模式被称为“异域物种形成”（allopatric speciation）。而在相反的情况下，一个正在形成的新种与其祖种之间不存在地理上的隔离，它们之间能够相遇但不能交配繁殖，从而形成合子后屏障。这种情况下的物种形成模式被称为“非异域物种形成”。由此，基于地理隔离上的差异，我们区分出两种不同的物种形成模式：异域物种形成和非异域物种形成。这两个物种形成模式就可以对新种与祖种之间所产生的合子前屏障和合子后屏障做出解释。

为了说明异域物种形成的具体情况，佩德罗索引用了两个经验研究的案例进行说明。

---

① 在前文中，这两者被称为受精前隔离和受精后隔离。

第一个经验案例是“达尔文雀”（Darwin's finches）的喙。达尔文雀指的是生活在加拉帕戈斯群岛和科科斯群岛的近缘雀鸟物种。这些雀鸟的喙在长度和形状上都有着明显的区别。按照达尔文的解释，这些喙在长度和形状上的差异都是适应环境的结果，长且硬的喙有利于食用比较硬的果实，而短且尖的喙则有利于捉到昆虫。除此之外，生物学家们还观察到其他两个现象：①达尔文雀发出的叫声依赖于它们的喙的形状；②不相同的交配信号可以导致合子前隔离。[①]它们会有这些特征，是因为两个达尔文雀的种群之间存在着地理上的隔离，它们在各自的环境中食用不同的食物，从而演化出不同长度和形状的喙。它们在喙上的差异又导致它们在叫声和交配信号上的差异，最终这些导致两个种群间产生了合子前屏障。由此可见，达尔文雀的喙就是异域物种形成的一个典型案例。

第二个经验案例是“拟暗果蝇”（*Drosophila pseudoobscura*）。这个案例是实验室中的一个实验。生物学家在实验室中把八个种群的拟暗果蝇分成两组，一组的四个种群用淀粉培养基进行培养，而另一组的四个种群则用麦芽糖培养基进行培养。生物学家们观察发现，这两组果蝇经过多代之后开始慢慢地适应它们各自的食物。在此之后，当生物学家们把这两个种群放在一起时，他们发现同一培养基培养的果蝇彼此交配而不与不同培养基培养的果蝇进行交配。这说明，它们的交配选择和习惯已经发生了改变，并且产生了生殖上的隔离。由此可见，同一种群的果蝇在不同的食物供应环境中产生了不同的适应机制，并最终形成了合子前屏障。

不过，需要指出的是，在上述两个案例中，不同种群间的生殖屏障都是地理隔离导致的结果。不同种群因为地理隔离的原因，分别处于不同的环境条件中，不同的种群适应环境的结果就是这两个种群间产生生殖屏障。换言之，在异域物种形成的情况中，生殖屏障是地理隔离导致的结果。不过，值得一提的是，“地理隔离可以导致物种形成，即使当生殖屏障上的进化并不具有选择上的优势时也是如此”。[②]换言之，地理隔离会导致生殖屏障，不论这种生殖屏障的产生是否受到了自然选择的作用。[③]

当然，异域物种形成的经验案例还有很多，这里不再一一说明。经

---

① Pedroso M. Origin essentialism in biology. The Philosophical Quarterly, 2014, 64(254): 68.

② Pedroso M. Origin essentialism in biology. The Philosophical Quarterly, 2014, 64(254): 70.

③ 在异域物种形成的情况中，除了自然选择发挥作用外，还存在着像“建立者效应”（founder effect）这样的非自然选择作用，它也会导致新物种的形成。建立者效应主要指的是，由带有亲代群体中部分等位基因的少数个体重新建立新的群体，这个群体虽然后来的数量会增加，但最终会与亲代产生生殖屏障。

过前文的论述，我们已经基本了解了异域物种形成模式的基本内容。下文关于克里普克的起源本质主义的讨论将会以这些内容为基础。

第三节　物种的“起源”问题

本节将集中讨论萨蒙的观点如何可能应用于生物学以及这样的应用能否成功这两个问题。在讨论克里普克观点的过程中，萨蒙除了继续使用克里普克的例子外，还对其观点的适用范围进行了扩展。在他看来，虽然克里普克主要以“一张桌子”和“用于制造这张桌子的木头”为例，但是他的观点可以扩展到任何具有物理起源的个体。对此，他指出：

> 克里普克的论证完全是一般性的……事实上，这个论证看起来可以极富价值地运用到任何具有物理起源和物理构成的类别的对象上。通过这种方式，如果克里普克的论证是成功的，那么它的变种就可能用于建立一些强的，关于一系列生命和无生命对象的起源和构成的本质主义观点。[①]

换言之，在萨蒙看来，如果他对克里普克观点的改进是成功的，那么经过改进后的观点就可以运用到任何具有物理起源和物理构成的事物上，不论这些事物是有生命的还是无生命的。

在下文中，我们将表明即使经萨蒙改进后的克里普克观点可以成立，它也不能被有效地应用于生物学。依据佩德罗索的观点，“萨蒙在其论证中使用的两个概念，即‘起源’和‘计划’并不能运用于物种”。[②]他以物种形成的模型为基础，分别从这两个概念出发对萨蒙的观点提出了批评。下面，我们就对这两个批评分别做出说明和评论。

先看佩德罗索提出的第一个论证。在论证开始前，他先对克里普克的观点进行了重构。在他看来，不论是克里普克还是萨蒙，对像桌子和制造它的木头等物理事物的起源本质主义解释，都必须满足以下条件：

> （Pr）一个桌子 t（在起源上）是由木头 h 构成的，必须满足以下条件：
>
> （Ⅰ）桌子 t 的每一个（起源的）部分都来自木头 h，并且

① Salmon N. Reference and Essence. Amherst, New York: Prometheus Books, 2005: 199.

② Pedroso M. Origin essentialism in biology. The Philosophical Quarterly, 2014, 64(254): 71.

（Ⅱ）h 的每一部分都用于制造桌子 t。[①]

（Pr）对于克里普克的起源本质主义是必不可少的，“如果去掉（Pr）中的（Ⅰ）或（Ⅱ），这将会使同一张桌子在起源上由多个不同的木头所构成——这将意味着起源本质主义是错误的”。[②]为什么会如此呢？我们可以把他对这一问题的回答做一个简单的概述。如果我们去掉（Pr）中的（Ⅰ），那么这将会使桌子 t 可能由除了 h 之外的其他木头构成，进而桌子 t（在起源上）就不完全是由木头 h 构成的，t 会有两个不同的起源。如果我们去掉（Pr）中的（Ⅱ），那么这将会使并非 h 的每一部分都用于制造 t，h 除了用于制造 t 之外，它的其他没有用于制造 t 的部分还可以用于制造其他的桌子，h 就不是 t 的唯一来源。在这两种情况下，起源本质主义都是错的。对此，他指出，“依据（Pr），没有一个桌子 t 的起源部分不是来自 h 的，并且 h 完全用于制造 t”。[③]由此可见，（Pr）对于克里普克的起源本质主义是必不可少的。

如果（Pr）成立，那么如何将它应用于物种呢？上文指出，不论是克里普克还是萨蒙的观点中使用的都是桌子和木头的例子，其中涉及一些关键的概念，比如“木头”和“制造”等。不过，这些概念在生物学中并不存在，要想把他们的观点运用于生物学，我们需要把他们所使用的概念转换为生物学中的概念。不过，这种转换需要引入本章第二节中介绍的物种形成模式，只有把它们与克里普克和萨蒙的观点相结合，概念上的转换才是可能的。

佩德罗索做出了尝试性的工作，我们可以把他所做的转换用表 5-1 呈现出来。

表 5-1 起源本质主义应用于生物学的概念转换

原初的表达	翻译
桌子	物种
木头	祖先种群的片段[④]

① Pedroso M. Origin essentialism in biology. The Philosophical Quarterly, 2014, 64(254): 71.

② Pedroso M. Origin essentialism in biology. The Philosophical Quarterly, 2014, 64(254): 71.

③ Pedroso M. Origin essentialism in biology. The Philosophical Quarterly, 2014, 64(254): 72.

④ 佩德罗索专门指出，在用祖先种群的“片段”（segment）替换木头时用的是“种群片段”而非种群的原因是，一个物种的起源只是生命树中的一个世系的片段。参见 Pedroso M. Origin essentialism in biology. The Philosophical Quarterly, 2014, 64(254): 73.

续表

原初的表达	翻译
一块木头的一部分	种群部分的成员
……由……构成	……由……形成物种
……从……来	……从……来
……用于制造……	……是……的一个祖先

经过上述转换，佩德罗索把（Pr）命题概括为：

（Pr）sp 个物种 S 从一个祖先种群部分 A 形成物种，仅当：
（Ⅰ)sp S 中每一个（起源的）成员都是 A 的一些成员的一个后代，并且
（Ⅱ)sp A 中的每一个成员是 S 中的一些成员的一个祖先。①

在他看来，（Pr)sp 和（Pr）的作用都是一样的，前者是为了防止一张桌子有不同的起源，而后者则是为了防止一个物种来自不同的祖先种群。对此，他指出：

依据（Pr)sp 原则，S 中每一个单独的成员和它的起源必须通过祖-裔关系连接起来。更为具体地说，从句（Ⅰ)sp 指出，S 的每一个成员必须来自其单一的起源，（Ⅱ)sp 则表明，S 来源种群的每一个成员必须是 S 的一些成员中的一个祖先。②

这意味着，如果 S 的每一个（起源的）成员并不都是 A 的一些成员的一个后代，或者 A 中的每一个成员并不是 S 中的一些成员的一个祖先，那么（Pr)sp 就不成立。基于（Pr)sp 的这两个方面，佩德罗索展开了对起源本质主义的批评。下文就对他提出的两个批评分别做出说明。

先看他对（Pr)sp 中（Ⅰ)sp 的批评。这个批评主要依据杂交（hybridization）物种形成的案例展开。与异域物种形成的模式不同，杂交的物种形成不是与原有种群相隔离而产生新的物种，而是由两个不同的物种种群杂交而产生新的物种。需要指出的是，杂交的物种形成一般发生在

① Pedroso M. Origin essentialism in biology. The Philosophical Quarterly, 2014, 64(254): 73.

② Pedroso M. Origin essentialism in biology. The Philosophical Quarterly, 2014, 64(254): 73-74.

亲缘关系较近的两个物种之间，它们之间并不存在完全的生殖屏障，它们可以交配并能产生可育的后代。最典型的杂交物种形成的例子是狮虎兽和虎狮兽，它们都是狮子和老虎杂交后产生的新物种。依据（Ⅰ)sp 的表述，如果物种 S 来源于 A 物种和 B 物种的杂交，那么 S 的成员具有 A 和 B 两个来源。同时，只有 A 和 B 同属于一个种群时，（Ⅰ)sp 才能够成立，否则（Ⅰ)sp 的成员便会有两个不同的起源。然而，杂交的物种形成模式并不支持（Ⅰ)sp。依据杂交的物种形成模式，一个新种可以由两个不同的物种经过杂交而形成。这意味着，物种 S 有 A 和 B 两个不同的起源，S 的每一个（起源的）成员并不都是 A 的一些成员的一个后代，也并不都是 B 的后代，而是 A 和 B 的共同后代。因而（Ⅰ)sp 不能成立。

再来看他对（Pr）sp 中（Ⅱ）sp 的批评。我们先以（Pr）的（Ⅱ）为例来说明它在何种情况下会被认为是错误的。依据（Ⅱ），h 的每一个部分都用于制造桌子 t。如果并非 h 的每一个部分都用于制造桌子 t，h 的部分还用于制造其他的东西，或者除了 h 之外还有其他的木头用于制造 t，那么（Ⅱ）不成立。（Ⅱ）要求制造桌子 t 的每一个部分都要来源于 h 就是为了防止以上两种情况出现。现在，来看（Pr）sp 的（Ⅱ）sp。依据（Ⅱ）sp，A 中的每一个成员是 S 中的一些成员的一个祖先。这要求，S 中的每一个成员都可以在 A 中找到其祖先，而 A 中的每一个成员的后代都可以在 S 中找到。不过，这一要求并不符合物种形成的实际状况。对此，佩德罗索指出：

> 对于 S 的演化来说，一个祖先种群中那些没有留下可育的后代的成员并不比那些留下可育后代的成员重要。比如，物种通过异域分布而形成是因为选择的压力作用于存在地理隔离的种群，不管哪一个特定的成员是否留下后代。一个祖先种群的成员并没有在 S 中留下后代它仍然是祖先种群的成员。……一个新的物种来源于一个祖先种群，但是并不是那个祖先种群中的每一个成员都需要在新物种中留下后代。[①]

上述引文表明，在物种形成的真实情况中，在一个新物种从祖先种群中演化形成的过程中，并非每一个祖先种群的成员都会在新物种中留下后代。不过，这种情况对新物种的演化并不会产生太大的影响。因为，新物种是作为一个种群从原有种群中演化形成的，原有种群的成员与新种群

① Pedroso M. Origin essentialism in biology. The Philosophical Quarterly, 2014, 64(254): 75.

的成员之间具有一种整体上的祖-裔关系，并且这种祖-裔关系并非个体上一一对应的，即每一个新种群中的成员都可以在其祖先种群中找到相应的祖先。显然，这和克里普克以及萨蒙所说的桌子和木头的情况并不相同。在他们的例子中，如果 h 的每一个部分都用于制造 t，那么 t 的每一个部分都可以在 h 中找到源头。而在物种形成的例子中，并非新物种的每一个成员都可以在其来源种群中找到祖先，或者并非每一个祖先种群中的成员都在新种群中留下后代。由此可见，A 中的每一个成员并非都是 S 中的一些成员的一个祖先，故（Pr)sp 的（Ⅱ)sp 不能成立。

概括来说，克里普克和萨蒙的（Pr）并不适用于生物学。（Pr)sp 的（Ⅰ)sp 要求 S 的每一个（起源的）成员都是 A 中的一些成员的一个后代，而（Ⅱ)sp 要求 A 中的每一个成员都是 S 中的一些成员的一个祖先。不过，杂交的物种形成表明并非 S 中的每一个（起源的）成员都是 A 中的一些成员的一个后代；异域物种形成则表明并非 A 中的每一个成员都是 S 中的一些成员的一个祖先。因此，（Pr)sp 的（Ⅰ)sp 和（Ⅱ)sp 都不成立，（Pr)并不能推广到（Pr)sp。

第四节　物种的“计划”问题

除了上文讨论的内容外，萨蒙还对克里普克的观点做了其他方面的改进。具体来说，是萨蒙引进了“计划”（plan）这个概念来修正克里普克的理论。只有把上文论及的（Pr)与萨蒙的计划概念相结合才能真正实现对克里普克观点的彻底改进。下文对萨蒙的这个改进做出说明，并对其是否能够应用于物种做出评价。

萨蒙为什么要改进克里普克的观点呢？答案是，克里普克的观点过于强硬了。前文指出，克里普克认为，我们无法设想一张桌子除了由制造其的木头制造外，还可以由其他的木头制造而成，一张桌子由一个特定的木头所制造，那么这张桌子就不能由其他的木头所制造或者这个木头就不能用于制造其他的桌子。不过，人们可能会说，虽然不能设想这张桌子由其他的木头来构成，但是我们完全可以设想一块木头可以制造出完全不同的桌子。或许，正是基于此点，萨蒙认为克里普克的这一主张可能太强硬了。对此，萨蒙指出：

> 假设，在一些其他可能世界 w 中，一张给定的桌子 x 的构成物质可能转化为一张在设计和结构上都完全不同于 x 的桌

> 子。假设，比如，在 w 中，实际上用于制造桌子 x 的顶面的物质部分反而用于去制造桌子的腿等等。那么，在 w 中，这张桌子是不是和原先的桌子 x 一模一样？因为它在 w 中的构成物质与 x 的实际构成物质是同样的物质。[①]

上述引文表明，一张由同一物质构成却在设计和结构上不同于 x 的桌子在一个可能世界 w 中是可以设想的。那么克里普克所主张的“一张桌子由一个特定的木头所构成，因而这张桌子就必然由这个木头所构成”这一观点就是不成立的。

基于上述批评，萨蒙的计划概念用以修正克里普克的观点。在他看来，如果引入计划概念，那么一个特定的木头是依据我们的计划或设计被制造成一张特定的桌子，这张由特定木头所制造的桌子就只能是这张桌子而不能被设想为其他桌子。由此，克里普克观点所面临的问题就可以迎刃而解。对此，佩德罗索评论道：

> 萨蒙用“计划”这个概念发展了这样一个前提：如果一张桌子是由同样的物质 h 制造出来的，并且根据同样的计划 P，那么我们就能得到同样的桌子 t 而非其他。如果我们改变通过一块木头制造一张桌子的计划，那么制造出来的桌子可能就是不一样的。[②]

在引文中，萨蒙主张一块木头可以制造出不同的桌子，这是他与克里普克的不同之处。不过，如果承认一块木头可以制造出不同的桌子，那么不同的桌子就可能会有同一个起源，进而起源本质主义就会受到威胁。不过，计划概念的引入可以很好地解决这个问题，人们依据不同的计划就可能制造出不同设计和结构的桌子。换言之，“如果我们从同一个起源，并且用同一个计划去制造桌子 t，那么被制造出来的桌子应该会有和 t 一样的原子对原子的结构，进而，相应地同一于 t”。[③]由此，引入计划概念就可以排除一块木头制造出不同桌子的可能性。

那么，计划概念是否适用于物种呢？对此，佩德罗索给出了否定的回答。他的主要理由是，由某一特定的木头制造一张特定的桌子时，由于

---

① Salmon N. Reference and Essence. Amherst, New York: Prometheus Books, 2005: 210-211.

② Pedroso M. Origin essentialism in biology. The Philosophical Quarterly, 2014, 64(254): 76.

③ Pedroso M. Origin essentialism in biology. The Philosophical Quarterly, 2014, 64(254): 77.

制造者在制造这张桌子时是带有特定目的和设计的，因而从木头的转化是原子对原子的同一转化，但是这并不符合生物学的实际情况。事实上，在生物学中，从祖先种群到新的物种种群并非原子对原子的转化，更有甚者，祖先种群中的每一个个体并非都会在新种群中留下后代。在他看来，如果非要把计划概念应用于物种，那么就应该把其理解为“一个世系是如何从一个祖先种群 A 演化为物种 S 的”。[①]不过，人们可能会说，如果一个世系以同样的方式演化，那么这个世系就可以被认为依据了同样的计划。换言之，依据这一观点，“以同样的方式演化”就构成了新物种 S 从一个祖先物种演化而来的计划。对此，佩德罗索指出：

> 这样的一个“计划”观点并没有提供什么信息。存在着一个无限制的能够塑造进化的机制（像基因互作、发育、协同进化等）序列，并且在缺乏进一步说明的情况下，进化机制必须作用于一个世系从而产生完全相同的物种并非显而易见。为了使物种的计划的观念在生物学上是可靠的，我们需要对“以同样的方式演化”这个表述做出分析。[②]

在此，佩德罗索想要表达的是，在一个新物种从一个世系形成的过程中，有很多的生物演化机制同时发生作用，“以同样的方式演化”这一说法并未提供太多有效的信息，只有对其做出更为明确的限制才可能具有实际意义。

那么，如何才能为“以同样的方式演化”提供更为明确的说明呢？一种可能的回答是，用物种形成模式来说明。上文指出，物种形成模式可以在很大程度上告诉我们演化机制是如何导致新物种形成的。如果想要通过物种形成模式来对物种的演化机制提供更为明确的解释，那么它必须明确地说明在何种条件下一个世系可以产生一个完全相同的物种。不过，在佩德罗索看来，物种形成模式显然做不到这一点。原因何在呢？他的回答是：

> 即使物种形成模式可能为一个新物种的演化提供充分的条件，这个模型也不能确定一个特定的物种单元的演化条件。比

① Pedroso M. Origin essentialism in biology. The Philosophical Quarterly, 2014, 64(254): 77.

② Pedroso M. Origin essentialism in biology. The Philosophical Quarterly, 2014, 64(254): 77.

> 如，异域物种形成的模式的职责是解释两个存在地理隔离的种群之间是如何产生生殖隔离的。但是，我们从两个种群之间存在生殖隔离这一事实并不能推断出哪一个物种单元将会形成。简而言之，物种形成模式并不能描述一个特定的，像人类那样的物种的演化条件。然而，这却是萨蒙的计划概念所需要的。[①]

在佩德罗索看来，即使异域物种形成可以告诉我们存在着地理隔离的两个种群之间是如何产生生殖隔离的，这也不能为"何以某一个特定的物种会演化出来"这一问题提供充分的说明。换言之，物种形成模式所能够提供的信息还远远达不到萨蒙的计划概念所要求的条件。因而，萨蒙把计划概念应用于物种的尝试并不会得到物种形成模式的支持。

然而，我们是否可以认为萨蒙的计划概念不能用于物种？我们是否穷尽了所有的可能性？对此，佩德罗索指出，可能会有学者利用生物进化理论为物种的计划提供辩护。人们可能会指出，当代进化生物学的理论不仅可以告诉我们物种从一个世系中演化形成的机制，而且可以确定一个特定的物种从一个世系中演化形成的特定条件。换言之，进化生物学理论可以提供某种特定的限制条件，这些条件就成为物种演化的计划，物种只能遵循计划所设定的方式而非其他的方式从其世系中演化出来。对此，佩德罗索指出：

> 物种的"计划"假定了一种决定论的过程：如果特定的条件能够确定，那么同一个物种必须形成，并且别无其他。但是，随机性在进化解释中扮演着核心角色。即使自然选择不是一个随机的过程，演化也是一个被不同类型的随机性过程，比如突变、遗传漂变（genetic drift）和环境中的随机变化所塑造的。因此，进化理论并不是可以为物种的计划观念提供支持的、正确的理论类型。[②]

然而，进化理论要能够为物种的演化提供某种计划，那么它必须能够提供准确的条件，每一个特定的物种依据这个条件，只能以一种特定的方式而不能以其他的方式演化形成。在佩德罗索看来，如果进化生物学理

① Pedroso M. Origin essentialism in biology. The Philosophical Quarterly, 2014, 64(254): 78.

② Pedroso M. Origin essentialism in biology. The Philosophical Quarterly, 2014, 64(254): 78-79.

论能够提供这样的条件，那么当代生物进化理论就是一种严格的决定论理论。事实上，生物的演化过程是一个充满着随机性和偶然性的过程，即使自然选择不完全是一个随机的过程，像基因的变异和突变以及环境的随机变化都在其中起到了非常重要的作用。因此，进化理论在根本上无法提供一个准确的条件来说明一个特定的物种会以某种特定方式演化而来，进而进化理论也就不能为萨蒙的计划概念提供辩护。

上文的论述表明，不论是用物种形成模式还是生物进化理论都不能为萨蒙的计划概念提供辩护。不过，人们可能会说，萨蒙主张其起源本质主义观点适用所有具有物理起源的事物，我们在生物学中没有找到合理的理论来将计划概念应用于生物学中，是因为还没有找到正确的路径去做到这一点。换言之，除非提供一种一般性的论证来说明萨蒙的观点并不适用于生物学，否则萨蒙的观点很难从根本上被反驳掉。

佩德罗索循着上述思路对萨蒙的观点展开了一般性批评。要理解这种一般性批评，我们还需对萨蒙的计划观点做一些说明。可以说，萨蒙在提出计划概念时主要依据的是直觉或思想实验。在他看来，在把一块木头制造成一张特定桌子时，只有在制造者心中有某一个特定的计划时才能确保最终被制造出的桌子就是其想要的桌子而非其他的桌子。换言之，也只有依据某一个特定的计划，人们在制造桌子的过程中才能真正地实现木头与桌子之间的原子对原子的转换。

当然，如果萨蒙的观点是基于直觉或思想实验而来的，那么它所使用的例子也就可以不局限于物理事物。在其论证的过程中，他不仅可以使用物理学的例子，也可以使用生物学的例子。如果萨蒙在最初进行论证时使用的是生物学的例子，那么我们论证生物学中的物种计划时也可以不用依赖物种形成模式或进化理论。换言之，对物种计划的辩护可以独立于具体生物学观点和理论。因而，上述对萨蒙的批评可能并未完全排除把计划应用于物种的可能性。

对于这种可能性，佩德罗索也做出了相应的回应。在他看来，这种观点不能成立。他给出的理由是，物种从根本上来说是一个生物学的概念，只有进化生物学的理论而非思想实验才能为物种的演化提供明确的解释。换言之，如果物种的形成真的存在一个计划，那么这个计划也只有进化理论才能提供。然而，上文已表明，进化理论不能为物种的“计划”提供支撑。对此，佩德罗索指出：

> 当代的进化理论表明“以同样的方式演化”这个表述并没有提供什么信息。进化并不是一个单一机制的产物。并且，如果我们不能确定“以同样的方式演化”的含义，那么我们就没有任何途径去决定“计划”观点是否能够应用于物种（此外，物种形成并不是一个人类特别善于掌握正确直觉的领域）。①

要理解“以同样的方式演化”的含义必须依赖进化理论，然而进化理论并不能提供太多的含义。另外，关于物种形成的直觉在很大程度上是不可靠的。因而，不论是从直觉上还是从进化理论上来说，萨蒙的计划观念都不适用于生物学。

进一步来说，即使反对者并不赞同上述论证，萨蒙的观点仍然存在疑难。这个疑难是，它与吉色林和胡尔所主张的“物种是个体”这一观点之间存在冲突。我们知道，萨蒙曾指出，引入计划观念是为了保证利用一块木头加上一个特定的计划制造出的桌子只能是计划中的桌子而不会是其他桌子。为此，他指出：

> 如果两张桌子在两个不同的可能世界中依据同样准确的方式用同样的材料，并且，让我们设想，以同样准确的原子对原子的结构被制造出来，它们怎可能会不是同一张桌子呢？我们还能再问什么呢？对于这张桌子还能说什么呢？②

上述引文试图表明，依据同样的计划却制造出不同桌子的情况是不可设想的，因而也是不可能的。

然而，上述观点似乎并不适用于生物学。要说明这一点就不能不提及“物种作为自然类”和“物种作为个体”之间的冲突。我们知道，起源本质主义是关于个体的本质主义，而生物学本质主义却是关于自然类的本质主义，起源本质主义能够用于物种的前提是把适用于个体的起源本质主义与物种作为个体的观点相结合。然而，前述两种观点之间存在冲突。前文指出，依据“物种作为个体”的观点，即使是在性质上无法彼此区分的两个物种，也可能并不是同一物种。对此，胡尔指出：“物种是系统发育树的片段。一旦一个片段终止，它不可能在系统发育树的某个地方重

① Pedroso M. Origin essentialism in biology. The Philosophical Quarterly, 2014, 64(254): 80.

② Salmon N. Reference and Essence. Amherst, New York: Prometheus Books, 2005: 211.

现。”[①]也就是说，在生物的系统发育树中，物种是受到时空限制的特定个体，一旦这个个体灭绝，那么即使有一个物种与这个已经灭绝的物种多么相似，它们也不可能是同一个物种，因为两者存在的时空条件已经不同了。

有鉴于此，我们就会发现，萨蒙的思想实验是存在问题的。在其思想实验中，只有计划概念的引入才能保证由一块木头制造出来的桌子只能是特定的桌子而非其他的桌子。不过，这一思想实验却不能应用于物种。为什么这么说呢？佩德罗索给出的主要理由如下：

> 当这一直觉完全应用于物种时就是错误的。比如，物种灭绝是一个无法复原的过程。在物种作为个体这一命题之下，两个无法做出区分的物种可能并不是同一物种。[②]

这意味着，萨蒙的思想实验是依据物理事物展开的，若其思想实验依据生物学的例子则可能无法得出同样的结论。在生物学中，即使存在于不同时空条件下的两个物种彼此之间无法区分，它们也是两个不同的物种。依据萨蒙的观点，同一张桌子一定不可能有不同的来源。然而，在生物学中，即使不能做出区分的两个物种也可能有着两个不同的来源。由此可见，萨蒙的计划观点在根本上不适用于生物学。

当然，为了应对上述批评，人们也可能会说“物种作为个体”的观点并不成立。不过，这一观点不仅不能应对上述批评，反而会带来更多的问题。原因在于，起源本质主义是关于个体的本质主义观点，它可以应用于物种的前提就是“物种作为个体”的观点。如果这一观点是错误的，那么起源本质主义应用于物种的前提就是错误的。人们提出的这种质疑针对的就不是佩德罗索的观点而是他们自身的观点。“物种作为个体”针对起源本质主义提出了一个两难困境：假设人们承认“物种作为个体”是正确的，那么它与萨蒙关于起源本质主义的思想实验不符；如果人们认为“物种作为个体”是错误的，那么萨蒙的起源本质主义观点并不能应用于物种。由此，在这两种情况下，萨蒙的起源本质主义观点都适用于生物学。

基于上文的论述，笔者想做一点更深入的分析。在笔者看来，萨蒙的计划概念不能应用于物种可能还有一些更深层次的原因。当然，笔者并不是想说，佩德罗索对萨蒙观点的批评是不成立的。在这里，我们只是想

① Hull D. A matter of individuality. Philosophy of Science, 1978, 45(3): 349.

② Pedroso M. Origin essentialism in biology. The Philosophical Quarterly, 2014, 64(254): 81.

对他在论述中可能忽视的一点做出说明和强调。事实上，我们在讨论萨蒙的计划概念时，主要是以桌子为例来展开的，其中涉及计划和制造等概念。不过，我们在使用这些概念时，明确地忽视了一些基本的预设。这个预设是提出计划的人和桌子的制造者。换言之，要提出计划和制造桌子，那么就一定要有计划的提出者和桌子的制造者。当然，提出计划的人和桌子的制造者可以是一个人也可以是不同的人，这一点在这里无关宏旨，我们不做深入分析。

我们甚至可以说，在讨论桌子的例子中，计划的提出者和桌子的制造者也可以不出现。我们都知道有提出计划的人和桌子的制造者，并且计划也暗含着有某个或某些目的或意图的实施者。在克里普克或萨蒙的观点中，他们隐去这一目的或意图的实施者丝毫不会妨碍论证的展开。然而，当我们要把萨蒙的观点应用于物种时，隐去目的或意图的实施者就不再无关紧要了。当我们要把其应用于物种时，我们一定要问是谁提出了物种形成的计划或者谁制造了物种以及为什么要制造物种。或者，在自然中是否可以找到提出计划的主体或者物种的制造者？

传统上，人们把上帝或者大自然母亲（Mother Nature）当作物种的制造者。不过，在当代生物学中，上帝或大自然母亲以及与其相伴随的目的论观点已经没有市场。要解释萨蒙观点中的目的或意图的实施者，无疑要在自然中寻找理论资源。如此一来，物种形成模式或进化理论就成了备选项。这样，问题似乎又回到了佩德罗索已经提出并已论证过的内容。

不过，这里需要强调的是，这涉及了进化生物学理论的性质问题。更具体地说，这一问题事关生物学中是否存在定律的争论。对此问题，笔者想说的是，不论生物学中是否存在定律，学者们都有一个基本的共识，即自地球产生以来，每一个物种演化事件都是独一无二的事件，也是不可重复的事件，没有任何一个理论能够给出哪怕任何一个物种得以形成的准确条件。由此，这一共识可以说在很大程度上成为反驳把萨蒙的计划观点应用到物种的核心理由。同时，这也和佩德罗索依赖“物种作为个体”的观点对萨蒙的观点提出的反驳相契合。

最后，笔者想从另一个方面做一点补充说明。上文指出，起源本质主义和历史本质主义一样都是一种关系本质主义。事实上，上文论及的历史本质主义和本章内容在很大程度上是以佩德罗索的观点为基础的。不过，佩德罗索在本章中对起源本质主义的反驳与他对历史本质主义的反驳看似不同，实际上却有着很多的相似性。在本章中，佩德罗索反驳（Pr）sp 的主要理由是其无法与物种形成的具体情况相符合，而他反对计划概念的原因是，生物学世界并不存在与物理世界相对应的计划概念。在“历史本质主义”一章中，他认为，历史本质主义或许能够解决分类问题，但却无法解决解释问题。

笔者想说的是，佩德罗索对起源本质主义的反驳也可以从分类和解释两个方面来理解。在反驳（Pr)sp 时，他认为，（Pr)sp 对本质主义的理解与生物学的实际案例不符。具体来说，假设（Pr)sp 在面对杂交的物种形成时会遇到难题，（Pr)sp 提供的本质并不能作为有效的分类标准。另外，如果把起源本质主义所强调的“起源某一特定的祖先”视为本质，那么佩德罗索的反对意见则表明了，这种本质并不能告诉我们一个物种何以是其所是。由此可见，起源本质主义的难题是：它既不能解决分类问题，也不能解决解释问题。

事实上，戴维特也提出一种与佩德罗索相似的个体本质主义观点。在其论证中，他也借用了克里普克的起源本质主义观点。不过，与佩德罗索不同的是，戴维特不仅是要论证物种具有某种关系或历史本质，而且要表明“一个分类单元部分地具有内在的本质，部分地具有历史的本质”。[①]在这里，戴维特似乎放弃了其内在本质主义观点。事实上并非如此。他提出个体本质主义观点要强调的仍然是其内在本质主义观点。在其具体的论述中，他认为，虽然历史本质可以借助支序分类学来解决拉波特等提出的分类问题，但是却不能解决解释问题。由此可见，虽然物种的起源本质主义可以解决分类问题，但是它缺乏理论资源来解决解释问题。

本章论证了克里普克关于个体的起源本质主义不能应用于生物学。克里普克的起源本质主义和“物种作为个体”观点相结合的直接产物是，（Pr)sp。不过，（Pr)sp 的（Ⅰ)sp 与杂交的物种形成机制不符合，而（Pr)sp 的（Ⅱ)sp 也不符合实际的物种形成机制。与（Pr)sp 直接相关的计划概念也在生物学中找不到对应物，生物学中的物种形成模式和进化理论都不能给出起源本质主义所要求的计划，甚至“物种作为个体”的观点与克里普克的起源本质主义的结合也会面临两难困境。克里普克关于个体的起源本质主义应用于物种中既不能解决分类问题也不能解决解释问题，因而，克里普克的起源本质主义并不适用于生物学。

---

① Devitt M. Individual essentialism in biology. Biology and Philosophy, 2018, 33(39): 1.

第六章　HPC 类理论

这一章重点讨论 HPC 类理论。上文指出，DNA 条形码理论和关系本质主义的主张都是存在问题的。这两种理论的不同之处是，前者坚持物种的本质属性必须是内在的，而后者则主张物种的本质属性是外在的。它们的共同之处在于，不论坚持何种意义上的本质，都要求物种的本质属性对于物种的所有成员来说既是必要的又是充分的。HPC 类理论则认为，"无须要求物种的本质是内在的，或者对类的成员来说是必要和充分的"。[①]也即是说，HPC 类理论认为，物种的本质属性既可以是内在的，也可以是外在的，同时它还认为物种的本质属性并不需要对物种成员来说是既充分又必要的。显然，HPC 类理论在这些方面要比以上两种新生物学本质主义弱很多。对此，人们会产生这样一些疑问：HPC 类理论在何种意义上是一种新生物学本质主义？它是否可以真正担负起复兴生物学本质主义的重任呢？下面的讨论将会对这些问题做出解答。在本章中，首先，笔者将说明 HPC 类理论的主要主张；其次，讨论它所面临的三个主要问题；最后，得出结论认为 HPC 类理论作为一种新生物学本质主义的主张是不成立的。

第一节　HPC 类

博伊德最先使用 HPC 类理论定义自然类。在他看来，自然类可以用 HPC 类理论来定义，生物物种也是一种 HPC 类。生物的 HPC 类有以下两个基本的构成要素。

（1）一个 HPC 类的所有成员共有一簇共同发生（co-occurring）的相似性。博伊德认为共享表型特征[②]就是一个 HPC。在他看来，虽然这一簇相似性对于群成员来说并不是必要的，但是这些属性必须是足够稳定的，以便我们可以对它们进行有效的归纳。比如，家犬这个物种就可以被视为

---

① Ereshefsky M. What's wrong with the new biological essentialism. Philosophy of Science, 2010, 77(5): 675.

② Boyd R. Realism, anti-foundationalism and the enthusiasm for natural kinds. Philosophical Studies, 1991, 61(1): 142.

一个 HPC 类。它的所有成员都有着相似的尾巴、耳朵以及四肢等表型特征，而且这些特征总是共同发生的，尾巴这个特征的例示总是伴随着耳朵和四肢等特征的例示。我们可以根据这些表型特征去归纳这个物种的一些共有的相似性。虽然这些属性对于家犬来说可能既不是充分的也不是必要的，但是我们却可以对这个类的一些属性进行成功的归纳，进而可以通过这些被归纳的属性进行预言。假设我们现在已经知道哈利是一条狗，那么我们就可以比较有效地预测它可能会具有的一些特征（比如有尾巴和四条腿）。

（2）一个 HPC 类的所有成员的相似性可以通过类的某种稳态机制来进行解释。为什么一个 HPC 类的成员具有一些相似的特征呢？这个问题可以用 HPC 类的某种稳态机制来进行说明。那么，这个稳态机制是什么呢？博伊德认为是基因流（gene flow）。[①]基因流是基因在同一物种的不同成员之间的流动。这种流动最终会产生上文所说的基因库的内聚机制。这些内聚机制不仅使不同的个体整合为一个物种，而且使同一物种的不同成员呈现出一些相似的表型特征。当然，在 HPC 类理论的支持者们看来，物种的稳态机制并不是唯一的，它除了可能是基因流外，还可能包括其他的机制，比如“可以相互交配繁殖，有着共同的祖先和共同的发育机制”。[②]在他们看来，物种的稳态机制除了包含不同的内容外，它们本身也像属性簇一样是发生着变化的。

综合上述两点，我们可以把 HPC 类的特征概括为两点：第一，它包含一簇可以共同发生的属性；第二，造成这些可以共同发生的属性的原因是 HPC 类的稳态机制。

那么，人们可能会问：HPC 类和本质主义有什么关系呢？这个问题的大致答案是，HPC 类的稳态机制就是物种的本质。在 HPC 类理论的支持者看来，“HPC 类扮演着传统本质主义的类的归纳和解释角色”。[③]这即是说，HPC 类的稳态机制之所以可以被视为物种的本质，是因为它们可以像传统的生物学本质主义者宣称的本质那样扮演归纳和解释的角色。另外，HPC 类的稳态机制既可以是内在的，比如，基因流和生物发育机

① Boyd R. Realism, anti-foundationalism and the enthusiasm for natural kinds. Philosophical Studies, 1991, 61(1): 142.

② Ereshefsky M. What's wrong with the new biological essentialism. Philosophy of Science, 2010, 77(5): 675.

③ Ereshefsky M. What's wrong with the new biological essentialism. Philosophy of Science, 2010, 77(5): 675.

制；也可以是外在的，比如，可以相互交配和有着共同的祖先等。HPC类的支持者还认为稳态机制对于物种的成员来说既不必是必要的也不必是充分的。

与传统的生物学本质主义相比，HPC 类理论具有两个重要的优势。它把生物自然类的两个重要但相反的旨趣连接在了一起，并且保持了它们之间的微妙平衡。这两个重要的优势分别是自然的可塑性（natural flexibility）和解释的完整性（explanatory integrity）。①自然的可塑性强调自然类的内在的异质性（intrinsic heterogeneity）。这种内在的异质性表明自然类并不是由整齐划一的成员所构成的，同一类的不同成员之间都存在着或多或少的差异。而自然类的解释的完整性则要求自然类必须具有一些综合的特征，以便人们可以用这些特征对自然类的内在的异质性进行有效的解释和预言。可以说，这两个特征分别强调了自然类的两个非常不同的方面。前者强调自然类是多元的，而后者则强调自然类是实在的；前者导向多元论，后者导向实在论。HPC 类理论的支持者认为他们的生物学本质主义之所以优于传统的生物学本质主义，是因为其兼顾了自然的可塑性和解释的完整性。下面，我们将说明 HPC 类理论对于自然类的两个特征的具体解释。

HPC 类理论的第一个优势是它可以说明自然类的异质性。HPC 类理论认为自然类的内在的异质性是形而上学意义上的，类的成员在本性上是不断发生变化的，一个自然类并不存在一组严格的对某类的成员来说既充分又必然的属性。在构成自然类本质的一簇属性中，该簇属性的一个子集就可以个体化（individuate）为一个自然类。这组属性簇相比于传统既充分又必要的属性集合要宽松得多。对于这个属性簇中的属性来说，一方面，不管是其中的一种属性还是一组作为簇属性的子集，对于某个自然类的个体化来说都是不充分的；另一方面，不论是一种属性还是一组作为簇属性的子集，对于某个自然类的个体化来说都是不必要的。作为自然类成员的充分条件的属性子集是会发生变化的，一个自然类的成员可以同时例示不同的属性簇子集，同时仍被视为同一个类。比如，一个 HPC 类 K，可以使其“个体化”的属性簇是 *C*，*C* 包含了 10 种属性，这 10 种属性构成了一个集合 *C*={A, B, C, D, E, F, G, H, I, J}。依据 HPC 类理论，K 的成员无疑都具有 *C* 中的一种或一些属性，只是不同的成员所拥有的属性是

① Wilson R, Barker M, Brigandt I. When traditional essentialism fails: biological natural kinds. Philosophical Topics, 2007, 35(1-2): 197.

不同的。个体 I_1 可能具有的属性是 C 的一个子集 S_1={E, F, G, H}，而个体 I_2 可能具有的属性是 C 的另一个子集 S_2={A, B, C, J}。HPC 类理论认为，虽然分别例示 I_1 和 I_2 的两个属性子集 S_1 和 S_2 并不相同，但是它们都可以例示 K，I_1 和 I_2 仍可以被认为属于 K。由此可见，“宽松的充分必要条件允许一个类的成员所例示的特定的典型属性子集是可以发生变化的，同时，凭借那个被例示的子集，它们被视为类的成员”。[①]

HPC 类理论的第二个优势是它可以起到统一的、完整的解释作用。鉴于 HPC 类理论的第一个优势，有人可能会提出疑问：一个对自然类来说既不充分又不必要的属性簇如何能够对自然类本身的特性做出科学的解释和预言呢？HPC 类理论的第二个优势可以回答这个问题。HPC 类理论认为，一个自然类可以呈现出一簇属性的根本原因在于其内在的因果机制（也即稳态机制）。这些稳态机制把一个属性簇中的不同属性整合在一起，从而可以使一个属性簇中的不同属性得到共例示。由此，生物的稳态机制可以对自然的可塑性，也即生物内在的异质性做出解释；同时也可以对生物的稳态机制进行有效的归纳和总结，从而进行解释和预言。

然而，对于 HPC 类理论的上述主张，有人提出了异议。在上文中，虽然 I_1 和 I_2 的两个属性子集 S_1 和 S_2 不同，但是它们都可以例示 K，所以 I_1 和 I_2 仍被认为属于 K。有学者指出，对于这一说法，HPC 类理论并没有提供充分的说明。[②]由于 I_1 和 I_2 例示了完全不同的属性，我们完全有理由相信，I_1 属于一个自然类而 I_2 属于另一个完全不同的自然类。

人们也可能提出另一种异议，即可以设想一个个体 I_3，它虽然可以例示属性{G, H, I, J}，但它可能根本不属于 K。HPC 类理论必须给出充分的理由来说明，为什么 I_1 和 I_2 例示了完全不同的属性却可以同时属于同一个自然类 K。HPC 类理论的支持者认为，这个问题没有先验的答案，要回答这个问题除了需要知道关于 I_1、I_2 和 I_3 所例示的属性外，还需要知道产生属性簇的内在因果机制的知识。他们进一步指出，HPC 类具有的属性簇是内在机制作用的结果，而且这些内在机制使属性簇的共例示呈现多样化。在他们看来，回答上述问题必须要考察属性之间以及属性与内在机制之间复杂的依赖关系，这些考察主要是经验性的而非先验推理。对此，他们说道：

---

① Wilson R, Barker M, Brigandt I. When traditional essentialism fails: biological natural kinds. Philosophical Topics, 2007, 35(1-2): 197.

② Wilson R, Barker M, Brigandt I. When traditional essentialism fails: biological natural kinds. Philosophical Topics, 2007, 35(1-2): 198.

属性之间的依赖关系是多样的和复杂的，所以，是否在一个任意个体中的一些关系的缺失就足以取消它作为某一个类的成员的资格呢？这需要我们仔细地检视这些属性与其他属性的关系：当一些属性相比于其他属性存在缺失时，还存在多少因果的解释的完整性呢？进一步来说，这部分地依赖（属性的）缺失对依赖关系所产生的影响：是否属性或属性集合的缺失伴随着其他依赖关系的缺失？因为，那些依赖关系是多样的，并不是所有属性的缺失都是同等的，并且对它们的判断在很大程度上依赖于经验上的细节和对这些细节的审查，而不是依赖于扶手椅上的先验考虑。①

至此，我们大致交代了 HPC 类理论的基本思想。现在，我们来比较一下 HPC 类理论与其他版本的新生物学本质主义的不同之处。显然，HPC 类理论放弃了类本质主义的信条（1）而只强调信条（2）和（3）。在它的支持者看来，本质主义最为重要的内容是本质的解释和预言作用，本质不一定非要成为物种成员的充分必要条件。在这一点上，它与内在属性的生物学本质主义和关系本质主义都是存在区别的。另外，它并不像其他版本的生物学本质主义那样把物种的本质仅限定为内在的或外在的，而是认为本质既可以是内在的也可以是外在的。从上述比较中，我们可以看到，HPC 类理论较之其他版本的新生物学本质主义做出了更多的让步和妥协，它仅在因果解释的意义上保留了生物学本质主义的内涵。不过，令人质疑的是，在这样的妥协和让步之下，HPC 类理论能否成功地维护生物学本质主义？

艾瑞舍夫斯基认为，HPC 类理论存在一些严重的问题使其辩护方案难以成功。在他看来，HPC 类理论存在的问题主要有两个：融贯性问题和解释循环问题。下面小节将分别说明艾瑞舍夫斯基对 HPC 类理论的两个批评，并对它们做出相应的评价。

第二节 融贯性问题

分类学中争论的一个核心问题是，应该采用何种标准对生物个体

① Wilson R, Barker M, Brigandt I. When traditional essentialism fails: biological natural kinds. Philosophical Topics, 2007, 35(1-2): 199.

进行归类。通常来说，可以采用的标准有两种：相似性和历史性。前者是使用生物个体之间的相似对它们进行归类；而后者则采用某种历史关系，比如，生物个体源自同一祖先，对它们进行归类。当然，采用不同的标准就可能会产生不同的分类结果。在很多情况下，这两种结果是相互冲突的。传统上，人们一般使用生物性状的相似性进行分类，模式物种概念就是这种分类方法的代表。在现代生物学中，学者们一般采用进化关系或亲缘关系对物种进行分类。现代生物分类学中的进化分类学（evolutionary taxonomy）和支序分类学（cladistics）就是最为重要的代表。

显然，HPC 类理论是以相似性作为分类标准的。为了说明为何 HPC 类理论应该以相似性作为分类标准，博伊德虚构了一个杂交物种的例子。杂交物种是这样产生的：假设存在两个不同的生物种群 A 和 B，A 和 B 各自种群中的部分个体相互交配之后产生后代种群 C，C 逐渐与 A 和 B 产生生殖隔离。这样，人们就可以说 C 就是一个新物种，也即杂交物种。依据博伊德的例子，在 C 的形成中包括两个彼此分离的物种形成事件：第一，C 产生并且灭绝；第二，C 再次产生。C 中的成员来自与其在时空上不同的两个生物种群 A 和 B。来自不同生物种群的成员有着不同的进化历史，A 和 B 中的部分成员显然不能被视为同一物种。不过，我们却可以把 C 中来自 A 和 B 的成员视为同一个物种。由此，如果我们在分类过程中以历史性作为标准就无法对物种进行分类，那么只有运用相似性作为分类标准才能真正解决这个问题。因此，在博伊德看来，“当运用相似性进行分类与运用历史连续性进行分类相冲突时，我们应该选择相似性”。[①]

对于博伊德的观点，有学者提出了异议。艾瑞舍夫斯基认为 HCP 类理论以相似性作为区分物种的标准与占主流地位的生物分类学派——支序分类学派和进化分类学派的主张相冲突。在他看来，“它们都要求生物的分类单元是单系群或者并系群（paraphyletic group）”。[②]第三章第一节的论述指出，所谓单系群就是来源于一个最近的共同祖先，并且包含该祖先及其全部后裔的分类单元。比如，分类单元 A、B、C 来自一个最近的共同祖先 X，那么它们与 X 就一起构成一个单系群。

---

① Ereshefsky M. What's wrong with the new biological essentialism. Philosophy of Science, 2010, 77(5): 676.

② Ereshefsky M. What's wrong with the new biological essentialism. Philosophy of Science, 2010, 77(5): 676.

通常情况下，由于祖先早已不存在或者无法确定，单系群实际上就是包含一个由源自最近共同祖先的全部后裔所组成的分类单元，也即 A、B、C 合在一起就构成一个单系群。而并系群是源自一个最近的共同祖先，但只包括该祖先的一部分后裔的分类单元。作为分类单元的单系群和并系群都必须是“历史的或时空上连续的实体”。[①]而博伊德主张的 HPC 类理论则主张生物分类单元在时空上是不连续的。由于占主流地位的分类学派坚持以历史性作为生物分类标准，而 HPC 类理论则以相似性作为分类标准，后者不能与前者相融贯就对后者的科学性进行了质疑。

那么，艾瑞舍夫斯基以 HPC 类理论与主流的分类学理论不融贯而质疑它的科学性是否恰当呢？答案是否定的。在笔者看来，即使 HPC 类理论不与上述两种分类学理论的任一种相融贯，这也不会影响其科学性。因为，在生物分类学中除了进化分类学和支序分类学外，还存在着第三种分类学——数值分类学（numerical taxonomy）或表征分类学（phenetic taxonomy）。这个分类学就是以生物表型的属性相似性作为分类标准的。有学者就指出，HPC 类理论是对数值分类学的最新发展。[②]

在展开笔者的观点之前，需要对数值分类学的基本主张做一些说明。数值分类学可以被视为对支序分类学派和进化分类学派的反动。支序分类学主张用生物的亲缘关系来重建系统发育关系，并且在系统发育关系的基础上建立生物的分类系统。不过，人们在重建生物系统发育关系的过程中会面临一个非常大的难题——进化历史。生物的进化历史是一个不可逆的过程，一旦发生就不可能再重现。比如，对于已经灭绝的生物来说，我们不可能用传统的观察实验的方法对它们的进化过程和亲缘关系进行研究。

人们通常采取的方法是用生物的同源特征进行推理和重建。然而，不同的学者在如何判断同源特征的问题上有着很大的分歧，把什么特征当作同源特征在很大程度上依赖个人的主观判断，这就导致即使面对同样的生命现象，人们也可能会提出多个不同的分类系统。进化分类学派也存在着同样的问题，它试图在重建系统发育关系和建立分类系统的过程中尽可能地把进化因素作为分类的标准。这些进化因素主要包括进化级

① Ereshefsky M. What's wrong with the new biological essentialism. Philosophy of Science, 2010, 77(5): 676.

② Lewens T. Pheneticism reconsidered. Biology and Philosophy, 2012, 27(2): 161.

（evolutionary grade）和适应区[①]等。同样地，人们在如何判断进化级和适应区等指标时也有着很大的分歧，不同的人依赖不同的标准去判断进化级和适应区等指标就不可避免地会给实际的分类工作带来许多的混乱。对此，人们就提出了这样一个问题：我们能不能建立一种完全客观的分类系统呢？数值分类学派就是对这些问题的一种回答。

数值分类学派的真正目的是“希望建立客观的、不依赖人主观判断的、可重复的、好的分类系统”[②]。它认为，如果两个物种的亲缘关系越近，那么它们共有的性状及其相似性就越多。由此，我们就可以依据相似性的高低来判定不同物种之间亲缘关系的远近。因此，它们在建立分类系统时，把生物的总体相似性（overall similarity）[③]作为分类的依据。那么，数值分类学派是如何依据生物性状的“总体相似性”来建立客观的、不依赖人主观判断的、可重复的、好的分类系统的呢？这主要体现在以下四个方面：①用来分类的特征数量越多，包含的信息越大，那么依据其所做出的分类越好；②各性状之间是等权的，即性状特征之间没有区别，都平等对待；③任何两个实体或生物分类单元的全面相似性可按照统一的公式严格地分析计算后得出，它们之间的差别也可以依据公式进行计算；④分类系统可依据不同分类单元或实体间的相似性程度与差异程度建立。[④]

这些方法的使用的确使数值分类学一定程度上避免了分类过程中的人为影响，这一优势使其在很多学科中都得到广泛的应用。不过，不得不提的是它也存在着严重的问题。比如，它在“选取特征、分类操作单元、计算程序、特征权重等方面都不可避免地带有很多主观的成分”[⑤]。虽然它试图避免分类过程中的主观性和人为影响，但是最终也无法逃避同样的问题。

除了数值分类学派自身的问题外，在其他两个学派的冲击下，它逐渐失去曾经的影响力。然而，数值分类学派只是影响力减弱却并未走向消亡。当今，它在植物和低等生物的分类中还有着广泛的应用。这意味着，在当今的生物分类学中，并非所有的分类学体系都使用历史关系作为分类

① 进化级指的是一种新的生活环境，而适应区是指生物所适应的环境区域。比如，水生生物脱离水生环境进入陆地生活，就可以被认为是进入了新的进化级和适应区。

② 周长发. 生物进化与分类原理. 北京：科学出版社，2009：184.

③ Ereshefsky M. The Poverty of the Linnaean Hierarchy: A Philosophical Study of Biological Taxonomy. Cambridge: Cambridge University Press, 2001: 25.

④ 周长发. 生物进化与分类原理. 北京：科学出版社，2009：184.

⑤ 周长发. 生物进化与分类原理. 北京：科学出版社，2009：191.

标准，以特征相似性作为分类标准的分类方法仍有其市场。由此可见，虽然 HPC 类理论以特征相似性作为分类标准与进化分类学派和支序分类学派不融贯，但这并不表明 HPC 类理论是不科学的。

第三节 解释循环问题

现在，我们来看艾瑞舍夫斯基对 HPC 类理论的第二个批评。我们知道，HPC 类理论由两部分构成，稳态机制可以对一簇相似性特征做出解释，一个 HPC 类的所有成员共有一簇共同发生的相似性，这一簇相似性对于群成员来说并不是必要的，它们会随时间变化而变化。同时，HPC 类的稳态机制也是可以随时间变化而变化的。这样，稳态机制就可以对物种特征的相似性和变异性做出解释。由此，艾瑞舍夫斯基提出了一个问题："如果一个 HPC 类的'稳态机制'是随时间变化而变化的，那么我们如何确定哪一个机制才是某一特定 HPC 类的机制呢？"[①]

一个直接的回答是，从特征相似性中去总结和归纳。我们知道，一个 HPC 类的所有成员共有一簇共同发生的相似性是足够稳定的，以便我们可以对它们进行有效的归纳。由于稳态机制是造成这一簇共同发生的相似性的原因，因此我们可以从这一簇相似性中找到 HPC 类的稳态机制。在艾瑞舍夫斯基看来，如果情况真的是那样的话，那么 HPC 类理论就会陷入一个解释循环中：为了找到哪一个稳态机制是一个 HPC 类的本质，我们需要找到那些可以产生类的共变（covarying）相似性的机制，要做到这一点就需要确定哪些共变的相似性才是该类的相似性，确定这一点的唯一方式是找到哪些相似性是由该类的稳态机制产生的。[②]然而，这就回到了原先的问题：哪一个稳态机制是一个 HPC 类的本质呢？如果不打破这个循环，那么 HPC 类理论将不攻自破。

那么 HPC 类理论可以打破这个循环吗？艾瑞舍夫斯基认为有一种方式可以打破这个循环。如果要确定某一稳态机制是属于哪一个 HPC 类的，那么我们就需要确定哪一个稳态机制在历史上是与一个独一无二的祖先联系在一起的。他指出："世系（genealogy）是一种黏合剂，它把不

---

① Ereshefsky M. What's wrong with the new biological essentialism. Philosophy of Science, 2010, 77(5): 677.

② Ereshefsky M. What's wrong with the new biological essentialism. Philosophy of Science, 2010, 77(5): 677.

同的有机体和它们的机制黏合在一个独特的单元中。”[①]事实上，这是把HPC 类放入一个特定的生物世系中来确定稳态机制与特定 HPC 类的关系。在这种情况下，人们就必须把 HPC 类视为一个独一无二的世系。这意味着，在以特征相似性为分类标准的 HPC 类理论中引入了历史性的分类标准。然而，把两种互相对立的标准引入同一个理论中是否可能呢？

对于上述问题，艾瑞舍夫斯基的答案是否定的。在他看来，这可能会产生两个问题。第一，HPC 类理论的核心主张将会遭到破坏。HPC 类理论使用相似性作为分类标准，如果把历史性的分类标准引入 HPC 类理论当中，那么历史性分类标准就可能会与相似性分类标准相冲突，甚至取代相似性分类标准。相似性分类标准是 HPC 类理论的基础，它被取代就意味着 HPC 类理论不存在了。显然，这是 HPC 类理论的倡导者们无法接受的。第二，如果使用历史性标准来定义 HPC 类，那么 HPC 类就会被认为是历史类（historical kind）。然而，历史类概念的存在与生物分类学中关于类和个体的区分是相冲突的。艾瑞舍夫斯基指出，人们在生物分类学中通常把一个特定的历史实体称为个体，“说分类单元是历史类混淆了类/个体的区分，因为分类单元就既是类又是个体”。[②]传统上，在生物分类学中，人们常常在类与个体之间做出区分，并把它们视为两种不同的分类标准。如果 HPC 类理论被认为是历史类，那么这就会破坏传统上关于类与个体的区分，HPC 类理论的支持者就必须对此做出解释。

博伊德并不认同个体与类的区分。在他看来，个体和类之间并不存在真正的区分，人们对它们所做的区分在很大程度上源自实用的目的。对此，他说道：“我们可以看到为什么自然类与（自然）个体的区分，在一种重要的方面上仅仅是实用主义的。”[③]如果生物分类学中的自然类与个体之间不过是一种实用意义上的区分，那么历史类对这种区分的破坏也不会产生太大的影响。因此，自然类与个体的区分对历史类的观点并不构成实质性的威胁。

然而，艾瑞舍夫斯基却不这么看。在他看来，自然类和个体分别代表了两种不同的生物分类思想，即“类思想（kind thinking）和个体思想

① Ereshefsky M. What's wrong with the new biological essentialism. Philosophy of Science, 2010, 77(5): 677.

② Ereshefsky M. What's wrong with the new biological essentialism. Philosophy of Science, 2010, 77(5): 678.

③ Boyd R. Homeostasis, species, and higher taxa//Wilson R(ed.). Species: New Interdisciplinary Essays. Cambridge: MIT Press, 1999: 163.

（individual thinking）”。[①]历史类的观点会造成两种分类思想之间的冲突。他对这两类不同的分类思想做了如下区分：

> 类思想的目的是找到可以用于成功地进行归纳和解释的相似性簇。为了实现这个目的，一个类的成员必须拥有可以投射的（projectable）相似性。一个类的成员并不需要通过任何特定的方式进行因果互动，只需要它们拥有适当的相似性。相反，一个个体的部分不需要与那个个体的部分相似。甚至，一个个体的不同部分之间的关系也不必须是相似的。而是，一个个体的不同部分之间必须存在适当的因果联系。需要注意的是，我们这里做了两种不同形式的断言。一个个体的不同部分之间必须存在适当的因果联系。类的成员之间必须是相似的。[②]

依据艾瑞舍夫斯基的区分，类思想强调的是类成员之间的相似性，不同的个体之间由于存在着一簇相似性而被识别为同一个类。类思想要求这些相似性必须是可投射的，以便人们可以对这些相似性进行有效的归纳和解释。类思想只强调类内的成员之间具有适当的相似性，不要求类成员之间存在因果互动。类思想把相似性作为区分不同类别的标准，这种思维方式在很长一段历史时期中都产生了非常重要的影响。相反，个体思想是一种较为晚近的主张。它最早是由吉色林提出的。吉色林认为物种并不是由一些相似的成员所组成的类，而是由不同的部分所组成的一个有机整体，个体是由在“时空上受到限制的”（spatiotemporally restricted）[③]不同的部分组成的整体。物种就像一个生物个体一样由不同的器官所构成，这些器官在特定的时空条件下被因果地联系在一起以发挥某种功能或起到某种作用，它的不同部分在不同的时空条件下不能是相互分离的，否则将无法发挥整体的功能。总之，类思想强调物种是由彼此独立的相似的个体所组成的类，而个体思想强调物种是一个个体，它由因果地联系在一起的不同部分所组成，而且这些不同的部分是在时空上受到限制的。

---

① Ereshefsky M. What's wrong with the new biological essentialism. Philosophy of Science, 2010, 77(5): 678.

② Ereshefsky M. What's wrong with the new biological essentialism. Philosophy of Science, 2010, 77(5): 678.

③ Ereshefsky M. What's wrong with the new biological essentialism. Philosophy of Science, 2010, 77(5): 678.

当然，在某些情况下，一个个体的不同部分可能是相似的，而一个类的不同成员之间也可能存在因果上的联系，“但是，如果根据最好的科学理论，一个物种之中的生物体之间必须存在因果联系而且它们可以是不相似的，那么物种是个体而非自然类”。[①]由此，艾瑞舍夫斯基认为，类思想和个体思想有着非常大的差异，它们分别体现了两种非常不同的分类学诉求。

当然，有人可能会说，即使承认类思想和个体思想之间的区分，也不会影响我们把物种视为一个类或者把它视为一个个体。换言之，对物种来说，它既可以被视为类也可以被视为个体，两者并不矛盾。对此，艾瑞舍夫斯基并不赞同。在他看来，这不过是在玩弄语言游戏，把类和个体混淆在一起可能会使人们看不到它们之间的区分可能带来的重要意义，“类/个体的区分强调了世界不同的因果特征。一个个体的部分必须与其他部分存在一个因果关系。对于类的成员来说不需要存在这样的因果关系。如果说可以把一个实体群视为一个类或一个个体就忽略了这种区分”[②]。在这种理解中，类思想和个体思想体现的是人们看待世界的不同方式：前者把世界视为一个整体，这个整体是由彼此之间存在因果关系的不同部分所构成的；后者强调的是相似性，不同的成员之所以被归于一个群体是基于它们之间存在的相似性。显然，这是两类非常不同的思想方式，若把它们混淆在一起，人们就不能区分它们彼此的独特特征。因此，艾瑞舍夫斯基认为，类与个体之间的区分并不仅仅是实用主义的，这种区分有着非常重要的意义。

现在来对上述论证做一个总结。艾瑞舍夫斯基认为，HPC 类理论面临一种解释的循环，要打破这个循环，人们必须把 HPC 类视为历史类。然而，坚持 HPC 类是历史类就会打破传统上关于类/个体的区分。在 HPC 类理论的支持者看来，这种区分不存在，即使存在也是一种实用主义意义上的区分。艾瑞舍夫斯基则指出，这种区分不仅存在，而且有着非常重要的意义，这种区分不只代表了两种不同的分类学旨趣，更为重要的是它们代表了两种非常不同的世界观。如果抹杀这种区分，那么我们将无法看到这种区分带来的重要意义。因此，如果坚持类/个体的区分，那么 HPC 类理论就会遭遇解释循环的困境。

---

① Ereshefsky M. What's wrong with the new biological essentialism. Philosophy of Science, 2010, 77(5): 678.

② Ereshefsky M. What's wrong with the new biological essentialism. Philosophy of Science, 2010, 77(5): 678.

那么，何以 HPC 类理论会遭遇解释循环呢？对此，笔者想再做一点说明。HPC 类理论自诩的两个优势是自然的可塑性与解释的完整性。前者认为，HPC 类理论把握了自然类的内在的异质性；后者认为，它可以对这些多样性和异质性给予统一且完整的解释。依据它的支持者的观点，前者强调的是多元论，而后者强调的是实在论。看似 HPC 类理论提供了一种无懈可击的多元实在论（pluralist realism）的世界图景，然而，上述分析表明，它似乎只突出了前者而没有兼顾到后者，它的两个优势不仅没有达成微妙的平衡，反而使它们之间的冲突突显了出来。

当然，相比传统的生物学本质主义，HPC 类理论放松了对本质主义同一性条件的要求。它强调作为一个 HPC 类典型地（typically）具有某些属性，这些属性对该类的成员来说既不充分也不必要，不同的个体可能例示典型属性中的不同属性的子集而仍被视为同一个类的成员。这样的主张可以避开类似于胡尔的批评，它承认物种的同一性条件是模糊的，模糊性论证将会无的放矢。另外，HPC 类理论的这一主张似乎也符合生物类本身的特征，一个类的成员所例示的属性并非整齐划一的，它们可能呈现出不同的特征。在这一点上，HPC 类理论体现了自然类的内在的异质性。目前为止，笔者认为 HPC 类理论似乎表现出了独特的优势，并不存在什么问题。不过，当它试图对自然类的内在的异质性进行解释时问题就产生了。HPC 类理论主张生物内在的稳态机制是产生内在的异质性的原因，它试图诉诸内在稳态机制而提供一种统一性解释。然而，它的主张太弱了，这么弱的主张是否还能被视为一种本质主义是令人怀疑的。

HPC 类理论不仅主张同一个类中的不同成员所例示的属性是多样的，而且主张生物的内在稳态机制也是多样的。这就造成了两个严重的后果：其一，生物个体共同发生的属性簇与内在稳态机制之间的关系是多样的，如何确定例示了完全不同属性的两个个体是属于同一个类就会成为一个难题；其二，如果属性簇和内在稳态机制都是多样的，而且是会发生变化的，那么就存在如何对两者进行识别的难题。这即是前文所说的解释循环问题。前文的论证已经指出，HPC 类理论无法解决这个问题。

HPC 类理论为了提供一种新的生物学本质主义而放松了传统生物学本质主义的一些较强的主张。这种妥协似乎避免了传统生物学本质主义受到的一些批评，为生物学本质主义的复兴提供一线生机。然而，这种妥协并不是没有代价的，HPC 类理论所做出的妥协使其连一种生物学本质主义应具有的最低限度的要求都无法满足。因此，笔者认为 HPC 类理论的主张过于弱了，这种弱的观点根本不能算是一种真正的生物学本质主义。

第七章 INBE

在这一章中，我们讨论第三种类型的新生物学本质主义中的第二种版本。前两种类型的新生物学本质主义都被认为是不能成立的。人们可能会问：是否存在第三条道路呢？既然两种不同形式的本质都有着各自的优势，也有着各自的缺点，那么我们是否可以发展出一种观点，即它在吸收它们各自优势的同时可以扬弃它们自身的缺点呢？这第三条道路被称为“混合生物学本质主义”。上一章讨论的 HPC 类理论代表的就是其中的一种版本，我们在本章中将要讨论的戴维特的 INBE 则是另一种版本。戴维特认为物种的本质中既有内在属性也有关系属性。显然，他尝试把两种不同类型的本质主义结合在一起从而提供一种新的生物学本质主义。那么，这种结合是否能为生物学本质主义提供新的辩护呢？在本章中，笔者将指出，戴维森的 INBE 是不成功的。

第一节 戴维特的 INBE 论证

戴维特先对“本质”做出了明确的定义。他指出：

> 一种属性 P 是 F 的本质属性当且仅当任一事物是 F 部分地（partly）因为它拥有 P。一种属性 P 是 F 的本质当且仅当任一事物是 F 因为它拥有 P。F 的本质属性的总体就是它的本质。[①]

在他看来，依据上述定义，可以区分出三种不同形式的本质。一种是完全内在的本质，比如，金元素的本质是它拥有原子序数 79；一种是部分内在的、部分外在的本质，比如，铅笔的本质属性就是部分内在、部分外在的，在它的本质属性中，除了它“可以被人类用于书写”这个关系属性外，它还具有“是物理构成”这个内在属性；一种是完全外在的或关系的本质，比如，澳大利亚由许多个不同的部分构成，它只有在这些不同构成部分之间的关系中才能体现出来。基于上述说明，戴维特

① Devitt M. Resurrecting biological essentialism. Philosophy of Science, 2008, 75(3): 345.

开始展开其论证。

他把自己的主张称为 INBE。既不同于传统的内在属性的生物学本质主义，INBE 认为物种的本质中可以有外在或关系的属性；也不同于关系本质主义，INBE 认为物种的本质中至少可以有部分的内在属性。INBE 的核心观点是：物种具有的本质中“至少部分地是内在的潜在（underlying）属性”。[①]他给出了两个理由来支持 INBE。

先看第一个理由。他的第一个理由来自现代分子生物学的前沿成果。戴维特认为基因组计划的进展可以被视为发现了生物的部分的内在本质属性，其中 DNA 条形码技术的发展则为人们确定物种的本质提供了科学的依据，“DNA 条形码给我们指出了一个物种的界限在哪里的直接信号”。[②]在他看来，DNA 条形码技术说明了物种至少具有部分的内在本质。不过，他并没有对该观点展开进一步的论证。至于 DNA 条形码技术是否可以如戴维特认为的那样成为支持 INBE 的理由，第二章已经指出 DNA 条形码理论并未为新生物学本质主义提供成功的辩护。因此，笔者认为戴维特给出的第一个理由并不能真正地支持 INBE。

戴维特论证 INBE 的关键是其第二个理由。他指出，在生物学中，生物学家们对生物进行归类，对物种和其他的分类单元进行命名，并且对这些生物类群中的成员进行形态学、生理学和行为方面的概括（generalization）。这些概括主要是关于它们像什么、它们吃什么、它们生活在哪里、它们怎么捕食和怎么被捕食等这些形态、生活习性和交配繁殖方面的特征。在他看来，做出这些概括是生物学家们所从事工作的一个重要方面，在生物学和生物学哲学的著作或教科书中随处可以看到这样的概括，比如，“我们被告知常春藤植物会朝向有阳光的方向生长；北极熊具有白色的皮毛；印度犀牛有一只角而非洲犀牛有两只角……”[③]对于这些概括，人们可能会自然而然地产生相应的问题：为什么常春藤总是朝向有阳光的方向生长？为什么北极熊有白色的皮毛？为什么印度犀牛会比非洲犀牛少一只角？等等。人们可能会不断地追问：导致这些现象的原因或机制是什么呢？

不断产生的疑问促使人们对那些概括进行解释。戴维特指出，要对

---

① 戴维特强调林奈分类系统中的所有分类单元都具有部分的内在本质，只不过在他的论述中他主要关注物种这个分类单元。参见 Devitt M. Resurrecting biological essentialism. Philosophy of Science, 2008, 75(3): 346.

② Devitt M. Resurrecting biological essentialism. Philosophy of Science, 2008, 75(3): 351.

③ Devitt M. Resurrecting biological essentialism. Philosophy of Science, 2008, 75(3): 351-352.

这些现象做出解释，肯定会诉诸外在环境，但并不会仅仅诉诸外在环境，必定存在一些内在的本质属性使这些概括成为真的。比如，在印度犀牛和非洲犀牛的例子中，

> 每一只印度犀牛的内部的潜在属性导致它在其环境中只生长一只角。每一只非洲犀牛的那些不同的（内部的潜在）属性导致它在其环境中生长出两只角。内部的不同解释了物理的不同。如果我们把同样地解释了关于物种的同一个概括的每一个内部的潜在属性都收集起来，那么我们就获得了它的本质的内在部分。①

生物学家们要想解释他们关于某个物种的特征做出的概括时，可能会诉诸某些外在属性，除此之外，他们还必须部分地诉诸该物种的某些内在属性，而这些内在属性就是该物种部分的内在本质。如果把一个物种的所有内在本质的部分整合在一起，那么这就可以得到该物种的本质的内在部分。在每个物种各自所处的环境中，每一物种内在本质上的差异就可以解释它们在外在特征上的差异。由此，物种的内在本质部分就可以对人们关于物种的概括做出解释。

那么，为什么那些可以对概括做出解释的内在属性会被视为物种的本质呢？生物学家们所做的那些概括可以为我们提供一些信息，这些信息会告诉我们某个生物个体是属于某个物种的，而某个个体属于某个分类单元也就可以为我们提供一种解释。比如，当我们问某个动物为什么有着长长的脖子时，人们会回答说：因为它是一只长颈鹿。说一个动物是长颈鹿，这似乎就可以对为什么它身上具有独特的花纹和长长的脖子等特征做出解释。真的是这样吗？这里好像有一个问题。当面对一个我们从未见过的身体高大的、有着长长的腿和脖子以及独特的花纹的动物时，我们会问为什么它会具有这些特征。人们回答说，因为它是一只长颈鹿。

上述回答看似空洞，实际上却并非如此。戴维特指出，当生物学家们以某些可被观察到的相似性作为依据从而对生物进行归类时，他们部分地依赖这样的假定："那些相似性可以被那个类群的某些内部的潜在本性所解释。"②实际上，生物学家们在分类实践中依赖的就是一个本质主义

① Devitt M. Resurrecting biological essentialism. Philosophy of Science, 2008, 75(3): 352.

② Devitt M. Resurrecting biological essentialism. Philosophy of Science, 2008, 75(3): 352-353.

假定。再来看前面看似空洞的回答，这时就不再空洞了。生物学家们依据某些相似性把不同的生物个体归为一类，并为它们命名。当我们说因为某个动物是长颈鹿，这就可以对长颈鹿的长脖子和花纹做出解释时，我们实际上想说的是在长颈鹿这个种名之下有一些属性可以对长脖子和花纹做出解释。这些属性中必定有一些是内在的，它们和外在属性一起共同构成了长颈鹿的本质，物种的本质可以对一个物种的成员何以是其所是做出解释。在这一点上，戴维特赞同索伯的观点："一个物种的本质必须是一种因果机制，它作用于一个物种的每一个成员，使事物的类是其所是。"①

戴维特的论证到这里还未完成。他指出其论证中仍然有两个问题。它们分别是：

> · 无疑，我们所讨论的任何概括都有例外（exceptions）：一个小小的突变都有可能导致一个有机体看起来像是一个物种的其中一员，但缺乏通过一个概括而被归于该物种的那些属性。所以，那些概括看起来并非类律（lawlike）。INBE 该如何对待这个问题呢？
>
> · 当然，任何这样的概括的真实性都必须通过一个内在的，或许在很大程度上是基因的属性而获得解释。但是，为什么那种属性就是那个类的一个本质属性呢？②

第一个问题是想表明，在人们通常的理解上，只有概括是类律的才可以使 INBE 成立。因为，类律的概括不存在例外，内在本质可以对概括中的所有情况做出解释。③然而，生物学中的概括往往都存在例外。比如，虽然在通常情况下柠檬都是黄色的，但是可能有些柠檬发生了基因突变而变成绿色的，绿色的柠檬仍然是柠檬，只是它不再适用于"柠檬都是黄色的"这一概括。如此一来，绿色的柠檬和黄色的柠檬可能具有同样的本质却不适用于同一个概括。问题随之而来，如果生物学概括因存在例外而不能被视为类律的，那么内在本质属性就可能无法对所有的情况做出解释；如果它不能覆盖所有的情况，那么这种内在属性可能就并非本质。第

① Sober E. Evolution, population thinking, and essentialism. Philosophy of Science, 1980, 47(3): 354.

② Devitt M. Resurrecting biological essentialism. Philosophy of Science, 2008, 75(3): 354.

③ 比如，米切尔（S. Mitchell）就指出，传统上人们认为一个概括有资格被称为定律的重要标准之一就是它必须是"没有例外的"。参见 Mitchell S. Dimensions of scientific law. Philosophy of Science, 2000, 67(2): 254.

二个问题是想追问为什么一些内在属性可以对生物概括做出解释就被视为本质属性。

戴维特分别对这两个问题进行了解答。对于第一个问题，他认为它对 INBE 并不构成真正的威胁。理由主要有三点：第一，生物学像其他很多的特殊科学（special science）[①]一样，都不存在无例外的概括。这些学科中的概括往往被称为“其他情况均同律”（ceteris paribus law）。与这些学科一样，生物学中的概括也是如此。他进一步指出，甚至物理学中的定律也可能只是其他情况均同律，生物学中的概括存在例外也没有什么大不了的。第二，统计概括也可以被称为类律的。生物学中的概括可以被视为统计概括，因而它们也可以被视为类律的。第三，“我们可以说通常的生物学概括确实是类律的，但是对于它们究竟准确地覆盖到了哪一个个体上是存在一些不确定性的”。[②]比如，“所有的 F 都是 P”就是一个定律，如果用“柠檬”和“黄色的”来分别代替其中的 F 和 P，那么就可以得到“所有的柠檬都是黄色的”这样一个类律的概括。

不过，我们不能确定是否所有的柠檬都毫无例外地是黄色的，也即我们并没有确定的知识去判断“所有的柠檬都是黄色的”这个概括是否覆盖了所有的柠檬。戴维特指出：“这在根本上不是一个关于说明什么样的有机体被概括覆盖的认识论问题，它在根本上是一个形而上学问题。”[③]他想要表明的是，依据“所有的 F 都是 P”这个形而上学判断，而去确定它是否覆盖了所有的 P 是一个认识论问题，这两个问题是不相关的。因而，在他看来，即使发现了“所有的 F 都是 P”并未覆盖所有的 F，对该定律本身也没有什么影响。

现在来看有关本质主义的问题。依据戴维特的观点，假设存在一个内在属性 G，它可以对“所有的 F 都是 P”这个概括做出解释，所有的 F 因拥有 G 而被视为 P。本质主义问题是要追问：为什么 G 会被视为所有 F 的本质属性呢？戴维特的大致回答是，因为“所有的 F 都是 P”是一个定律，所以每一个 F 都是 P。那么，为什么每一个 F 都是 P 呢？因为，只有每一个 F 拥有 G，它才是 P。由此，戴维特对本质主义问题的回答是：“对于是一个 F 的任何事物都会拥有 G，那么

① 按照“理论还原论”的观点，物理学是基础科学而其他学科是特殊科学，特殊科学的理论都可以还原为基础科学的理论。参见 Fodor J. Special sciences (or: The disunity of science as a working hypothesis). Synthese, 1974, 28(2): 97-115.

② Devitt M. Resurrecting biological essentialism. Philosophy of Science, 2008, 75(3): 377.

③ Devitt M. Resurrecting biological essentialism. Philosophy of Science, 2008, 75(3): 377.

拥有 G 对于成为一个 F 来说就是本质的：这就是它是一个本质属性的原因。”①

还有一个问题需要说明，即是否生物学中的所有解释都需要依赖部分的内在属性。迈尔把生物学解释诉诸的原因区分为两种，即近因（proximate causes）和远因（ultimate causes）。②近因解释是诉诸基因或发育机制等对某一物种的成员何以具有某种性状做出解释；远因解释则主要诉诸进化方面的原因。在生物学中，功能生物学（founctional biology）（比如生理学、遗传学和发育生物学等）主要采取的是前一种解释模式；而进化生物学则主要采取后一种解释模式。在这两种解释中，哪一种更为基本呢？是远因解释吗？对此，基切尔（P. Kitcher）给出的回答是："确实存在着两种类型的生物学研究，在执行中一个可以相对独立于另一个，没有一个是优先于另一个的。”③基切尔把这两种类型的解释分别称为“结构解释”和“历史解释”，并认为结构解释需要诉诸内在的结构和机制。戴维特赞同基切尔的这一主张。不过，对于历史解释是否也必须诉诸内在的结构和机制，戴维特只是认为在历史解释中或许也是这样。对他来说，这至少说明了：“生物学中的结构解释要求类（kinds）具有本质的内在属性。”④

至此，我们基本交代了戴维特 INBE 论证的基本思路。在下一节中，我们将对他的论证做出分析和评价。

第二节　自然律与内在本质

在批评戴维特的论证之前，有必要再深入分析一下其论证。实质上，戴维特的论证是分两步展开的，他的每一步论证都是一个最佳解释推理（inference of the best explanation）。先看他的第一个最佳解释推理。他的第一步推理始于这一宣称：生物学中有着许多概括（仅指结构概括），每一个概括都需要一个解释，这个解释可以告诉这些概括为什么是真的。这即是说，如果那些概括都是真的，那么必定有某些东西使它们为真。要对这些概括做出解释，人们肯定会诉诸外在环境。

---

① Devitt M. Resurrecting biological essentialism. Philosophy of Science, 2008, 75(3): 377.

② Mayr E. What Makes Biology Unique?—Considerations on the Autonomy of a Scientific Discipline. Cambridge: Cambridge University Press, 2004: 58.

③ Kitcher P. Species. Philosophy of Science, 1984, 51(2): 320.

④ Devitt M. Resurrecting biological essentialism. Philosophy of Science, 2008, 75(3): 355.

不过，这种解释并不会仅仅诉诸外在环境，必定存在一些内在的本质属性使这些概括为真。假设我们要对“所有的柠檬都是黄色的”这个概括做出解释，除了要诉诸柠檬生长的环境之外，我们必定会援引一些柠檬的内在属性，比如染色体结构或 DNA 分子构成等。只有借助这些内在属性，人们才能充分地说明这些概括何以是真的。这样，存在一些内在属性就是生物学概括何以为真的最佳解释。戴维特通过“最佳解释论证”就完成了他的第一步推理：生物学概括的存在蕴涵（imply）了一些内在属性的存在。贝克把戴维特的第一步论证概括如下：

> 对于任何物种 F 及其属性 P，在所有 F 都是 P 的地方，我们需要对所有 F 都是 P 提供一个充分的解释。一些或所有的（戴维特在这一点上模棱两可）充分解释之所以是充分的，部分原因在于强调 F 的内在属性，这些属性是它们成为 P 的原因。[①]

现在来看戴维特的第二个最佳解释推理。第二个推理要解决的问题是：为什么那些可以解释概括的内在属性就是本质属性？他首先宣称，生物学中的结构概括都是类律的。那么，何以生物学中的概括都是类律的呢？戴维特给出的回答是，假定在 F 中存在一个内在属性 G 可以对“所有 F 都是 P”这个概括做出解释，这意味着，如果“所有 F 都是 P”是一个类律，那么每一个 F 都是拥有 G 的，否则它就不是 P，F 之所以是 F 部分地因为它拥有 G。因此，G 就是 F 的本质属性。只有借助于内在本质属性 G，才能充分地说明“所有 F 都是 P”这个概括何以是类律的。存在一些内在本质属性就是生物学概括何以是类律的最佳解释。由此，戴维特通过最佳解释论证就完成了他的第一步推理：生物学概括是类律的蕴涵了一些内在本质属性的存在。贝克把戴维特的第二步论证概括如下：

> 在那些可以在 F 中导致 P 的内在属性集合 S 中，必定至少存在一种属性 G，它为同种的所有个体所共享，它是所有个体拥有 P 的原因，并且任何有机体只有拥有它才是一个 F。按照戴维特对“本质属性”的定义，这个论题蕴涵了 G 的本质性：对于

---

① Barker M. Specious intrinsicalism. Philosophy of Science, 2010, 77(1): 82.

任何属性来说，一个事物因为拥有它而是 F，那么它就是 F 的一个本质属性。[①]

戴维特在两步最佳解释推理中完成了自己的论证。第一，他由生物学概括的存在推论出内在属性的存在；第二，由生物学定律的存在推论出内在本质属性的存在。我们把他的两步论证的结构总结如下：

（1）生物学中存在很多形式如“所有的 F's 都是 P”这样的概括（F 是物种，F's 是物种的成员，P 是生物个体的某种结构属性）。

（2）形式如“所有的 F's 都是 P”这样的概括都需要获得解释。只有存在着一些内在属性 G 才可以对其做出解释。

（3）形式如“所有的 F's 都是 P”这样的概括都是“类律”的。

（4）如果形式如“所有的 F's 都是 P”这样的概括是“类律”的，那么必定存在一些内在属性 G 作为 F 的本质属性可以对其做出解释。

（5）所以，必定存在一些内在属性 G 是 F 的本质属性，INBE 才成立。[②]

针对戴维特的论证，有人提出了批评。批评者的矛头主要指向（2）和（3）。我们先看一下人们对（2）的批评。在（2）中，戴维特的核心观点是，如果存在着像“所有的 F's 都是 P”这样的概括，那么必定存在着一些内在属性 G 可以对该概括做出解释。值得注意的是，戴维特在这里的观点并不是说对生物学概括的解释只能诉诸内在属性，而是说仅仅诉诸外在属性是不充分的，必须有内在属性的参与才能对“所有的 F's 都是 P”提供充分的解释。

然而，为什么必须要有内在属性 G 才可以对“所有 F's 都是 P”做出解释，难道就不存在没有 G 参与的充分解释吗？戴维特的这个论证有窃取论题（beg the question）之嫌。我们完全可以设想，可能存在着关系属性可以对“所有的 F's 都是 P”做出充分的解释而不必诉诸内在属性，

① Barker M. Specious intrinsicalism. Philosophy of Science, 2010, 77(1): 83.

② Barker M. Specious intrinsicalism. Philosophy of Science, 2010, 77(1): 84.

诉诸内在属性似乎并不是唯一的选择。有什么理由认为诉诸内在属性是对概括做出充分解释的唯一选择呢？如果要做出如此之强的主张，那么就必须给出理由告诉人们何以诉诸内在属性是必要的选择。相反，在没有给出理由的情况下宣称一个需要证明的断言，就存在“窃取论题”的问题。

贝克认为诉诸内在属性并非唯一的选择。在他看来，生物学中的解释是多样的，不同的学科可能诉诸不同的属性对概括做出解释：

> 在发育生物学背景中，诉诸G可能是为什么所有的F's都是P的充分因果解释，但在进化生物学背景中，诉诸一些关系属性R典型地被视作为什么所有的F's都是P的充分因果解释。……或许，确实存在着诉诸R再加上内在关系解释和诉诸G再加上关系解释这些混合解释。即使如此，不用附加其他的条件，内在解释和关系解释在它们各自的背景中都广泛地认为是充分的。①

贝克是想表明，生物学中既存在诉诸G的内在属性解释，也有诉诸R的关系属性解释，还存在着G和R相结合的混合解释。不过，他更想强调的是，诉诸G和诉诸R的解释在它们各自所适用的领域中都被认为是可以提供充分的解释的。后一点是他与戴维特观点的重要区别所在。对此，他指出，生物学中关于结构概括的关系解释主要来自那些解释生物类群之间为什么会产生相似的表型特征或结构特征的进化理论，这些进化理论往往引用某些生物进化的过程对类群之间的特征同化现象做出解释。这些过程可能包括不同生物种群之间和同一个种群之内的基因传递（genetic transmission）、某些形式的自然选择、后代的进化轨迹为祖先过去的进化历程所约束，以及其他像克隆和遗传漂变这样的历史事件和过程等。②在他看来，这些过程都是关系的或历史的，诉诸它们而非内在属性完全可以对生物类群在结构上的同化现象做出解释，因而戴维特主张必须诉诸内在属性才能提供充分解释的观点是错误的，（2）不成立。

那么，贝克对戴维特的反驳是否成立呢？笔者持否定意见并进行质疑：贝克反驳戴维特而列举的例子，比如基因传递、遗传漂变等过程是否

---

① Barker M. Specious intrinsicalism. Philosophy of Science, 2010, 77(1): 86.

② Barker M. Specious intrinsicalism. Philosophy of Science, 2010, 77(1): 86-87.

都是关系属性？它们在解释物种结构特征的同化现象时是否只诉诸了这些关系属性呢？在笔者看来，虽然他列举的这些过程或许都是关系属性，但是他在解释中除了引用这些关系属性外还诉诸了内在属性。我们可以他提到的“基因传递”过程为例来说明这一点。简单来说，“基因传递”就是上一代通过生殖过程把基因传递给下一代。现在假设有一个父一代种群 A 和一个子一代种群 B，其共有一个表型特征 C。当人们问为什么 B 有 C 呢？直接的回答是，A 中有某个基因型 M 可以表达表型特征 C，M 在基因传递过程中传递给了 B，从而使其表达出 C，这个过程是一个发生在 A 与 B 之间的关系性过程。到目前为止，这个解释看似诉诸的都是关系属性。

然而，人们可能会继续追问：为什么 M 可以表达出 C 呢？如果仍旧引用基因传递，那么就无法对这个问题进行回答。只有诉诸 M 本身的特征才能回答它，因为 M 本身的某些特征可以使其表达出 C，M 通过基因传递传递到 B 从而使其也表达出 C。由此可见，仅仅诉诸关系属性不可能获得充分的解释，如果那些过程为种群特征的同化现象提供了解释，那么它们必定同时包含了关系属性和内在属性。显然，贝克只看到关系属性而忽视了内在属性在解释中的作用，这是失之偏颇的，因而仅诉诸关系属性并不能提供充分的解释，贝克并未真正驳倒戴维特。

在解释应该诉诸何种属性的问题上，笔者较为赞同艾瑞舍夫斯基的观点。在这个问题上，他是戴维特的支持者。在他看来，在解释中仅仅引用关系属性是不够的，必须要诉诸内在属性。举例来说，如果要解释为什么长颈鹿会有长脖子，那么这就要诉诸长颈鹿群体中不同个体之间的关系和长颈鹿自身的内在属性。具体来说，长颈鹿之所以有长脖子是因为长颈鹿的胚胎有某种发育机制，它导致成年的长颈鹿发育出长脖子，其中的发育机制就是长颈鹿的内在属性。然而，为什么长颈鹿会有这样的发育机制呢？这个问题的答案会涉及关系属性，即它是从与它具有亲缘关系的祖先那里遗传而来的。由此可见，完整的解释必须要同时诉诸内在属性和关系属性，“仅仅引用关系属性只能对有机体的性状提供一种相对较弱的解释”。[①]换言之，只有同时诉诸内在属性和关系属性的解释才是充分的，而仅诉诸关系属性的解释是不充分的。

然而，接受戴维特的部分观点并不能与接受他的整个本质主义观点画等号。需要指出的是，戴维特的部分观点是正确的，即充分的解释至少

---

① Ereshefsky M. What's wrong with the new biological essentialism. Philosophy of Science, 2010, 77(5): 679.

部分地诉诸内在属性，这并不代表笔者就支持他以该观点为基础所做的进一步推论。充分的解释要诉诸内在属性，却并不必然意味着这些内在属性就是本质属性，在推导中还有着许多逻辑障碍。

这些障碍主要来自人们对他的 INBE 的批评和质疑。其中的一种批评来自艾瑞舍夫斯基，主要的观点我们在第二章第四节中已经提到过。其意大致是，可以承认内在属性的解释作用，但没有必要再进一步对其做出形而上学的宣称，即认为它们是物种的本质属性。另一种批评来自路文思，他指出同一物种的不同个体之间在某一基因型上可能都有差异，那么一个关于某种基因型的抽象概括如何覆盖不同个体在同一基因型上存在的差异呢？如果使用枚举的方法把每一个可以起到解释作用的基因型都收集起来，那么我们会发现由它们所组成的内在本质将是琐细的。[①]这种批评暴露了戴维特观点的一些非融贯性，它的本质属性并不要求是“整齐划一”的。

然而，他在论证内在属性 G 是 F 的本质属性时指出，如果“所有 F 都是 P”是一个“类律”的概括，那么每一个 F 都是拥有 G 的，否则它就不是 P，F 之所以是 F 部分地因为它拥有 G，因而 G 就是 F 的本质属性。这个论证指出，每一个 F 都拥有 G，并且每一个 F 都因为拥有 G 而成为 F，这就表明所有 F 都“整齐划一”地拥有 G 吗？这就和他前面的观点冲突了。路文思想要批评的是，戴维特认为每一个 F 中的 G 都可以解释 F 何以是 P，所有 F 中的 G 作为本质属性构成一个“整齐划一”的自然类，生物学中由被视为本质属性的基因所组成的集合并不是一个“整齐划一”的自然类，而是不同基因型个例之间的简单加和，因而生物学中那些可以起到解释作用的内在属性并非本质属性。

人们对（3）的质疑主要集中在生物学概括是不是类律的这个问题上。人们通常认为定律是普遍且没有例外的，而生物学概括往往存在例外，因而人们在生物学概括是不是定律或类律的问题上有着很多的争论。在戴维特看来，即使存在例外，生物学概括也可以被视为类律。他给出的正面论证是，能够支持反事实条件句被视为科学定律的重要特征之一，生物学概括具有反事实力（counterfactual force）[②]，即它可以支持反事实条件句。他给出的反面论证是，其他学科中的概括像生物学中一样

① Lewens T. Species, essence and explanation. Studies in History and Philosophy of Science Part C: Studies in History and Philosophy of Biological and Biomedical Sciences, 2012, 43(4): 753.

② Devitt M. Resurrecting biological essentialism. Philosophy of Science, 2008, 75(3): 377.

都是存在着例外的，甚至物理学中的定律亦是如此。因而，生物学概括存在例外并不表明它们不是类律的。对此，贝克则认为，生物学概括具有反事实力并非它们被视为类律的充分理由。对此，他指出：

> 即使他可以为一个概括成为类律的条件提供一个充分的讨论，并且表明那些结构概括可以满足那些条件，人们可能仍对那些概括就是定律的观点存在广泛的怀疑，这些怀疑促使他必须对概括确实是类律的思想提供理由。[①]

贝克想要指出的是，戴维特并未去讨论生物学概括被视为定律应该符合什么样的条件，即使他讨论了这些条件并且认为生物学概括符合这些条件，人们仍旧会对他的观点进行质疑。换言之，在贝克看来，戴维特并未为自己的观点提供充分的论证。

我们知道，“生物学概括能否被视为定律”是一个在当下的生物学哲学中被人们激烈讨论的问题。此问题自提出之日起就引起了人们的热烈争论，至今依然热度不减。在对这个问题的争论中，人们大致采取了三种不同的研究进路：规范进路（normative approach）、范例进路（paradigmatic approach）和实效进路（pragmatic approach）。[②]规范进路是先给出定律的定义或条件，然后比对生物学概括是否满足这些定义或条件，进而判断它们是否享有被称为定律的资格。它列出的条件一般包括：“逻辑上偶然（拥有经验内容）、普遍性（涵盖所有空间和时间）、真理（没有例外）和自然的必然性（非偶然的）等。”[③]范例进路是先找到一些定律的例子，尤其是物理学定律，然后用生物学概括与它们相比照。实效进路是看生物学概括是否能够起到定律的作用，就像物理学定律在物理学中起到的那些作用。

人们采取不同的进路自然会得出不同的结论。人们在上述问题上大致产生了三种不同的观点：①生物学中没有定律；②生物学中存在定律，前提是改变定律的传统定义；③生物学中存在其他情况均同律或者先验定律（a priori law）。三种观点的支持者们各持己见，互相攻讦，哪一派也没有提供压倒性的论证，激烈的争论仍在持续。戴维特所持的观点

① Barker M. Specious intrinsicalism. Philosophy of Science, 2010, 77(1): 85.

② Mitchell S. Pragmatic laws. Philosophy of Science, 1997, 64: S469.

③ Mitchell S. Dimensions of scientific law. Philosophy of Science, 2000, 67(2): 246.

更为接近第三种观点。

在贝克的观点中，不管戴维特是否为自己的观点提供了充分的论证，他都有可能会受到其他两种观点的攻击。在这场争论中，他们之间不仅在具体的观点之间存在争论，而且在研究进路上也有着根本的分歧，我们似乎看不出谁会是最后的赢家。由此可见，虽然我们不能说戴维特的观点一定是错误的，但是至少可以认为他在关键论证中持有的观点并非完全可靠。

至此，我们基本可以得出结论：戴维特的 INBE 是不成立的。在下一节中笔者将介绍一种新版的 INBE，它试图为戴维特的观点提供一种新的辩护。那么，它有什么样的独特之处呢？它能否避开戴维特的 INBE 受到的攻击呢？下一节将对这些问题做出解答。

第三节 新版 INBE

新版的 INBE 的基本主张是："从最低限度来说，分类单元的'同一性条件'是不变的（fixed），而且同一性条件至少由部分的内在属性构成。"[①]该主张的基本含义是，生物分类单元（界、门……属、种）都具有不变的同一性条件，这些同一性条件就是它们的本质，一个分类单元凭借它而与其他分类单元相区分。分类单元的同一性条件可能由不同的部分构成，这些构成部分中至少有一部分是内在属性。换言之，分类单元的本质中至少有一部分是内在属性。在这一点上，新版的 INBE 与戴维特的 INBE 是一脉相承的。下面，我们来看新版的 INBE 是如何展开论证的。

新版 INBE 的主要支持者是达姆斯代，其观点由一个辅助性的论证开始。他把这个辅助性的论证称为"最小 INBE"。这个论证的大致结构如下：

（1）"有机体"是一个真正的（尽管是非常一般的）自然类。

（2）任何一个类的成员仅凭内在属性而成为该类的成员。

① Dumsday T. A new argument for intrinsic biological essentialism. The Philosophical Quarterly, 2012, 62(248): 486.

（3）当一个一般的（generic）自然类的同一性条件完全由内在属性组成时，那个一般类更为具体的子类的同一性条件必须部分地由内在属性所构成。

（4）因此，如果一般类“有机体”存在子类，那么那些子类必定具有由部分的内在属性所构成的同一性条件。

（5）一般类“有机体”存在子类。

（6）因此，那些子类必定具有由部分的内在属性所构成的同一性条件。[①]

这个论证中提到了两个关键的概念，我们对它们做一些说明。其中的有机体指的是有生命的个体，它与无生命的事物相对；“一般的自然类”，除了自身是自然类，还包含一些同样是自然类的子类。可以说，在生物世界中，如果有机体被视为一个自然类的话，那么它就是最为一般也最为基础的自然类，其他的自然类都可以被视为它的子类。

有了关键概念的交代，现在可以来看他是如何展开自己的论证的。在他看来，上述论证的（1）和（2）是没有什么争议的。一般来说，人们都认为有生命的事物与无生命的事物之间有真正的区分，因而把有机体视为一个自然类也是理所应当的。另外，人们总是用内在属性来对有生命的事物和无生命的事物做出区分，很多当代的生物学家都坚持这样的观点。他举了一个例子进行说明：

不存在一个单一的、简单的方式可以在有生命的（living）和无生命的之间划出一条明确的界线。但是，存在一些属性，把它们结合起来就可以在有生命的事物和无生命的事物之间做出区分。（a）有生命的事物是高度有组织的（organised）……比如，形式的复杂性，它们从没有在自然起源的非生物事物中找到，它使一个有机体的不同部分专门化从而执行不同的功能成为可能。（b）有生命的事物都是自我平衡的（homeostatic）……虽然它们经常与外部世界交换物质，但是它

① Dumsday T. A new argument for intrinsic biological essentialism. The Philosophical Quarterly, 2012, 62(248): 487-488.

们仍维持了一个相对稳定的内部组织。……（g）有生命的事物是可以适应（环境）的。①

这个例子中所列举的生命属性还包括以下内容：可以进行生殖，可以进行生长和发育，还可从外在环境中获取能量以及可以对刺激做出反应，等等。这些属性都是内在属性，人们正是使用它们来区分有生命的事物和无生命的事物的。换言之，一个事物被视为有机体在根本上是因为它具有其他事物所不具有的某些内在属性。

再来看他对（3）的说明。为什么一个一般的自然类的“同一性条件”完全由内在属性组成时，其子类的同一性条件必定至少部分地由内在属性构成呢？他给出的回答如下：

如果它们不是这样，那么它们实际上就不是一般类的成员，因为它们没有与它共同的起决定性作用的属性，这些子类的同一性条件可能完全与这个一般类的同一性条件不同，结果就是它将完全不再是一个子类。②

这个表述的大致含义是，一个个体之所以是一个一般类有机体的成员，凭借的仅仅是内在属性，或者说，确定一个个体是否属于有机体的同一性条件完全由其内在属性构成。如果这一点被接受的话，那么这个一般类的子类的同一性条件必定部分地由内在属性所构成。原因在于，如果一般类完全是以内在属性作为同一性条件的话，那么它的成员必定以与它共享的某些内在属性作为同一性条件，否则它们就不可能被视为一般类的成员。因此，如果一个子类完全不与一般类共享某些同一性条件，那么它根本不可能是这个一般类的成员。比如，“哺乳动物”这个一般类，这个类中的动物因具有乳腺可以哺乳这一特征而被归为一类，这个类中的所有成员必定共享这一特征，否则就不可能被归为哺乳动物。在这个类中，不同的类群可能因为其他特征（内在的或外在的）上的区别而被划分为不同的子类，它们可能具有的一个共同特征就是具有乳腺，可以进行哺乳，而这个特征就成为哺乳动物的子类的同一性条件的一个内在属性的构成部分。

---

① Dumsday T. A new argument for intrinsic biological essentialism. The Philosophical Quarterly, 2012, 62(248): 488.

② Dumsday T. A new argument for intrinsic biological essentialism. The Philosophical Quarterly, 2012, 62(248): 491.

子类的同一性条件部分地源自一般类的同一性条件。

达姆斯代指出，由上述论证的（1）（2）（3）成立就可以自然得出（6），这就是一个完整的“最小 INBE”论证。不过，他也指出，即使可以论证“最小 INBE”是成立的，这个观点也并没有断言太多东西，它只是谈及一些内在属性作为同一性条件和解释项的作用。除此之外，“最小 INBE”并没有做出其他的论断，它

> （1）不认为可以提供给我们这样一种思想，即认为一个分类单元的同一性条件中全部都是内在属性（或许一些是内在的，其他是关系的/历史的）；（2）不认为最重要的同一性条件都是内在属性；（3）不认为这些内在属性可以在分类实践中扮演一个角色；（4）不认为它们应该在分类实践中扮演一个角色。[①]

“最小 INBE”中的“最小”所蕴涵的含义在这里就比较明显了。“最小 INBE”除了做出论证中的断言外，并不主张分类单元的“同一性条件”都由内在属性所构成，也不认为内在属性是其中最重要的构成部分，更没有强调作为同一性条件的内在属性可以并且应该在生物学分类实践中扮演某个角色。“最小 INBE”也就是最低限度的 INBE，除了提出 INBE 的基本主张外并未做出其他的断言。

达姆斯代用“最小 INBE”作为铺垫性论证的目的是引出他的最终观点——“温和的 INBE”。“温和的 INBE”就是“最小 INBE”加上其他的一些断言，这些断言包括：

> a）本质主义不需要坚持自然类本质属性中的全部都由内在属性构成，其中也可以有关系属性和历史属性（这与戴维特的观点相近）。
>
> b）内在属性可以用于分类，但是它并不是唯一合法的分类学形式。

① Dumsday T. A new argument for intrinsic biological essentialism. The Philosophical Quarterly, 2012, 62(248): 492.

> c）具体的内在属性在一个旧的分类单元产生一个新的分类单元的过程中可以允许发生一定幅度的改变。①

依据上述断言，我们可以勾勒出“温和的 INBE”的基本轮廓。它大致包括三个方面：（1）分类单元的同一性条件由部分的内在属性构成，但同一性条件中还可能有关系或历史的构成部分；（2）同一性条件中的内在属性部分可以作为分类标准，但这不是唯一的分类标准；（3）同一性条件可以在一定幅度内发生变化。不过，对于这样的变化应该保持在什么样的幅度，他并未做出明确的说明。

在“最小 INBE”和其他附加条件的基础上，达姆斯代给出了自己的“温和的 INBE”论证。其大致结构如下：

> （1）存在一些一般类有机体的子类，并且这些子类必定具有至少部分地由内在属性所构成的同一性条件。
>
> （2）如果一般类有机体的子类存在，并且这些子类必定具有至少部分地由内在属性所构成的同一性条件，那么作为一般类有机体成员的这些子类必定部分地使用它们在内在属性上存在的差异来在彼此之间进行区分。
>
> （3）因此，作为一般类有机体成员的那些子类必定部分地使用它们在内在属性上存在的差异来在彼此之间进行区分。
>
> （4）如果在生物学中允许使用那些子类被区分为有机体子类的方式去区分有机体的子类，那么它就允许至少部分地通过它们的内在属性去区分有机体的子类。
>
> （5）生物学中允许使用那些子类被区分为有机体子类的方式去区分有机体的子类。
>
> （6）因此，它就允许至少部分地通过它们的内在属性去区分有机体的子类。②

“温和的 INBE”的（1）是“最小 INBE”论证中的结论，而“温和的 INBE”的关键是（2），该论证的结论主要是基于它而得出的。达姆

① Dumsday T. A new argument for intrinsic biological essentialism. The Philosophical Quarterly, 2012, 62(248): 494-495.

② Dumsday T. A new argument for intrinsic biological essentialism. The Philosophical Quarterly, 2012, 62(248): 496.

斯代对（2）的说明是这样的，一般类有机体的子类必定具有由部分的内在属性所构成的同一性条件，作为一般类有机体的子类，它们的同一性条件之间必定有重合的部分，否则它们不可能都被视为一般类的成员。如果一般类有机体有多个子类，那么这些子类的同一性条件之间必定有相同和不同的部分，它们在特征上的差异就把它们区分为不同的子类。还以哺乳动物为例，一个成员因为“具有乳腺，可以进行哺乳”这个特征而被视为该类的一员，那么该类中的所有成员都具有这个特征。

不过，要想用这个特征在“哺乳动物”这个一般类中分出子类是不可能的，我们必须使用该类中不同类群之间在特征上的差异来进行区分。以此类推，要想在子类中区分出更小的子类也需要采取同样的方法。（4）要表达的是，如果允许我们使用内在属性在有机体与无生命的事物之间做出区分，那么似乎也没有理由反对使用同样的标准在有机体的子类之间做出区分。由此，如果一般类有机体存在子类，并且这些子类的同一性条件至少部分地由内在属性构成，那么作为一般类有机体成员的这些子类必定可以部分地使用它们在内在属性上的差异来进行区分。

然而，对于（2），人们可能会提出这样的问题：虽然作为一般类的子类的同一性条件可以部分地由内在属性构成，但是有什么理由认为一般类的不同子类之间也要部分地通过内在属性上的差异来进行区分呢？或许，人们也需要使用外在属性对不同的子类进行区分？比如，人们在区分“哺乳动物”的子类时，两个子类之间可能不存在内在属性上的差异或者内在属性上的差异不足以把它们区分开来，这就要求诉诸外在属性。达姆斯代对此的答复如下：

> 如果一个一般类的两个子类在它们所拥有的一些对那个一般类来说是本质的属性上存在差异，那么那个差异就可以使它们成为不同的子类。没有其他的东西可以在子类之间做出区分，因为其他的差异（比如在外在属性上的）对一般类来说并不是本质属性。在非本质属性上存在的差异不能用于区分一般类的子类。①

或许，他想表达的是，如果一个一般类的两个子类在内在属性上存

① Dumsday T. A new argument for intrinsic biological essentialism. The Philosophical Quarterly, 2012, 62(248): 497.

在差异，且这些内在属性对这个一般类来说又是本质属性，那么这两个子类之间存在的差异就足以在它们之间做出区分，它们之间在内在属性上的差异对于区分它们来说是既充分又必要的。另外，只有这些对于一般类来说是本质的属性才可以用以区分不同的子类，其他的像外在关系上的差异都是非本质差异，它们不能用来区分不同的子类。为什么这么说呢？因为，在达姆斯代看来，一般类的本质属性都是内在属性，只能用内在的本质属性来区分不同的子类。不过，这里还有一个问题，如果可以对子类做出划分的全部是内在属性，那么子类的同一性条件就不是部分而是全部由内在属性决定。这一点似乎和“温和的 INBE”的断言 a）的主张相冲突，具体的讨论留待后面进行。

我们可以借助一个例子来说明新版 INBE 的主要特征。我们知道，亚里士多德在分类中使用的是二分法（dichotomous division）。这种方法首先使用一个标准把最一般的类分为两个子类，然后再用另一个标准把子类细分为更小的两个子类，一直二分到人们认为不能再分的子类为止，自上而下形成一个分类层级。[①]我们可以用一种猜谜游戏来说明这种方法。比如，A 和 B 在玩一个猜谜游戏，A 背后有一条小狗，他让 B 猜他背后的东西，B 可以进行提问，但 A 只回答“是”或“不是”。B 提出的第一个问题可能是：它是有生命的吗？这样 B 就把他想象的 A 背后的事物分为两类：生物和非生物。如果 A 回答“是”，B 可以继续问：它是动物吗？这样 B 就将有生命的事物又区分为动物与非动物两类。以此类推，B 最终总会猜中 A 背后的东西是一条小狗。

新版 INBE 的观点或许就是受到上述分类方法的启发，亚里士多德的二分法采用的分类标准就可以视为新版 INBE 强调的本质属性。不过，不同的是，新版 INBE 并不强调一定要采用二分的方法而是强调分类采取的标准必定部分地是内在属性。在这一点上，笔者认为新版 INBE 更应该被视为林奈分类学思想催生的产儿。在林奈的分类系统中，每一个分类单元的划分以生物在形态上的相似性作为标准，每下降一个分类单元就需要添加新的分类标准，最终直至划分到“种”。“种”可以被视为“界”这个一般类中最小的子类。这种等级分类系统的分类结果是，每一物种在这个系统中都有一个固定的位置，而划分这个物种使用的分类标准就是人们识别这个物种的标准。依据新版 INBE，对任何物种的划分都要依据一定的

① 恩斯特·迈尔. 生物学思想发展的历史. 2 版. 涂长晟，等译. 成都：四川教育出版社，2010：102.

内在属性（形态特征上的相似性），这些内在属性就是物种的“同一性条件”，也即物种的本质属性。

至此，我们基本介绍了新版 INBE 的主要观点。在下一节中，我们将会对其做出进一步的分析，并在此基础上指出其中存在的一些问题。在结论中，笔者将表明新版 INBE 和戴维特的 INBE 一样都是不成功的。

第四节 分类与解释

在分析新版 INBE 之前，笔者想再次重申一下生物学本质主义需要回答的两个问题：分类问题和特征问题。前者是问为什么生物体 O 是物种 S 的一员，后者是问为什么物种 S 的成员典型地拥有特性 T。实质上，生物学本质主义回答前一个问题是要确定分类单元（主要是物种）的本质，也即同一性条件；而回答后一个问题是要求同一性条件要能够起到因果解释作用。在这两个问题中，笔者认为后者更为基本，因为一种本质主义只有提供了同一性条件之后才可以使用这种条件对相关的特征做出解释。一种生物学本质主义只有同时回答了这两个问题才会被视为是成功的，相反，若有一个问题是它不能回答的，它就不能被视为是成功的。因此，在分析新版 INBE 时，我们的主要着力点就在于它能否很好地回答这两个问题。

新版 INBE 更为偏重对第一个问题的回答。达姆斯代把自己的观点与戴维特的观点做了一个比较。在这两个问题上，戴维特的 INBE 更为偏重解释问题，而达姆斯代则“更为关注本质属性在提供同一性条件中扮演的角色”。[①]在这里，我们必须要留意两者之间的区别。戴维特强调本质属性所起的因果解释作用，同时也提及了它可以起到同一性条件的作用。不同于传统的是，戴维特认为同一性条件不需要是整齐划一的，且不需要对某一物种来说是共同且唯一的属性。同样，新版 INBE 并非完全不关注本质属性的解释角色，只是在它看来，关于解释角色的讨论从属于同一性条件的讨论。或者说，达姆斯代的观点与笔者的较为接近，他也认为本质属性的同一性条件角色要比它的解释角色更为基本，只有确定了前者才能确定后者。然而，事实是否真的如此呢？下面，笔者将提出对新版 INBE 的几点质疑。在笔者看来，新版 INBE 中存在三个冲突，它们暴露了其内在

① Dumsday T. A new argument for intrinsic biological essentialism. The Philosophical Quarterly, 2012, 62(248): 497.

的非融贯性。

新版 INBE 面临的第一个问题是作为同一性条件的构成部分的内在属性与关系属性之间的冲突。对这个冲突的分析，我们可以从“最小 INBE”论证的（2）开始。（2）主张，任何一个类的成员仅凭内在属性而成为该类的成员。人们可能会质疑：为什么我们不能使用关系或历史属性作为区分标准呢？毕竟有机体也是生命演化的一部分。实质上，这个问题是在追问为什么内在属性作为区分标准是我们唯一的选择。达姆斯代用一个虚构的故事回答了这个问题：

> 想象地球上的第一个有机体在原始海洋的氨基酸汤中产生之后很快就被毁灭了。即使它从未进行生殖，也没有在一个生命树的形成中扮演角色，如果可以提供它所具有的必不可少的内在性状，那么它仍被认为是一个有机体。因为，这里没有任何东西与它在关系上或历史上相关，它不能被关系地或历史地定义。但是，它仍旧是一个有机体。①

在这段引文中，如果地球上起源的第一个有机体在它还没有产生后代的情况下就灭绝了，那么它就不可能与其他的任何事物产生任何关系。即使如此，它还是会被人们称为有机体。因为，它的内在属性而非它与其他事物的关系决定了它究竟是什么。的确，对于一个刚从地球上起源就灭绝的有机体来说，它似乎没有与其他事物产生任何关系，因而不能通过关系属性在它和其他事物之间做出区分。这意味着，人们似乎只能以内在属性作为区分有机体和非有机体的标准。然而，地球上还会起源第二、第三个甚至更多的有机体，它们中总会有一个产生后代，而后代又会产生后代，这些后代通过进化过程形成了我们今天看到的地球上的生命世界。

有机体这个一般类或许不能使用关系属性或历史属性进行区分，但有什么理由认为有机体的子类也不能使用关系属性或历史属性做出区分呢？在当代生物哲学中，哲学家们形成了这样的共识：“物种是通过它们的历史而被识别的。”②另外，使用关系属性而非内在属性进行分类还有着更深层的原因。艾瑞舍夫斯基就认为，关系属性在确定分类单元的同一

---

① Dumsday T. A new argument for intrinsic biological essentialism. The Philosophical Quarterly, 2012, 62(248): 491.

② Sterelny K, Griffiths P E. Sex and Death: An Introduction to Philosophy of Biology. Chicago: University of Chicago Press, 1999: 8.

性条件上要优先于内在属性。对此，他指出："一个物种中的有机体的内在生殖机制可能会发生改变，但是作为同一个世系或者基因库这一点不会发生改变。"[①]换言之，一个物种成员的内在属性可能发生改变，而"它处于某种特定的关系之中"这一点则不会发生改变。在此情况下，使用外在关系识别物种要比使用内在属性更为可行。艾瑞舍夫斯基指出："我主张，关系对于物种（和分类单元）的成员关系来说比内在属性更为基本。"[②]我们似乎没有理由认为一般类的子类的同一性条件必须部分地由内在属性所构成，进而也就没有理由认为那些作为一般类有机体成员的子类必定部分地使用内在属性上存在的差异作为划分标准。由此可见，温和的 INBE 中的（2）不能成立。

然而，在达姆斯代看来，只有内在属性才是本质属性而关系属性只是偶然属性。如果他坚持这样的观点，那么其中将会存在严重的问题。为什么他要强调部分而非全部呢？另外，同一性条件的构成部分除了内在属性还有什么呢？他给出的答案是外在关系。在这一点上他接受戴维特的观点，达姆斯代的主要观点体现在温和的 INBE 的断言 a）上："本质主义不需要坚持自然类本质属性中的全部都由内在属性构成，其中也可以有关系属性和历史属性。"达姆斯代强调分类单元的同一性条件可以部分地由外在属性构成，这意味着外在关系也是同一性条件的构成部分。然而，他也强调，只有内在属性是分类单元的本质属性而外在关系只能是偶然的属性。这意味着分类单元的同一性条件完全由内在属性构成，这一点明显与温和的 INBE 的断言 a）矛盾。虽然他强调同一性条件只是部分地由内在关系构成，但是他在实际上却坚持同一性条件完全由内在属性来构成。我们很难想象，他怎样才能调和这两种相互矛盾的观点。

新版 INBE 的第二个问题是，内在属性的分类作用与解释作用之间相互冲突。在笔者看来，这是新版 INBE 最为严重的问题。我们知道，生物学本质主义需要解决的分类问题关注同一性条件，而特征问题则关注解释作用。在前文中，笔者指出，前者比后者更为基础，前者是后者的前提。不过，需要澄清的是，虽然笔者认为作为本质的同一性条件是其可以起到解释作用的前提，但是这不意味着只要同一性条件被确定，它就一定能够起到解释作用。

---

① Ereshefsky M. What's wrong with the new biological essentialism. Philosophy of Science, 2010, 77(5): 681.

② Ereshefsky M. What's wrong with the new biological essentialism. Philosophy of Science, 2010, 77(5): 682.

相反，笔者想说的是，我们只有首先确定本质作为同一性条件的作用，然后才能够确定可以把什么东西作为解释项并对相关特征做出解释，而在确定了解释项之后它能否真正地起到解释作用就是另外的问题了。比如，第四章第四节在讨论关系本质主义与特征问题时提到，虽然关系属性可以作为物种或其他分类单元的同一性条件，但是这些属性在解释中只能起到非常弱的作用。对此，艾瑞舍夫斯基指出："如果关系作为一个分类单元的同一性条件在解释一个分类单元成员的典型性状时不起到核心作用，那么这样的关系就不是本质。"[①]可以说，关系本质主义失败的原因在于，关系属性可以作为同一性条件，而不能起到解释作用。在上文的讨论中，物种的本质属性可以作为同一性条件却不一定可以扮演因果解释角色，反过来也是一样。[②]显然，这不符合物种本质应同时扮演分类和解释这两个角色的要求。

那么，新版 INBE 是否可以同时兼顾这两种角色呢？笔者的答案是不能。新版 INBE 更多讨论的是同一性条件，对本质属性的解释作用则较少提及。在论证最小 INBE 时，达姆斯代指出："它告诉了我们一些事情，这些事情是关于内在同一性条件和本质属性可以扮演解释角色的。"[③]由此来看，新版 INBE 认为自己可以同时兼顾同一性条件角色和因果解释角色。另外，新版 INBE 作为一般性的理论，主张分类单元的同一性条件至少部分地由内在属性构成。然而，这些内在属性究竟是什么，它却没有言明。当然，对于新版 INBE 来说，这并不是一个必须要做出回答的问题。在笔者看来，达姆斯代可能更为接受戴维特的观点，即这些内在属性是生物体的基因或基因组。一般来说，由于哲学家们受到分子生物学的影响，他们往往把基因或 DNA 结构视为物种或其他分类单元的本质，这里似乎不会有太多引起争议的地方。

假定新版 INBE 把基因视为分类单元的本质，下面的分析可以由这一假定展开。如果把基因视为分类单元的本质或同一性条件，那么它们就应该成为区别不同分类单元的标准。那么，在生物分类学中，究竟是什么样

---

① Ereshefsky M. What's wrong with the new biological essentialism. Philosophy of Science, 2010, 77(5): 683.

② 本质属性是否可以扮演解释角色而不作为"同一性条件"呢？笔者认为不能。当我们说一种或一组属性可以作为解释项时，已经基本确定了这个解释项是什么。我们使用一个东西作为解释项而又说我们不确定这个东西究竟是什么，这里面存在着明显的矛盾。或许，"同一性条件"并不是很明确却不能说它不能确定或不存在。

③ Dumsday T. A new argument for intrinsic biological essentialism. The Philosophical Quarterly, 2012, 62(248): 492.

的基因在充当分类单元的同一性条件呢？要回答这个问题，我们首先澄清分子生物学中的一些基本事实。分子生物学的研究表明，不同分类单元在DNA 结构上的差异并没有像它们在表型特征上的差异那么大，表型差异巨大的物种之间在分子层面上的差异可能是非常微小的。比如，前文中就提到人类与倭黑猩猩和黑猩猩之间的差异只有 1.6%，而且这种差异还是统计学意义上的。人们很难确定人类和它们之间究竟在哪个整体片段的DNA 序列上存在实质性的差异。当然，人们可以找到人类和它们在哪个DNA 片段上存在实质性的差异，只是这种差异是否就可以被视为人类的本质是令人质疑的。

上文的讨论又把我们引回了有关 DNA 条形码理论的讨论。使用基因作为生物学分类的标准，在实际操作中的一种形式就体现为 DNA 条形码技术。前文指出，“DNA 条形码是一种新的系统，它计划通过使用相对较短的、标准的基因区域作为物种的内在标记来提供快速的、准确的和可自动化的物种鉴定”。[①]在实际分类中，通常用来作为分类标准的区域是CO Ⅰ 基因。这里可以认为它们就是新版 INBE 所说的同一性条件。那么，CO Ⅰ 基因是一段什么样的基因片段呢？它是一小段特异的 DNA 序列，在相同的位置上可能每个物种的 CO Ⅰ 基因都不同，因而它可以用于分类。不过，有时仅凭 CO Ⅰ 基因还不足以完成分类，这就需要添加额外的 DNA 序列。姑且假定仅用 CO Ⅰ 基因就可以完成分类，我们可以把它视为同一性条件的内在属性部分，它可以起到“同一性条件”的作用。

现在的问题是：CO Ⅰ 基因可以扮演因果解释角色吗？答案在第二章第三节中已经给出。简单来说，生物分类学家们的主要工作就是选用适当的分类标准把不同的生物类群进行归类，至于某一个类群为什么具有某种独特的表型特征并非他们关注的问题。如果 CO Ⅰ 基因可以很好地用于分类，那么它的任务实际上已经完成。生物分类学并不要求它可以起到解释作用，而且它在事实上也无法起到解释作用。其中的症结在于，CO Ⅰ 基因只是一小段特异的商品标签类似的 DNA 片段，无论怎样它都不可能扮演解释角色。生物分类学中使用的作为分类标准的 DNA 片段，在生物学其他部门的学者们看来可能是极其琐细的。相反，对于分类学家们来说，它们却是极其重要的。导致这种差别的根本原因在于它们要解决的问题不同。

从分类学的角度来说，分类标准如此琐细的原因在于不同分类单元

---

① Hebert P N, Ryan G T. The promise of DNA barcoding for taxonomy. Systematic Biology, 2005, 54(5): 852.

之间在分子层面上有很多差异性同时也有很多的相似性，要想把所有的分类单元都区分开来就必须采用一段最为普遍也最为特异的 DNA 序列才可能做到。所谓最为普遍也最为特异的 DNA 序列是指每一个分类单元都存在这样的 DNA 序列，而不同的分类单元之间又彼此不同。如果要在分子层面上寻找生物分类的依据，那么某段特异的 DNA 片段就是必然的选择。虽然这样的选择对分类学来说可能是好事，但对新版 INBE 来说却并非如此。因为，这段特异的 DNA 序列可以充当“同一性条件”却不能扮演因果解释的角色，获得同一性条件的代价是对解释角色的舍弃，这将直接导致新版 INBE 的失败。

新版 INBE 面临的第三个问题是实在论与多元论之间的冲突。新版 INBE 在断言 b）中指出，内在属性可以用于分类，但是它并不是唯一合法的分类学形式。达姆斯代指出，虽然以内在属性作为标准的分类学系统是合法的，但是它不要求它们被视为唯一合法的分类学形式。[①]他还指出：“存在不同的解剖世界的方式，内在本质属性的解释方式只是其中的一种方式。”[②]由此来看，他在新版 INBE 坚持的分类系统与其他分类系统之间的关系上持有一种多元实在论的立场。

对于多元实在论，第四章已经指出除了该章中论及的三种是较为流行的物种概念，另外还存在着多个物种概念。人们在物种概念上的多元论观点认为这些物种概念都是合法的，它们都应该被人们所接受，而多元实在论则主张这些物种概念都是对同一个有机世界的同等的真实描述。[③]概括地说，多元实在论主张，定义物种阶元的不同方式都是合法的，它们都是对有机世界的真实描述。相应地，新版 INBE 的多元实在论主张，依据内在本质属性建立的分类系统与其他分类系统同样合法，它们都是对世界的真实描述。

那么，新版 INBE 能否贯彻多元实在论立场呢？笔者的答案是，如果它坚持本质主义的立场，那么它就不能坚持多元实在论的立场。新版 INBE 坚持的是一种实在论立场，即依据内在属性的生物分类是对自然的真实反映。事实上，所有的本质主义都认为自然界的不同构成部分之间有着明确且真实的界限，人们可以通过一种自然的标准把它们彼此区分开来。

---

① Dumsday T. A new argument for intrinsic biological essentialism. The Philosophical Quarterly, 2012, 62(248): 495.

② Dumsday T. A new argument for intrinsic biological essentialism. The Philosophical Quarterly, 2012, 62(248): 495.

③ Ereshefsky M. Species pluralism and anti-realism. Philosophy of Science, 1998, 65(1): 103.

虽然不同版本的本质主义之间可能会有分歧，但是其中的分歧主要在于应该使用什么样的标准去分割自然而非是否存在分割自然的真实标准。[①]本质主义认为分割自然的标准只有一种，不可能存在其他的标准。本质主义必定会和多元论相冲突，因为后者认为分割自然的标准不止一种。多元实在论可能会认为多元的标准都是对自然世界的真实描述，而多元反实在论则认为多元的物种概念表明不存在分割自然的真实标准，不同标准的选取更多的是基于实用的考虑。不论是多元实在论还是多元反实在论，它们都主张不存在唯一真实的分割自然的标准，这与生物学本质主义的观点是直接冲突的。对此，有学者指出，物种概念的多元论是生物学本质主义面临的一个不可忽视的难题。[②]

那么，新版 INBE 在实在论与多元论之间的冲突中该如何抉择呢？它是要放弃前者还是后者呢？如果放弃前者，那么这就意味着它放弃了自己最为核心的观点。相反，如果放弃后者转而坚持物种的一元论[③]，那么它就需要应对其他的分类系统可能带来的难题。由此可见，不论新版 INBE 放弃哪一个它都会遭遇难题。

综合以上讨论，我们可以说新版 INBE 像戴维特的 INBE 一样面临着很多的难题。总之，不论是旧版的还是新版的 INBE，它们对新生物学本质主义的辩护都是不成功的。

---

① 后一种争议主要出现在本质主义与反本质主义之间。

② Walsh D. Evolutionary essentialism. The British Journal for the Philosophy of Science, 2006, 57(2): 431-432.

③ 物种的“一元论”认为在多个物种概念中只有一个是对有机世界的真实描述。

第八章　新生物学本质主义的困境

以上章节的论证表明，现有版本的新生物学本质主义都是不成立的。那么，这些不同版本的新生物学本质主义的失败给我们带来了什么样的启示呢？它们的失败表明新生物学本质主义已经走向穷途末路，生物学本质主义在原则上是难以成功的，还是仅仅表明，新生物学本质主义还有待进一步完善，它们依然存在成功的可能性呢？要想回答这些问题，我们就需要找出新生物学本质主义失败的根源何在。或许，在确定失败的根源之后，这些问题的答案就会自然地显现到我们面前。在本章中，笔者尝试对不同版本的新生物学本质主义失败的根源做出一个全面的分析。在结论中，笔者将指出，新生物学本质主义失败的根源是生物学本质主义的本体论预设与现代生物学实践之间的冲突。

第一节　生物学本质主义的两个任务

想要回答为什么现有版本的新生物学本质主义会失败，我们有必要先弄清楚它们的基本理论诉求是什么或者它们面临的任务是什么。我们之所以说现有版本的新生物学本质主义都不成功的主要依据是，新生物学本质主义有着一个预期的理论目标设定，而不同版本的观点都未能实现这个目标。要想知道新生物学本质主义的理论目标设定，我们还必须从传统生物学本质主义的核心观点说起，因为新生物学本质主义在很大程度上继承了传统生物学本质主义的核心观点。

那么，传统生物学本质主义的核心观点是什么呢？对此，我们还要从类本质主义的基本信条说起。可以说，传统生物学本质主义的基本主张就是类本质主义的基本信条在生物学中的应用，理解后者也就可以理解前者。第一章第一节中已论及，类本质主义有三个基本的信条。传统生物学本质主义就是把类本质主义三个信条中的“类”替换为“物种”。传统生物学本质主义认为：每一物种都具有唯一且共同的本质；物种的本质具有因果效力；物种的本质具有解释作用。换言之，如果某一种或一组属性被视为物种本质，那么它（们）不仅可以提供同一性条件，而且可以发挥因果解释作用。反过来说，如果我们想判断一种或一组属性能否被视为物种本质，那么我们就看它（们）能否扮演前面的两种角色。实质上，生物学本质主义的两个角色就源自本质主义的三个基本信条。第一个角色源自信条（1），第二个角色源自信条（2）和（3）的合并。信条（2）和（3）分别强调的是本质的两个不同方面，只有本质具有因果效力，它们才可以发挥因果解释作用，相反，若本质可以发挥因果解释作用，那么它们必定具有因果效力。由此可见，一种成功的生物学本质主义必定可以成功地扮演上述两种角色。换言之，成功地扮演好这两种角色就是生物学本质主义必须达到的理论目标设定。

对于两个任务，很多学者都做了更为具体的说明。在第二章第四节中，艾瑞舍夫斯基把它们概括为分类问题和特征问题。在他看来，它们是生物学本质主义必须要回答的基本问题，或者说回答它们是生物学本质主义必须要完成的基本任务。他对这两个问题的总结和论述在很大程度上源自戴维特的观点。[①]另外，还有其他的哲学家以不同的方式提到这两个问题。在奥卡沙看来，这两个问题对应的是克里普克和普特南强调的内在结构的语义角色和因果解释角色。[②]索伯也论及这两个问题，只是在他看来第一个问题更为重要。[③]显然，对于生物学本质主义必须要回答的两个问题，生物学家们之间存在着基本的共识。

对于这两个问题，我们还可以做一点进一步的分析。为了讨论的便利，我们可以把它们分别称为分类问题和解释问题。分类问题要求物种本质必须提供一个个体属于某个物种的同一性条件，不同物种因不同的同一性条件而相互区分。回答分类问题不仅是一种哲学要求，而且是一种分类学要求。换言之，一种生物学本质主义在宣称物种具有某种本质属性时，它同时也宣称了一种物种分类标准。解释问题强调物种的本质必须具有因果效力，进而可以对与物种相关的典型表型特征做出解释。那么，这两个问题之间是否存在关联？对此，有学者认为前者对生物学本质主义来说更为根本，而有些学者则持相反的观点。在笔者看来，他们的观点或许都有一定的合理性。由于这个问题与本书的讨论之间没有太多的关联，我们在这里对其存而不论。

---

① Devitt M. Resurrecting biological essentialism. Philosophy of Science, 2008, 75(3): 356-363.

② Okasha S. Darwinian metaphysics: species and the question of essentialism. Synthese, 2002, 131(2): 202-204.

③ Sober E. Evolution, population thinking, and essentialism. Philosophy of Science, 1980, 47(3): 354-355.

说明完上述两个任务，我们可能很容易就会发现传统生物学本质主义存在的问题。先从分类问题说起。我们知道，以本质主义物种概念为代表的传统生物学本质主义强调物种的界限性和恒定性，其受到的最大冲击来自达尔文的进化论思想。在第一章的论述中，胡尔指出，传统的生物学本质主义是和定义联系在一起的，人们用一种或一组属性作为充分必要条件去定义某一事物，这个定义就是该事物的本质。生物学本质主义要求每一物种都应该被明确定义从而与其他物种保持各自的界限，它不能容忍物种间存在模糊性。然而，在他看来，物种渐变的事实表明物种的变化是缓慢的且持续的，在一物种向另一物种转变的过程中可能会产生连续的过渡类型（它们常被称为“变种”），人们很难通过一种单一的属性或一组属性把物种与变种截然区分开来，想要对物种进行定义是难以做到的。由此，传统的生物学本质主义与达尔文的进化论不兼容。

从另一个方面来说，以林奈为代表的传统生物学本质主义遭遇的难题是，作为物种本质的形态或解剖学特征难以解答分类问题。在林奈的本质主义观点中，生物个体之间的形态相似性被视为物种的分类依据。然而，形态或解剖学特征作为分类标准遭遇的难题是，这些形态或解剖学特征是易变的，不仅同种的个体之间可能存在形态差异，甚至同种的雄性和雌性之间也可能有着形态上的差异。这一问题使得分类学家很难找到能够得到普遍认同的形态分类标准。达尔文进化论对传统生物学本质主义提出的核心挑战就如此，它主张物种在形态上普遍存在着变异性，可以作为分类标准的形态特征是难以找到的。因此，以形态特征作为物种本质的观点并不能回答分类问题，形态特征根本不足以确定物种的同一性条件。

再来说解释问题。在第一章的论述中，传统的生物学本质主义在解释问题上遭遇的最大难题来自群体思想。传统生物学本质主义秉持模式思想，即认为每一物种都有着区别于其他物种的模式，在没有外力干扰的情况下，物种中的每一个成员都会例示这种模式，个体变异性的产生是受外力干扰而偏离模式的结果。相反，群体思想则认为这种模式并不是模式思想意义上的模式，而是对个体的集合进行统计所获得的抽象平均值。在群体思想中，每一个具体的个体才是真实的存在，个体的变异性遗传自祖先的变异性，个体的变异性只有在群体的变异性中才能得到说明。现代生物学解释的核心是群体思想而非模式思想，人们不需假定模式或本质的存在就可以对生物的变异性做出解释，群体思想取代模式思想及其代表的本质主义是现代生物学发展的必然结果。

群体思想取代模式思想不仅是生物学思维方式的变化，更是科学认识的进步。从哲学角度来说，物种的形态或解剖学特征难以解答解释问题是因为，物种的形态特征只是克里普克和普特南所说的表面特征，它们本身并不能发挥因果解释作用。换言之，形态或解剖学特征只是名义的本质，它们只有诉诸实在的本质或内在结构才能得到解释。从科学的角度来说，这些形态特征只是遗传学所说的表型性状，它们是基因型与外在环境相互作用的结果。在现代生物学研究中，形态或解剖学特征只在生物分类学中还部分地发挥着分类作用①，而至于生物体为什么会有这些特征则完全由遗传学、生物化学和分子生物学等学科来回答。因此，形态特征难以回答解释问题的主要原因是，在现代生物学中，形态特征本身也是被解释项，它们只有诉诸基因或DNA分子等解释项才能被解释。

概括来说，生物学本质主义必须要回答分类和解释这两个问题，而以形态特征为物种本质的传统生物学本质主义无法回答这两个问题。前述讨论表明，在传统生物学本质主义的讨论中涉及三个方面的因素：作为物种本质的形态特征及其要回答的两个问题。可以说，这三个要素成为新生物学本质主义兴起的基础，新生物学本质主义正是在对这三个要素的修正和改进的过程中发展起来的。

第二节　新生物学本质主义：调整与修正

传统生物学本质主义的难题促使生物学本质主义者们不断寻找新的出路。依据传统生物学本质主义中涉及的三个要素，如果生物学本质主义者们想要继续坚持生物学本质主义，那么他们就需要调整和修正原有的主张。从逻辑上来说，存在着三种不同的改进方案。第一种是继续坚持把形态特征作为物种本质，同时放宽对本质主义的定义，即放弃分类问题或解释问题。不过，这种方案是难以成功的。因为，作为物种本质的形态特征既不能解决分类问题也不能解决解释问题，这种本质主义观点不论放弃哪一个问题都是不会成功的。第二种是调整形态特征作为物种本质的观点，用新的本质代替传统本质，同时保留生物学本质主义的两个任务。第三种方案是在修正传统观点的同时，放宽对本质主义的定义。在这种方案中又存在着两种不同的进路：一种是修正传统观点，同时放弃分类问题；另一种是修正传统观点，同时放弃解释问题。概括来说，生物学本质主义的复

① 虽然现代生物分类方法已经发展到分子水平，但是在实际的分类过程中仍会参考生物的形态特征。

兴可能存在着三种不同的方案，这三种方案引出了三种不同类型的生物学本质主义。下面，我们就分别对这三种方案做一个简单的分析。

先看第一种方案。这种方案的代表是 DNA 条形码理论。它和传统生物学本质主义的不同之处在于，前者使用基因特征代替了后者的形态特征。在 DNA 条形码理论的支持者看来，基因特征比形态特征更为基本也更适合作为物种本质。物种本质从形态特征到基因特征的转变可以说是生物学尤其是遗传学发展的结果。现代遗传学的发展使人们认识到生物的形态特征是基因作用的结果，基因的相似性导致了形态特征的相似性。传统上，由形态特征的易变性造成的困难完全可能通过使用基因作为分类标准来解决。同样地，DNA 条形码理论认为，如果以 DNA 条形码作为物种本质，那么也就可能解决传统生物学本质主义难以解决的难题。

然而，情况不像 DNA 条形码理论的支持者所想的那么乐观。当他们使用新的物种本质去回答生物学本质主义的两个基本问题时同样遇到了难题。不过，相比于传统的生物学本质主义，DNA 条形码理论的境遇要稍好一些。DNA 条形码作为一种新的物种本质，它可以较好地解决分类问题，却无法解决解释问题。究其原因在于，DNA 条形码技术在根本上是作为一种生物分类学方法被发展起来的，它的唯一任务是使用 DNA 条形码对物种进行分类，从而发展出一个 DNA 分类系统。可以说，DNA 条形码技术作为一种从分类学中发展出的技术，为物种的典型特征提供解释从来都不是它的任务，它的根本任务是提供一个分类系统。因此，DNA 条形码可以成功地对物种进行标记，进而相对有效地回答分类问题。

作为物种标记的 DNA 条形码理论不能提供解释，主要是因为 DNA 条形码只是物种的偶然标记，它不能对物种的典型特征做出解释。相反，要解释物种的典型特征，我们必须诉诸其他属性而非 DNA 条形码。换言之，作为物种本质的 DNA 条形码不能同时解答分类问题和解释问题，它可以回答前者而对后者却无能为力。DNA 条形码理论失败的根源正是在这里。

当然，人们也可能会说，既然一种新的生物学本质主义不能同时完成两个任务，那我们可以放弃其中的一个任务，本质主义并没有必要同时完成两个任务。换言之，既然解释任务难以完成，而我们又不想放弃生物学本质主义，那我们何不放弃解释任务？如此一来，我们不就可以成功地挽救生物学本质主义了吗？可以说，关系本质主义采取的就是这样一种策略。

关系本质主义在坚持物种的关系本质的同时放弃了解释任务。与

DNA 条形码理论一样，关系本质主义也对物种本质提供了新的理解，它认为物种的本质既非形态特征也非基因特征而是关系特征。由于关系本质主义的理论基础都是现代生物学中的分类学理论，因而它可以较好地完成分类任务。

不过，以现代生物分类学为基础的关系本质主义却不能完成解释任务。关系本质主义对此的回应是，只把分类问题作为生物学本质主义的核心问题。然而，它最为激烈的批判之处正是它无法完成解释任务。有一部分学者指出，能否解决解释问题对于生物学本质主义来说是至关重要的，不能解决解释问题的生物学本质主义只是一种空洞的本质主义。由此可见，以关系属性作为物种本质的关系本质主义也不能同时解决分类问题和解释问题。第五章讨论的起源本质主义也可以被视为另一种形式的关系本质主义。这种形式的本质主义是克里普克的个体起源本质推广至生物学的产物，它并未以现代生物分类学为基础，也难以对生物物种的典型特征做出解释，因而它既不能解决分类问题也不能解决解释问题。

论述到这里，我们可以说，前两种形式的新生物学本质主义的失败似乎有着相同的原因。它们都尝试使用新的物种本质取代传统的物种本质，并且它们都不能同时解决分类问题和解释问题。显然，它们失败的根源都在于未能真正解决解释问题。从更深层次上来说，这两种形式的新生物学本质主义的基础都是某种生物分类学理论，而现代生物分类学理论只关注分类问题而不关注解释问题，因而两种形式的生物学本质主义都可以解决分类问题而不能解决解释问题。相反，如果想要解决解释问题，那么人们必须超出现代生物分类学之外去寻找新的理论资源。目前为止，人们似乎还未找到一种可以同时解决两个问题的物种本质属性。

不过，这是否可以表明新生物学本质主义在逻辑上是不可能得到辩护的呢？当然不是。对于前述状况，有人可能会说，新生物学本质主义还有一种选择。既然解释问题对于生物学本质主义来说如此重要，那么何不专注于解决解释问题而忽视或减弱分类问题呢？这样，问题的讨论逻辑就从专注于解决分类问题的生物学本质主义，转向了专注于解决解释问题的生物学本质主义。

对于新生物学本质主义者来说，想解决解释问题就需要寻找新的物种本质。那么，什么样的物种属性才适合作为可以对物种典型特征做出解释的本质？对此，INBE 和 HPC 类理论给出的答案是，由基因属性与关系属性相混合的一簇属性。在这些观点中，这一簇属性对于特定物种来说可能是既不必要也不充分的，物种的本质因其具有解释作用而被视为本质，这就在某种程度上回避了分类问题。当然，需要指出的是，这些观点强调的基因属性和 DNA 条形码理论所说的基因属性是不同的，前者是可以对物种成员的相关典型特征做出解释的基因属性，后者则是可以作为物种分类标准的基因属性。

进一步来说，如果后一种基因属性主要在生物分类学中被应用的话，那么前者则主要在现代遗传学中被应用。可以说，现代遗传学的核心就是通过基因（基因型）对生物的生理结构以及形态特征（表现型）做出解释。因而，在这两种理论看来，借助生物基因在很大程度上可以解决本质主义的解释问题。这两种理论的不同之处是，INBE 更为强调混合属性中的基因属性，而 HPC 类理论则没有这样的倾向。在这两种理论中，分类问题变得不再重要了，同时基因属性又可以对物种的典型特征做出解释，由此其他生物学本质主义难以解决的解释问题似乎很容易就被解决掉了。

然而，情况并非如此，这两种理论也有着自己的难题。INBE 在论证中做出了生物学中存在定律这个预设。在戴维特等看来，因为“所有的 F's 都是 P”是一个定律，所以每一个 F 都是 P。那么，为什么每一个 F 都是 P 呢？原因在于，只有每一个 F 拥有 G，它才是 P。因此，F 和 P 都是自然类，而 G 是 F 的本质。这个论证的逻辑是，因为“所有的 F's 都是 P”是一个定律，所以 F 和 P 都是自然类。

然而，这个论证存在的问题是，它没有说明生物学中的自然律是如何被确定的。对此，通常的回答是，自然律是通过自然类来确定的，包含自然的普遍性陈述就是自然律。这样的回答导致了一个循环难题，自然类由自然律来确定，而自然律又由自然类来确定。如此一来，上述两种解决方案试图要回避的问题又重新出现了：物种是自然类吗？它们的本质是如何被确定的呢？换言之，虽然 INBE 可能解决了解释问题，但是它仍然要回答作为物种本质的属性是如何被确定的这一问题。

实质上，上述问题正是 HPC 类理论和 INBE 试图要回避的同一性条件问题，也即分类问题。这种状况出现的原因是，“生物学家通过援引有机体的内在属性来解释有机体的性状，而这些属性对于分类单元的成员来说是必不可少的”。[①]也就是说，在生物学中，具有解释作用的属性并需要同时作为物种区分标准的同一性条件，因而可以发挥解释作用的那些属

① Ereshefsky M. What's wrong with the new biological essentialism. Philosophy of Science, 2010, 77(5): 680.

性通常难以回答分类问题。HPC 类理论面临着同样的难题，其强调的一簇属性可能对物种的典型特征做出解释，而这簇属性究竟包含什么样的内容却很难被确定。①它们共同遭遇的失败是，可以解决解释问题而不能解决分类问题。

上述分析给我们带来了一个非常重要的启示，不论我们使用何种新本质去取代旧本质，生物学本质主义要回答的两个问题都是紧密地联系在一起的，任何版本的新生物学本质主义若只回答其中的一个问题都是难以成功的。同时，现有版本的新生物学本质主义还没有一个可以同时充分地回答两个问题。

至于其中的症结，奥卡沙已做过试探性的说明。在他看来，物理学和化学中的本质属性同时承担了语义角色和解释角色，而生物学中承担语义角色和解释角色的却并非同一属性。②换言之，生物学中很难找到可以同时扮演分类角色和解释角色的本质属性。由此导致的结果是，新生物学本质主义把一种生物属性视为物种本质可以解释分类问题而不能解决解释问题，而把另一种生物属性视为物种本质时情况则相反，把具有不同功能的属性结合在一起的方案也并未使这种状况有所改观。在所有可能的路径都不成功的情况下，我们可能最容易得出的结论是，生物学中并不存在既可以解决分类问题又可以解决解释问题的本质属性。由此，三种研究路径大致包含了所有可能为新生物学本质主义提供辩护的逻辑可能性，在三种研究路径都遇到难题的情况下，生物学本质主义似乎也走到了其逻辑终点。

对于上述状况，人们可能会继续追问：为什么现有版本的新生物学本质主义都存在着各自困境？是否可能存在一种新生物学本质主义可以摆脱这些困境呢？对于这些问题，我们在下文就做出解答。

第三节　新生物学本质主义的内在张力

从根本上来说，新生物学本质主义是因传统生物学本质主义的困境而兴起的。传统生物学本质主义失败的原因在于形态特征并不适合作为物种的本质，其主要表现是形态本质在解答生物学本质主义的两个重要问题时遭遇了难题。有鉴于此，新生物学本质主义尝试提出新的本质主义或者

---

① Ereshefsky M. Species. The Stanford Encyclopedia of Philosophy (Summer 2022 Edition). Zalta E N(ed.). https://plato.stanford.edu/archives/sum2022/entries/species/[2024-03-12].

② Okasha S. Darwinian metaphysics: species and the question of essentialism. Synthese, 2002, 131(2): 204.

放弃生物学本质主义的部分任务来解决传统生物学本质主义的困境。然而，这些调整和修正并未使新生物学本质主义走向成功，其失败的原因似乎与传统生物学本质主义如出一辙。新生物学本质主义所强调的物种本质同样未能很好地回答生物学本质主义的两个问题，不论它们是否放弃其中的一个。现有版本的新生物学本质主义不断做出调整以捍卫生物学中的本质主义立场，可是最终它们所遭遇的却是一次次失败。换言之，现有版本的新生物学本质主义确定的物种本质总是未能成功地回答本质主义应回答的两个问题，在它们确定的本质与应该回答的问题之间始终存在着一种难以弥合的理论张力。

那么，是什么样的因素导致了这种张力呢？想回答这个问题，我们还要从现代本质主义的基本理论旨趣说起。事实上，以克里普克和普特南为代表的现代本质主义者主要反对的是传统的描述论（descriptivism）观点。这种观点认为，人们只要知道事物的定义就可以确定事物的本质。相反，现代本质主义者认为，定义对于事物的本质来说既不充分也不必要，定义所确定的只是事物的名义的本质而非实在的本质。比如，当我们问“水”是什么时，描述论的观点会说水是一种具有无色、无味、透明等特征的液体，具有这些特征的液体一定是水。然而，现代本质主义者认为，仅仅知道这些特征并不能确定水的本质，具有这些特征的液体可能并不是水，而不具有这些特征的液体也可能是水。在他们看来，水所具有的那些特征只是它的表面特征或名义的本质，而它的实在的本质是其内在结构。对于水来说，它的内在结构是H_2O，因而H_2O就是它的本质属性。

克里普克和普特南还认为，H_2O 作为水的本质属性是科学发现的结果，科学的任务就是发现事物的本质，科学的经验发现为本质主义观点提供了依据，人们可以借助科学的经验发现来构建形而上学理论。在这种本质主义观点中，作为形而上学议题的本质主义与科学的经验发现联系在了一起。可以说，现代的本质主义是和科学的经验研究相联系的，并且这种联系为有关本质主义的讨论开辟了新的路径。

基于上述交代，我们来回答上文提出的问题。在上文的论述中，克里普克和普特南发展出的本质主义借用了现代物理学和化学的研究成果。在他们看来，本质主义观点可以很好地与物理学和化学的经验发现相契合，它不仅适用于物理学和化学，而且适用于生物学。然而，这种本质主义观点应用到生物学时却并未达到预期的理想。若把现代本质主义观点推广到生物学中，那么生物物种必定被视为是具有本质的（这种本质可以是内在属性，也可以是外在关系）。生物学中的本质主义与物理学和化学中的本质主义一样都是与现代科学的研究成果联系在一起的。然而，这种生物学的本质主义却不能解答本质主义应该解决的问题。或者说，生物学中的物种本质并不像物理学或化学本质那样符合本质主义的要求。哲学家们在生物学中确定的物种本质与本质主义要求的本质之间总是难以切合。这就会使生物学中的物种本质与本质主义的内在要求之间存在张力。

更具体地说，物种本质与本质主义内在要求之间的张力就是现代生物学实践与本质主义的形而上学预设之间的张力。依据本质主义的一般要求，生物学本质主义已经设定了在生物学中物种必定存在本质并且这种本质可以完成本质主义所设定的任务。然而，依据生物学的经验证据所确定的物种本质却不能完成本质主义所设定的任务，新生物学本质主义不得不一次次地遭遇难题。具体来说，对于分类和解释这两个要求，历史本质主义、关系本质主义和 DNA 条形码理论仅能够满足前者，而不能满足后者，混合生物学本质主义（HPC 类理论和 INBE）可以满足后者而不能满足前者，起源本质主义则两者都不能满足。这些观点都试图对生物学本质主义的基本信条做出调整，要么主张放弃解释要求，要么则主张放宽分类要求。这导致了新生物学本质主义者必须对生物学本质主义的传统观点做出调整和修正。

然而，关系本质主义者放弃解释要求的后果是，它最终成为一种空洞的生物学本质主义；而混合生物学本质主义放弃分类要求的后果是，它难以解决物种本质的同一性问题。新生物学本质主义似乎遭遇了一个两难困境，那些满足分类要求的观点却不能满足解释要求，而满足解释要求的观点却不能满足分类要求。总之，对新生物学本质主义来说，分类要求和解释要求总是不能同时满足，两个信条之间总是存在着张力。

事实上，两个信条之间的张力在传统的生物学本质主义中已经存在。我们知道，以林奈为代表的传统生物学本质主义，一方面主张形态或解剖学特征作为物种本质的观点，另一方面又强调物种本质的界限性和恒定性。后一方面的主张在达尔文进化论思想，尤其是渐变论观点的冲击下已经变得不再可信，人们开始相信物种之间并不存在明确的界限。前一方面的主张则在群体思想的冲击之下而被放弃，现代遗传学告诉我们形态特征是被解释项而非解释项，生物的形态特征并不具有解释功用。在这两个方面中，达尔文的进化论思想表明传统生物学本质主义难以解决分类问题，而现代遗传学则表明传统生物学本质主义难以解决解释问题。传统生物学本质主义的根本难题是，它与现代生物学不兼容。在新生物学本质主义尚未兴起之前，学者们之间的反本质共识正是由此形成的。

鉴于传统生物学本质主义的难题，新生物学本质主义一开始就试图以现代生物学的研究成果为基础来发展其观点。具体来说，历史本质主义和关系本质主义等强调关系本质的观点以现代生物分类学中的三种物种概念为基础，而 DNA 条形码理论和 INBE 等强调内在本质的观点则以现代遗传学为基础。然而，以现代生物分类学的物种概念为基础的生物学本质主义不能解决解释问题，因为作为其理论基础的物种概念在生物分类学中只关注分类而不关注解释。相反，以现代遗传学为基础的生物学本质主义不能解决分类问题，因为作为其理论基础的遗传学在生物学中只关注解释而不关注分类。作为一种形而上学观点的本质主义要求作为本质的生物属性必须能够同时解决分类和解释问题。

然而，现有版本的生物学本质主义尚未找到可以同时解决分类和解释问题的本质属性。生物学研究的实际状况并不能满足生物学本质主义的理论诉求，生物学本质主义不能在生物学中找到其所需要的理论资源，以致生物学本质主义不能同时解决分类问题和解释问题。总之，无论是在传统的生物学本质主义还是在新生物学本质主义之中，两个任务之间始终存在着张力。

由上可见，两个信条之间的张力在根本上来源于生物学实践与本质主义的形而上学预设之间的张力。生物学本质主义包含了两个方面，一方面是本质主义的；另一方面是生物学的。人们在为新生物学本质主义辩护的过程中的种种失败，或许表明本质主义并不适用于生物学。对此，艾瑞舍夫斯基曾有过含蓄的说明。在他看来，生物学不需要本质主义的形而上学预设，“生物学家们引用其他的特征对有机体的特征做出解释，并不需要附带地做出形而上学上的宣称：那些在解释中被引用的特征对于一个类群中的成员来说是本质性的”。[①]不过，在戴维特看来，在生物学中“内在本质起着根本的因果作用”[②]，因而本质主义是生物学中必不可少的形而上学预设。不过，布尔佐维奇（Z. Brzović）基于克里普克的本质主义和生物内在本质的分析表明，生物学中的本质主义预设只能进行最小限度的解释，“某些类别的特权标准不能由识别它们的本质而得出，这原本就是人们持有本质主义观点的主要动机之一”。[③]这种只有最小解释功能的本质主义形而上学预设是否还能被视为真正的形而上学都是令人质疑的。因而，

① Ereshefsky M. What’s wrong with the new biological essentialism. Philosophy of Science, 2010, 77(5): 680.

② Devitt M. Defending intrinsic biological essentialism. Philosophy of Science, 2021, 88(1): 67-82.

③ Brzović Z. Devitt’s promiscuous essentialism. Croatian Journal of Philosophy, 2018, 18(2): 293.

我们就有理由认为，生物学中并不能容纳本质主义的形而上学预设。

本质主义作为一种不仅符合常识而且在哲学史中长期占有支配性地位的观点，它强调包括生物学物种在内的所有事物都具有独特的内在本质，人们可以通过事物的内在本质把它们区分开来，正如柏拉图所言“在自然的关节处分解自然”。不论是传统的生物学本质主义还是新生物学本质主义，其很大程度上都从进化生物学、遗传学和生物分类学等学科寻找理论资源。然而，无论进化生物学、遗传学还是生物分类学等学科的理论并不足以支撑任何一种本质主义主张。可以说，现代生物学实践与本质主义之间是难以兼容的，当本质主义者试图运用现代生物学的知识来论证各种新生物学本质主义时，实质上是尝试利用与自己相冲突的观点来为自己寻求辩护。由此，本质主义与现代生物学实践之间的冲突在根本上使新生物学本质主义难以成功。

综上所述，传统的生物学本质主义因与现代生物学不兼容而不能解决分类和解释问题，而新生物学本质主义同样因与现代生物学不兼容而不能同时解决分类和解释问题。两者都因生物学实践与生物学本质主义的形而上学预设之间存在难以弥合的张力而最终走向失败。当然，还有一个更深层次的问题是：为什么新生物学本质主义不能同时解决分类和解释问题？或者，为什么现代生物学不能提供可以同时解答分类和解释问题的生物本质属性呢？对于这个问题的答案，我们或许可以从生物学本质主义的历史演进中找到。在下一章中，我们将会集中进行这个方面的探讨。

第九章　困境根源的历史分析

在上一章中，我们分析了新生物学本质主义在内在逻辑上的困境。在本章中，我们则尝试从历史角度对造成困境的根源做出说明。上文指出，现有的新生物学本质主义方案都不成功的原因是，它们都在某种程度上与当代生物学的实践相抵牾。在具体的论证中，我们发现生物学本质主义的分类和解释两个信条之间一直存在着难以消弭的张力。这种张力究竟是什么，以及它是如何产生的等问题，在上文中并未给出回答。在笔者看来，上文的逻辑分析无法为这些问题提供答案，这些答案只能在生物学本质主义的历史发展逻辑中寻找。对生物学本质主义历史逻辑的分析表明，新生物学本质主义的失败不仅是生物学本质主义逐渐为现代生物学理论所取代的结果，而且是生物学本质主义的两个基本信条所孕育的两个学科不断分化的结果。

第一节　前达尔文的生物学本质主义

生物学本质主义的观点早在古希腊已经萌芽。可以说，在达尔文提出进化论之前，生物学本质主义一直支配着人们在物种问题上的想象力。我们可以把前达尔文的学者们提出的本质主义观点统称为“前达尔文的生物学本质主义”。我们在前文频繁讨论的本质主义的两个基本信条从这时起已经基本形成，并且构成了其后人们谈论生物学本质主义的一般框架。从哲学史来看，整个古希腊时期的思维都是本质主义式的，而这种思维在生物学中的表现就是生物学本质主义的最早雏形。应当说，前达尔文的生物学本质主义观点在很大程度上是由柏拉图和亚里士多德所奠定的。当然，就两者的作用而言，后者显然比前者有着更大的影响。因而，我们在这一部分将着重介绍亚里士多德的观点。另外，林奈的生物学本质主义观点也是前达尔文的生物学本质主义。不过，由于它是亚里士多德之后最为系统的生物学本质主义观点以及其与达尔文思想之间较为直接和紧密的联系，我们会在下一节专文进行讨论。

现在，我们先对柏拉图的生物学本质主义做一点简要说明。应当说，柏拉图本人并没有提出专门的生物学本质主义。作为其思想核心的理念论，他认为其适用于世间的一切事物，生物世界自然也不例外。我们知道，柏拉图的理念论把世界分为理念世界和现实世界。在他看来，前者才是实在的、恒定不变的，而后者是表象的、变动不居的，后者是对前者的不完美模仿或投影。比如，我们在纸张上画出的三角形就是对三角形理念的不完美投影，其他的几何形状也是对它们各自理念的不完美投影。如果接受这一观点，那么可以说现实世界中的每一个物种都是对它们各自理念的不完美投影。现实世界中的物种可能会消失或灭绝，但是理念是永恒持存的。对此，有学者指出：

> “生物本质论”在看待貘、兔子、穿山甲和单峰骆驼时，就仿佛它们是三角形、菱形、抛物线或十二面体。我们看到的兔子，是完美的“本质兔子”的苍白投影。那只完美的、本质性的柏拉图式兔子（以及所有完美的几何图形）就高悬在理想空间的某处。有血有肉的兔子可能会因变化而有所不同，但是它们的变异总被看作是从“完美兔性”（the ideal essence of rabbit）的偏差。[①]

在上述引文中，现实的兔子是对兔子本质的不完美投射，而兔子的多样性或兔子身上的变异则被理解为对本质的偏差。进一步来说，不同的物种会有不同的本质，通过兔子的本质可以对兔子身上的特性做出解释。当然，柏拉图在物种概念的使用和物种分类问题上的思想还有很多含混之处。对此，我们会在下文中具体说明。不过，柏拉图的理念论对生物的本质和变异的理解已经初步确立了生物学本质主义的基本内涵和框架。

亚里士多德的生物学本质主义与柏拉图的观点之间有着明显的差异。先简单介绍一下亚里士多德的观点，我们再说明两者之间的异同。亚里士多德对本质主义观点的影响是与学者们在其观点上的巨大争议联系在一起的。事实上，在亚里士多德所处的古希腊时代，很多我们现在所知的科学学科才刚刚开始萌芽，很多现在我们所知应该属于某一学科的观点通常是与其他学科的观点纠缠在一起的。在那时，还不可能有真正的学科分科，许多学科的问题是被混在一起讨论的。亚里士多德关于物种本质主义

---

① 转引自理查德·道金斯. 地球上最伟大的表演：进化的证据. 李虎，徐双悦译. 北京：中信出版社，2013：19.

的讨论也不例外。因而，如果我们尝试去理解亚里士多德的观点，那么就会发现它通常比人们所认为的复杂得多。人们关于其观点的争议，首先源自其独特的生物学本质主义观点。对其观点，有学者指出：

> 对亚里士多德来说，每一个特定的实体都包含一个本性（nature）或真实的本质。事实上，每一个特定性都是那个本质的例示（instantiation）。其他的特定性也可以共享那个共有的本质——比如，在世界上，存在着不止一种动物的实例。能够对一个本质的不同特定的实例做出区分的是它们在内在的质料和它们的本质被例示的方式上的质的差别。[①]

从上述引文中可以看出，在亚里士多德看来，每一个实体[②]都有一个特定的本质，而且不同的实体也可以共享这个本质。不同的实体的本质不同，并非因为它们包含不同的本质，而是它们例示同一本质的方式不同。并且，不同本质之间的真正区分依赖的是质料和例示本质的方式的不同。

那么，亚里士多德的具体观点究竟是什么呢？首先，亚里士多德的本质主义观点是一种目的论的本质主义而非一种类型本质主义。前文指出，现代的生物学本质主义者在论证自身观点时可以依据三种不同的属性：内在属性、关系属性或两者的结合。尽管他们可能在物种的本质究竟是何种本质这一问题上存在分歧，但是他们大多都承认物种的本质是某种物理属性。相反，目的论的本质主义则不是这样一种本质主义。在亚里士多德看来，一个事物的特定本质是“它可以达成特定目的的力量”，事物的本质属性并非一种物理属性而是一种倾向属性。对于他来说，不同实体在本质上的不同就是它们在倾向属性上的不同，即它们各自达成特定目的的力量上的不同。对此，有学者举例说：

> 在生命实体的例子中，它们的目的是获得一种确定的生命样式。对于所有生物来说，它仅仅是生命自身；对于动物来

---

① Ereshefsky M. The Poverty of the Linnaean Hierarchy: A Philosophical Study of Biological Taxonomy. Cambridge: Cambridge University Press, 2004: 18.

② 亚里士多德的“实体”观点是一种唯名论的观点。这种观点认为，每一个具体的个体才是真正的实体，而柏拉图所谓的“理念”是对具体“实体”的抽象。

> 说，是一个有感知能力和自我运动能力的生命；对于人类来说，是一种既具有这些特征又具有理性能力的生命。[①]

由上述引文来看，不同的生命形式的目的是获得一种生命样式，而这对于所有生物来说就是获得生命本身。那么，这种生命本身又是什么呢？它对于人类之外的所有生物来说具有感知能力和自我运动能力，而人类除了具有这两种能力之外，还有理性能力。由此可见，人类之外的所有生物的本质是获得感知和自我运动的力量，而人类的本质是获得感知、自我运动以及理性的力量。

亚里士多德除了主张生物本质是达成某种目的的力量外，还认为这些本质在不同生命个体上有不同的表现形式。也就是说，虽然非人类生物的本质体现为它们获得感知和自我运动能力的力量，但是这种力量在不同的生物体上可以表现为不同的形式。对此，有学者指出：

> 如果作为一个动物的真正本质是获得感知和自我运动的力量，那么这个本质可以依赖不同的动物类型而显示为不同的实例：一些动物用它们的鳍运动，其他的用它们的腿，还有的用它们的翅膀。再者，它们也可以在一个特定的动物种类内发生变化：一些鸟类利用它们的脚走路，一些鸟类利用它们的翅膀去飞，一些鸟类用它们的翅膀去蹒跚。一个特定的动物会显示出什么样的实例将会明显地依赖它的（个体发育的和外部）环境。[②]

引文表明，在获得自我运动的力量这一点上，不同的动物身上有着不同的表现形式，而且这些表现形式会随着它们各自所处环境的变化而变化。因而，它们的本质所呈现出来的不同表现形式就是它们在所处的环境中实现它们本质功能的能力。另外，亚里士多德并不认为动物本质的表现形式一定要是可见的，一些本质的表现形式可以是不可见的。在他看来，一些动物可能有自我运动的力量，即使由其他的原因导致其力量并不能表现出来，这也不会妨碍自我运动的力量成为其本质。比如，一只鸟在出生时一只翅膀受到损伤而导致其不能飞翔，这并不意味它没有自我运动的力

① Ereshefsky M. The Poverty of the Linnaean Hierarchy: A Philosophical Study of Biological Taxonomy. Cambridge: Cambridge University Press, 2004: 18.

② Ereshefsky M. The Poverty of the Linnaean Hierarchy: A Philosophical Study of Biological Taxonomy. Cambridge: Cambridge University Press, 2004: 19.

量，而是它无法展示自己的力量。

现在，我们来看亚里士多德的本质主义在物种分类问题上的应用。在涉及亚里士多德观点的具体应用时，我们会进一步发现其思想的复杂性。这一复杂性体现在他的《形而上学》和《论动物部分》两个文本中会分别呈现出两种不同的本质主义上。在前者中，他的本质主义主要体现为他对属和种的区分以及二分法，即属加种差的逻辑分类方法。依据这种分类方法，人类物种就属于动物属，其种差是理性，人类就被视为是有理性的动物。而对生物的分类由不同的分类层级构成，每一个分类层级都由其属加种差来构成，并且属内的对象也可以依据它们是否具有某种特定的种差而进一步予以划分。以生命世界为例，他的划分方法大致是这样的：

> 依据在自我运动上的差别，生命对象的属可以被划分为动物和植物，在分类层级的下一个单元，依据在理性上的差别，动物属被划分为人类和低等动物。①

然而，在其生物学文本中，他并未将这种二分法用于生物分类。这一点表现为，依据有脚和无脚这样的逻辑二分法对生物种群进行分类会遭遇实质性的难题。对此，有学者指出：

> 例如，是否温血是一个比有脚低一级的单元，并且按照二分法，所有温血的动物应该是有腿的或无腿的——它们不应该出现在更高一级单元的两边。不过，所有有脚的动物和一些无脚的动物（比如蛇）都是温血的。所以，二分法会导致温血动物自然种群的分裂。②

为了解决上述难题，他提出了一种与逻辑二分法不同的分类方法。这种新的分类方法不再像二分法那样依据单一的种差划分一个更高的单元，而是同时利用多个种差区分同一个单元。举例来说，二分法会依据有脚和无脚来区分一个单元，在下一个单元进行划分时仍然依据一个单一的标准。相反，在新的分类方法中，对同一个单元进行划分会同时依据有脚

---

① Ereshefsky M. The Poverty of the Linnaean Hierarchy: A Philosophical Study of Biological Taxonomy. Cambridge: Cambridge University Press, 2004: 20.

② Ereshefsky M. The Poverty of the Linnaean Hierarchy: A Philosophical Study of Biological Taxonomy. Cambridge: Cambridge University Press, 2004: 20.

和无脚以及有血和无血等多个标准。可以说，这种新的分类方法已经较为接近林奈所提出的自然分类法。

另外，对于上述观点，我们还有需要补充之处。我们知道，亚里士多德持有的是一种目的论的本质主义，他把生物的本质视为其某种目的论的功能，或者是达成某种目的的功能或力量。另外，这种本质在不同的动物身上有不同的表现形式，并且这些表现形式有些是可见的，有些是不可见的。生物的本质如何在具体的个体上实例化，这在很大程度上要取决于它们各自所处的环境。通过这种目的论的本质以及生物所处的环境，他的目的论本质主义对不同生物个体的多样性特征做出了说明。同样，在生物分类上，这种本质主义也发挥了重要的作用。在其《形而上学》中，他利用属加种差的二分法来对生物进行分类，而在具体的分类过程中，他所依据的种差就是生物本质在不同个体上的表现形式。在其《论动物部分》等生物学著作中，他则进一步扩展了逻辑二分法。这种扩展表现在，在同一个属中，他引入了多个种差作为分类标准。换言之，在生物分类中，他以多个生物本质的表现形式作为划分依据。由此可见，亚里士多德依据目的论本质对不同生物的特征做出解释，并依据这些特征对生物加以分类。

不过，在古希腊时期，由于人们对物种的本性缺乏真正的了解，对物种概念的理解难免存在混乱。此时，物种（或种）概念的使用常常是和属概念联系在一起的。这两个词的希腊文分别是 edios 和 genos。柏拉图在使用这两个概念时并没有真正地把他们区分开来，在很多情况下他都是交替使用这两个概念，“他从来没有按隶属于‘属’这个阶元的‘种’的含意来使用 edios 这个字”。[①]柏拉图不仅未对“种”和“属”的概念进行区分，而且他也没有在生物学的意义上使用这两个概念。真正对这两个概念进行区分的是亚里士多德。不过，他和柏拉图一样主要是在逻辑学中使用这两个概念。他在生物学中使用这两个概念时仍旧存在着许多混乱。当他把逻辑学中使用的“种”和“属”概念运用于生物学时就造成了他的分类系统与今天人们惯用的分类系统之间的差异。

在柏拉图和亚里士多德那里，“种”具有双重用法，“种不仅在正式的哲学意义上作为一个事物的类，而且在一个较少正式的用法中指称事物的形式（form）”。[②]换言之，“种”的概念主要在逻辑学中使用，而

---

① 恩斯特·迈尔. 生物学思想发展的历史. 2 版. 涂长晟，等译. 成都：四川教育出版社，2010：167.

② Hey J. Genes, Categories, and Species: The Evolutionary and Cognitive Causes of the Species Problem. New York: Oxford University Press, 2001: 6.

较少在生物学中使用。即使是在生物学中使用“种”概念，哲学家们也只是把逻辑学的方法照搬到物种的定义和分类中，生物学中的“种”概念可以被视为逻辑学用法在生物学中的延伸。

即使存在上述问题，我们也不得不承认以柏拉图和亚里士多德为代表的哲学家奠定了生物学本质主义的基本信条。不论是柏拉图还是亚里士多德提出的本质主义都尝试对生物的性状做出解释，同时，利用这一个观点对不同的物种做出分类。虽然，柏拉图并没有像亚里士多德那样提出较为明确的分类学主张，但是依据柏拉图的理念论也可以推导出一种大致的分类学观点。另外，虽然柏拉图和亚里士多德的观点在具体内容上稍有差异，即前者是一种类型本质主义，后者是一种目的论的本质主义，但是他们对生物性状的解释在根本上是一致的。这种解释就是我们在第一章中论及的自然状态模型。依据该模型，每一个物种都有独特的本质，这一本质可以使各自物种保持着与其他物种相区别的独特性状，而个体性状的变异是对本质的偏移。由此可见，在古希腊时期，本质主义的两个基本信条就已基本形成，并且奠定了其后人们理解本质主义的基本思路。

实质上，古希腊时期形成的本质主义融合了生物学的两个基本的学科。具体来说，现代生物分类学和遗传学这两个学科都可以在最初的生物学本质主义思想中找到自己的源头。也可以说，这两个学科最初分别是以生物学本质主义的分类和解释这两个基本信条呈现出来的。或者说，分类和解释这两个不同的内容由两个不同的学科所承担。生物学本质主义在很长一段时间里支配着这两个学科的学者们的思维方式。一直到 20 世纪初期，生物学本质主义仍然是理解分类学的基础。①另外，在现代遗传学产生之前，生物学本质主义也是遗传学的前科学阶段的主导性观点。②这在很大程度上解释了为何即使这两个学科逐渐从生物学本质主义中分化出来，且其理论已经发生了很大的变化，仍然有那么多的哲学家们持有这一观点。对于这两个方面，我们在下文中会给出更为具体的论述。

基于以上说明，本章将在接下来的部分中说明，生物学本质主义之所以面临困境的原因是，生物学本质主义的观点逐渐为现代科学观点取代的同时，它所包含的两个学科也不断地走向成熟，并分别分化为两个独立的学科。简言之，生物学本质主义遇到的困境是其所孕育的两个学科不断

① 恩斯特·迈尔. 生物学思想发展的历史. 2 版. 涂长晟，等译. 成都：四川教育出版社，2010：177.

② 恩斯特·迈尔. 生物学思想发展的历史. 2 版. 涂长晟，等译. 成都：四川教育出版社，2010：422-423.

成熟并走向分化的结果。本章中，我们还试图表明，这种分化带来的最终结果是，生物学本质主义所孕育的两个学科最终分化为生物分类学和遗传学这两个不同的学科，它所希望完成的解释和分类任务分别由两个不同的学科来完成，生物学本质主义走向终结。换言之，生物分类学与遗传学最终走向分化的过程也是生物学本质主义最终完成的过程。实质上，它也是哲学从萌芽到逐渐走向成熟，并最终分化为诸科学学科的一个侧面。

当然，生物学本质主义所孕育的两个学科走向分化的过程是一个漫长的历史过程。我们尝试把这一历史划分为三个阶段：初始分化阶段、中间分化阶段和最终分化阶段。这三个阶段的大致区分是：初始分化阶段从达尔文提出进化论到现代遗传学提出之前；中间分化阶段从现代遗传学的提出到分子生物学革命完成之前；最终分化阶段从分子分类学（molecular taxonomy）和分子遗传学的产生一直到现在。在接下来的三节中，每一节将分别讨论其中的一个阶段，并且每一节都会呈现生物学本质主义在生物学不断发展背景下的具体样态。最后，我们表明，当代分子分类学和分子遗传学的产生意味着生物学本质主义的使命已经完成并最终走向终结。

第二节　林奈时期的生物学本质主义

林奈的生物学本质主义是自古希腊以来最为成熟和完整的生物学本质主义观点。他的生物学本质主义是一种融合了基督创世说和物种不变论的观点。这一观点自被提出之后，在生物学中一直有着广泛的影响。直到达尔文进化论的提出，它才开始面临真正的挑战。这就揭开了生物分类学成为独立学科的第一步。不过，下文将会指出，在达尔文的进化论提出之初，它对林奈的生物学本质主义的冲击主要体现在生物分类问题上。当然，在这个阶段中，由于真正具有竞争力的物种概念还没有被提出，林奈的生物学本质主义观点在生物分类学家中仍然有着重要的影响。林奈的生物学本质主义遭遇到的真正冲击也只有在现代遗传学产生之后才会出现。对此，我们将在下一节中进行具体的论述。

物种含义的真正变化发生在中世纪的宗教改革之后。在这个时期，基督教的神创论思想在很大程度上塑造了人们在物种问题上的本质主义理解方式。神创论认为上帝创造了世间万物，不同的生物物种作为自然中的存在物也是上帝的杰作。在这种思想的影响下，人们普遍认为每一物种都是独特的，它们的数量有限并且是不发生变化的。除了宗教意识形态的影响，生物学的发展也为林奈生物学本质主义的产生提供了条件。相较于古希腊时期的哲学家，中世纪的学者们对物种有了更深的理解并且也积累了更多有关物种的知识，“绝大多数草药家在研究野生植物时也同样得出了种是自然界的明确单位，它们是不变的而且彼此之间有明显差异的结论”。[①]也就是说，草药学家们在研究植物中所获得的经验也告诉人们物种是自然界中真实存在的单位，它们似乎是不变的并且彼此之间存在着明显的差异。神创论对物种的理解似乎与生物学家的经验研究相契合。在这样的背景之下，得出物种本质主义的结论似乎就是顺理成章的。

物种本质主义产生的另外一个背景是形态学分类（morphological classification）方法的盛行。林奈之前的分类学家雷，已经使用生物的表型或形态特征对物种进行分类。林奈发展了雷的观点，他开始使用“性系统”，比如植物花蕊的数目、形状、比例、位置等形态特征作为分类指标。早期的分类学家们认为，每一个物种都有与众不同的理想的形态，它足以与其他物种相互区分。生物的形态学特征作为区分和识别物种的方式逐渐形成了形态学物种概念。可以说，这一物种概念直接促进了模式物种概念的产生。不过，形态学分类方法的优势是操作较为方便，缺点是理论依据不足且不具有普遍适用性。形态学分类方法之所以被广泛采用的主要原因是，分类学发展的早期阶段科技条件有限，只能以肉眼可见的形态特征作为依据。另外，有许多物种确实仅从形态上就可以被区分开。当然，这种方法遇到的难题同样是有很多物种无法通过形态被区分开来。

在这个阶段，人们对物种本质主义的理解体现在本质论的物种概念中。本质论的物种概念认为“每一物种皆以其不变的本质（eidos）为特征并以明显的不连续性和其他物种相区别”。[②]按照这个概念，一个物种由具有共同本质的生物个体所组成，每一物种皆有其本质，物种因具有不同本质而彼此不同。那么，持有本质论物种概念的学者们是如何在实际操作中确定物种本质的存在的呢？答案是它们以相似性（similarity）为依据来确定物种的本质。这里的相似性主要指的是生物体在形态特征上的相似性，物种就是由形态上相似的个体所组成的集群。不同的个体由于具有某些形态上的相似性而属于同一个物种，同样由于缺乏形态上的相似性而分属不同的物种。形态上的相似性就成为物种的理想的类型或模式。这就是

① 恩斯特·迈尔. 生物学思想发展的历史. 2 版. 涂长晟，等译. 成都：四川教育出版社，2010：168.

② 恩斯特·迈尔. 生物学思想发展的历史. 2 版. 涂长晟，等译. 成都：四川教育出版社，2010：168.

为什么本质论物种概念也被称为模式物种概念。按照这个概念，一个物种中的“个体与个体之间并没有任何特殊关系，它们仅仅只是同一本质（eidos）的表现。变异是本质表现不完善的结果”。[①]

我们注意到，本质论的物种概念把物种理解为具有同一本质的不同个体的简单加和，个体之间的关系仅在于它们呈现出了同一本质。另外，它在强调物种个体相似性的同时，也注意到了个体间的变异性。然而，在它看来变异性同样也是对相似性的反映，只不过它们是不完善的反映。

有学者指出，林奈的生物分类学理论由三个部分构成，其中的两个部分分别是：神创论与本质主义。[②]上文指出，林奈的生物学本质主义与物种不变论密不可分。依据神创论的观点，物种是由上帝在创世时所创造的，它们除了拥有专属自己的独特模式外，其内在性质和数量是不变的。不过，林奈后期的观点有所松动。有学者指出，林奈在发现了一种通过杂交形成的新物种之后，逐渐放弃了物种不变论的观点。[③]这意味着，我们再把林奈视为一个物种不变论者似乎就不恰当了。

不过，林奈的生物学本质主义并不必然需要与神创论的物种不变论相结合，即使没有物种不变论，林奈的生物学本质主义也可以被称为一种物种本质主义。这主要体现在它对物种特征的独特理解的方式上。或者说，主要体现在它对物种变异问题的理解上。他把物种的某些形态视为理想的模式，符合理想模式的就是同一个物种，不符合的则不是，物种的变异则被理解为对本质不完善表现的结果。在这一点上，他的观点与柏拉图和亚里士多德的观点并无二致。由此可见，即使没有物种不变论，林奈的生物学本质主义也不会受影响。

对林奈观点造成强烈冲击的是达尔文的物种渐变论观点。我们知道，达尔文在其《物种起源》一书中的主要观点之一是，古老的物种演化为现有物种的机制是自然选择。在说明物种演化的速率时，他提出了物种渐变论的观点。这一观点认为，物种的演化是一个渐进的、缓慢的、连续的过程，在物种演化的过程中，原有的物种与新物种之间可能会存在过渡类型，它们之间会表现出形态上的连续性，环形种就是最好的例

---

① 恩斯特·迈尔. 生物学思想发展的历史. 2 版. 涂长晟，等译. 成都：四川教育出版社，2010：168.

② 林奈的生物分类学的第三个部分认为，“属”是其所提出的等级分类体系中最为重要的分类单元。参见 Ereshefsky M. The Poverty of the Linnaean Hierarchy: A Philosophical Study of Biological Taxonomy. Cambridge: Cambridge University Press. 2004: 205.

③ Sober E. Evolution, population thinking, and essentialism. Philosophy of Science, 1980, 47(3): 356.

证。林奈在神创论的影响下持有的是一种物种不变论的本质主义观点，达尔文的渐变论观点似乎会对物种不变论的观点构成直接挑战。不过，深究起来却并非如此。由于杂交物种的存在，林奈在后来放弃了其物种不变论的观点，达尔文的物种渐变论对林奈的批评似乎是无的放矢。

人们可能会说，达尔文的观点会对其生物学本质主义观点构成威胁。不过，笔者想说的是，这也并不尽然。因为，虽然林奈的本质论物种概念认为每一个物种都有其理想的模式，但是它也承认物种的形态特征是可以存在变异的。从这一点来看，达尔文的物种渐变论与林奈的生物学本质主义之间的矛盾似乎并非不可调和。事实上，有许多学者对林奈的生物学本质主义观点提出的批评是，它对物种变异的解释与现代所认可的观点不符。然而，达尔文的观点确实对林奈的本质主义观点构成了挑战，只是这一挑战在很久以后才真正地显现出来。

那么，人们可能会问：达尔文的观点在提出之初究竟有着什么样的影响呢？在笔者看来，这种影响在当时主要是强化一种可能替代本质论物种概念的物种概念。这一物种概念被称为唯名论物种概念。事实上，在林奈提出本质论物种概念之后，就有学者对其进行质疑，并尝试用唯名论物种概念去替代它。唯名论物种概念主张，只有个体是真实存在的，物种或其他的任何“类”的概念都是人为的虚构。而达尔文在其《物种起源》中讨论物种概念时大致也是采取一种唯名论的概念。对此，他明确指出：“我把物种这个词看作是为了方便而随意加在一群彼此相似关系密切的个体之上的，它与变种一词没有本质的区别，变种指的是较少差别且波动较大的类型。”[①]不过，唯名论物种概念在当时是否足以取代本质论的物种概念是值得商榷的。

可以说，对于上述状况，分类学家们似乎只有两种选择，不支持本质主义物种概念，就得支持唯名论物种概念，即使后者也不令人满意。对此，有学者指出：“18 世纪、19 世纪中不满意本质论物种概念的生物学家们为什么采用了唯名论者的概念的原因并不是由于后者优越而完全是因为除此而外别无选择。”[②]或许，达尔文之所以会持有唯名论物种概念也是基于同样的原因。

不过，需要指出的是，达尔文的观点只能说是强化了唯名论的观

---

① 达尔文. 物种起源. 上海：上海世界图书出版公司，2010：33.

② 恩斯特·迈尔. 生物学思想发展的历史. 2 版. 涂长晟，等译. 成都：四川教育出版社，2010：174.

点，它作为一种可能替代本质论物种概念的物种概念在当时并未真正地取代后者。直到 20 世纪初期，本质论物种概念仍被当时的分类学家们视为占有支配地位的物种概念。[①]此后被认为真正地取代了本质论物种概念的生物学物种概念在达尔文的思想中还只是处于萌芽阶段。因而，即使达尔文的进化思路对林奈的生物学本质主义有着真正的影响，这一影响也是在很长的一段时间之后才真正地表现出来的。

另一个例证是，人们对林奈生物学本质主义的批评更多地出现在现代而非达尔文的时代。这可能有两个方面的原因：一方面，达尔文思想的成熟和人们对其思想的深入理解是一个缓慢的过程；另一方面，在其思想影响下产生的新的物种概念对林奈物种概念的取代也是一个缓慢的过程。这两个方面可以分别从对林奈的分类学观点提出的两类不同的批评中看到。其中一类批评以胡尔和迈尔为代表，他们分别以达尔文的物种渐变论和群体思维观点为基础批评以本质论物种概念为代表的生物学本质主义。对此，上文已有论述，这里不再赘述。

第二类则是依据现代分类学对林奈的分类学观点提出的批评。生物学本质主义通常依据单一的标准（本质或理想的类型）来区分和识别物种，而现代的分类学则持一种多元论的观点，即并不存在用以区分和识别物种的唯一标准。对此，有学者指出：

> 并不存在上帝赋予的、独一无二的方法来对进化过程中无数不同的产物进行分类。有很多合理且站得住脚的方法可以做到这一点。[②]

本质论的物种概念在当代进化论和生物分类学的背景下已经经受了激烈的批评。当然，这也从反面说明了林奈的本质论物种概念在现代之前并未面临这些挑战。

说完本质论物种概念的分类学观点之后，我们再说一下解释问题。前文指出，林奈的本质论物种概念对变异的解释似乎与达尔文的进化论并不冲突。或者，至少在当时的人们看来，并没有严重的冲突。另外，对于本质论物种概念的两个方面分别做出介绍是为了论述上的方便。事实上，

---

① 恩斯特·迈尔. 生物学思想发展的历史. 2 版. 涂长晟，等译. 成都：四川教育出版社，2010：177.

② Dupré J. The Disorder of Things: Metaphysical Foundations of the Disunity of Science. Cambridge: Harvard University Press, 1993: 57.

在林奈时代，这两个方面是纠缠在一起的，它们各自所孕育的学科的分化是很久之后的事情。对此，我们可以从本质论物种概念对遗传学的早期影响中一窥究竟。在现代遗传学尚未产生的前孟德尔时代，林奈的生物学本质主义一直主导着人们对生物的遗传和变异现象的理解。对此，有学者指出：

> 在整个 16 世纪、17 世纪和 18 世纪的大部分时间，本质论思想占有左右一切的地位，因而对个体性状的变异似乎并没有进行系统研究。当博物学家遇到物种的典型表现有差异时，他们可能就会承认是种内的“变种”（模式论观点），不值得特别注意。正是由于对物种如此重视，所以由物种问题引出了关于遗传的一些最早期的观点［林奈、科尔鲁特（Kölreuter）、翁格尔（Unger）及孟德尔等的观点］也就不足为怪了。[①]

这一点也说明了，在现代分类学和遗传学尚未分化的时期，林奈的生物学本质主义中的分类和解释观点分别构成了这两个学科的前身。当林奈的观点盛行之时，他对物种变异的理解占有着支配性的地位，即使达尔文的进化论思想被提出之后也未立即取代其统治地位。对此观点的一个例证是，只有当代的学者们才对生物学本质主义解释方式进行了深入的批评。上文指出，这种批评主要是索伯依据群体思维对亚里士多德和林奈为代表的自然状态模型的批评。这一批评之所以成立是因为以现代的遗传学，尤其是群体遗传学为基础的群体思想提供了比后者更好的解释方式。对此，有学者指出：

> 本质论者并不知道怎样对待变异。对他来说，概念上的难题是，一个物种中的所有个体“基本”都相同。因而直到 19 世纪末甚至 20 世纪初不同种类的变异被弄得彼此混淆不清。这种混淆不清的状况直到在系统学和进化生物学中种群思想取代了本质论后才得到澄清。[②]

---

① 恩斯特·迈尔. 生物学思想发展的历史. 2 版. 涂长晟，等译. 成都：四川教育出版社，2010：423.

② 恩斯特·迈尔. 生物学思想发展的历史. 2 版. 涂长晟，等译. 成都：四川教育出版社，2010：423.

总结上文，林奈的本质论物种概念作为达尔文之前最为著名的生物学本质主义观点，同时孕育了生物分类学和遗传学这两个学科。在这一时期，虽然已经存在一些本质论物种概念的替代性观点，但是这些替代性观点还不足以真正取代它。生物分类学和遗传学的前科学阶段都混合在林奈的物种本质主义之中，成为当时人们理解物种分类和解释的主流观点。只有在达尔文思想成熟以及生物分类学和遗传学分化之后，这种观点才受到真正的冲击。对林奈本质主义观点的批评在当代才出现的原因是，生物分类学和遗传学在当代逐渐走向成熟并最终消除了生物学本质主义在这两个领域中的影响。

第三节 生物学本质主义的分化

在生物分类学和遗传学走向成熟的过程中，新生物学本质主义开始出现。上文指出，当代学者们基于进化论、生物分类学和遗传学等学科的最新成果对传统的生物学本质主义进行了激烈的批判。这些批评的核心是，传统的生物学本质主义与现代生物学的实践相冲突。新生物学本质主义得以兴起的背景之一是，当代生物学家们形成了一个基本的共识：生物学本质主义已死。鉴于这一状况，新生物学本质主义者在一开始提出自己的观点时就试图与现代生物学体系相结合。新生物学本质主义的理论资源主要来自现代生物分类学和遗传学。可以说，新生物学本质主义之“新”并非改变了传统生物学本质主义的基本信条而是以现代生物分类学和遗传学为基础重塑生物学本质主义的基本信条。

现代生物分类学和遗传学的最新成果分别是新的物种概念和群体遗传学（population genetics）。新的物种概念主要包括系统发育种概念、生物学物种概念和生态学物种概念。这些物种概念彻底取代了本质论物种概念在生物分类学中的作用。上文指出，历史本质主义或关系本质主义都是依据这些物种概念而被提出的。它们把这些物种概念中所显示的“源自同一祖先”“属于某一可以相互交配繁殖种群的一部分”和“占据特定的生态位”视为物种的本质。

如果说强调关系属性的新生物学本质主义是依据新的物种概念而提出的，那么强调内在属性的新生物学本质主义则主要依据群体遗传学而提出。群体遗传学是一门尝试把孟德尔定律及相关的遗传学原理应用于生物种群的学科。群体遗传学最初被提出是为了整合达尔文的自然选择理论和孟德尔的遗传学，它被定义为：“研究自然种群的基因组成和变异性，以及从自然选择、突变、重组、遗传漂变和基因流等方面解释这种变异性的理论”。[①]群体遗传学不仅被视为微观进化[②]的基础，而且是进化生物学的基础。DNA 条形码理论和混合生物学本质主义就是以群体遗传学为基础把物种内在的 DNA 序列视为物种的本质的。

然而，让人疑惑的是：何以现代生物分类学和遗传学并未为新生物学本质主义提供支撑呢？对于新生物学本质主义不同观点所面临的难题，上文已经做出了较为全面的交代。具体来说，对于生物学本质主义的分类和解释两个要求，历史本质主义、关系本质主义以及起源本质主义仅能够满足前者，而不能满足后者；而 DNA 条形码理论以及混合生物学本质主义则可以满足后者而不能满足前者。它们都试图对生物学本质主义的基本信条做出调整，要么主张放弃解释要求，要么则主张放宽分类的要求。这导致了新生物学本质主义者必须对其原初观点做出调整和修正。

不过，关系本质主义放弃解释要求的后果是，它不再被视为一种真正的生物学本质主义；而混合生物学本质主义放弃分类要求的后果是，它无法解决物种同一性问题。新生物学本质主义似乎面临着一个内在的理论困境，新生物学本质主义观点满足分类要求时却不能满足解释要求，而满足解释要求时却不能满足分类要求。总之，对新生物学本质主义来说，分类要求和解释要求总是不能被同时满足，两个信条之间存在着难以弥合的内在张力。

或许，新生物学本质主义内在张力的来源可以在历史分析中得到说明。前文指出，传统生物学本质主义与当代生物学的实践相冲突，而新生物学本质主义则依据现代生物学而被提出。不过，新生物学本质主义似乎仍然面临着难以克服的难题。原因何在呢？在笔者看来，新生物学本质主义内在张力的根源不在于本质论的物种概念与现代生物学实践之间的冲突，而在于传统生物学本质主义所孕育的两个学科不能同时满足本质主义的两个基本信条。更为具体地说，现代生物学的内容不断丰富，而且分类学也和遗传学不再纠缠在一起，而是成为彼此独立的学科。

另外，关系本质主义主要以生物学物种概念等为基础而提出，这些概念主要被用于分类而非解释；INBE 以群体遗传学的最新成果为基础而提出，而群体遗传学的主要功能是解释而非分类。换言之，与林奈的本质

---

① Fusté C. Studies in Population Genetics. Rijeka: IntechOpen, 2012: vii.

② 微观进化（microevolution）与宏观进化（macroevolution）相对，前者研究物种以上的高级分类群的进化过程，后者则研究物种层次上的生物类群的进化过程。

主义兼有分类和解释作用不同，在现代科学中，这两种功能完全由两个不同的学科来承担。传统生物学本质主义中的两种观点到了现代之后，已经走向分化并成长为两个研究旨趣完全不同的学科，生物分类学只专注分类而遗传学只专注解释。这就导致了两种不同类型的新生物学本质主义会面临着不同的问题，而且呈现出分类和解释不能同时兼顾的情况。以生物分类学为基础的关系本质主义只能满足分类要求，而对解释却无能为力；相反，以群体遗传学为基础的 INBE 只能满足解释要求，而对分类要求却束手无策。总之，不同类型的生物学本质主义以不同的学科为基础，这导致这些本质主义不能同时兼顾两个信条的要求。

不过，生物分类学与群体遗传学并非完全独立的，它们之间还存在着某种联系。或许，这种联系能够告诉我们，何以当关系本质主义面临解释难题时会向遗传学寻找解释资源，而 INBE 在面临分类难题时却并未提供较为有效的应对方案。

先从关系本质主义所依赖的生物学物种概念存在的问题说起。生物学物种概念的优点在于，它不仅得到众多经验证据的支撑，而且具有实践上的简便性。对于它的缺点，我们可以做一点更详细的说明，以便引出下面要讨论的问题。上文指出，依据生物学物种概念而提出的生物学本质主义不能满足生物学本质主义的解释要求。事实上，它在应对分类要求时也有很多的问题。除了不适用于无性生殖生物外，它至少还有以下两个明显的不足之处。

第一，生物学物种概念中的自然状态并没有太多的实用价值。这一概念主张，只有在自然状态下存在生殖隔离的两个种群才能被视为两个物种。不过，在实际的生物分类中，对于彼此之间存在着地理隔离的两个物种，我们很难判断它们之间是否存在真正的地理隔离。相反，若要在实验条件下让两个不同的种群进行交配繁殖，那么这样的做法既违反了自然状态的要求又不太现实。

第二，对许多生物物种而言，生殖隔离并非唯一的分类标准。具体来说，生殖隔离对很多生物物种的分类来说可能是有效的，而对植物物种则并非总是有效的。另外，即使是一些通常被认为是不同物种的种群之间也可能并不存在真正的生殖隔离。

因而，且不说生物学物种概念是否能够满足解释要求，即使应对分类要求时它也可能会面临很多的难题。显然，不论是从生物学概念的具体实用价值，还是从其哲学内涵来说都很难认为它可以支撑一种新的生物学本质主义观点。

另外，上文指出，当以新的物种概念为基础的新生物学本质主义遇到难题时不得不向遗传学求助。也就是说，在这些新生物学本质主义观点要应对解释问题时，它们不得不向内在属性求助。上文指出，新的物种概念所依赖的关系属性实质上是生物内在属性的副产品，生物的关系属性是遗传属性的产物。正是在此意义上，生物学物种概念也被称为遗传学物种概念。由于生物分类学所依据的标准是以遗传学为基础的，因而当以生物分类学为基础的生物学本质主义遇到难题时向遗传学中寻找思想资源也就不足为奇了。从以生物学物种概念为代表的物种概念对遗传学等学科的依赖来看，关系属性的呈现依赖于内在属性，关系属性并非一种独立的属性。由此，关系本质主义之所以遭遇难题的深层原因是，它是一种名义的而非实在的本质主义。

那么，为什么说关系本质主义是一种名义上的本质主义呢？对此，先交代一下洛克关于“名义的本质”和“实在的本质”的区分。在他看来，事物的“名义的本质”就是它们呈现出的能被我们所经验到的性质，人们可以通过这些性质对物种进行区分；而“实在的本质”则是某种我们不能经验到的内在组织，它们是那些我们能够经验到的性质的存在依据。比如，黄金的名义的本质是黄色的、具有延展性和可溶性等性质，而它的实在的本质则是黄金的内在结构，这些内在结构是黄金具有名义的本质的原因所在。[①]作为一个经验论者，洛克认为我们只能认识到事物的名义的本质，而不能认识到事物的实在的本质。或许，洛克之所以持有这样的观点，是因为他所处的时代科学还不够发达，认识不到事物的内在结构。现代本质主义者则认为现代物理学和化学的发展充分印证了洛克的观点，事物确有其内在组织。比如，水的内在组织是其分子式 H_2O，而黄金的内在组织是其原子序数 79。概括来说，在洛克的观点中，名义的本质与实在的本质不同，名义的本质并不等同于实在的本质。

有了上述区分，我们现在来看关系本质主义中的关系属性与遗传学之间的联系。关系本质主义者主张物种的本质是某种关系属性，但这种观点在解决解释问题时不得不从遗传学中寻找解释资源。上文指出，关系属性实质上只是物种的内在属性，也即基因属性的一种表现。这意味着，关系本质并非一种原生的属性而是一种派生的属性。也可以说，即使承认物种既有内在本质又有关系本质，内在本质也是

① 洛克. 人类理解论. 关文运译. 北京：商务印书馆，2009：456.

基础性的。[①]依据洛克对名义的本质和实在的本质的区分，关系本质主义中的关系本质只是一种名义的本质而非实在的本质。这也就可以解释为何当关系本质主义受到挑战时它要诉诸物种的基因来解决解释问题。这里就可以看出，生物分类学仍然与遗传学有着非常重要的联系。不过，如果关系属性只是一种名义的本质，那么关系本质主义就不能算是实在的本质主义。更为具体地说，生物学物种概念依赖内在属性所显示出的关系对物种进行分类，它虽然可以发挥名义的本质的作用，却不能真正发挥解释作用。由此可见，关系本质主义只是一种名义上的本质主义，它最终仍需依赖内在本质。

然而，物种的内在本质就是实在的本质吗？或者说，物种的基因属性是否可以成为物种的本质属性呢？以戴维特的 INBE 为例来说，物种的某种内在属性（基因属性）可以被视为物种的本质。不过，虽然他的观点可以很好地解决解释问题，但是却在分类问题上束手无策。戴维特在发展自己的观点时，对关系本质主义提出了非常明确的批判。在他看来，现有的关系本质主义根本不可能为生物学本质主义提供成功的辩护。在这一点上，他无疑是正确的。与关系本质主义不同，他尝试以遗传学为基础发展新生物学本质主义观点。他为了应对可能的批评，不得不减弱生物学本质主义观点对分类的要求。当其观点受阻时，他已经没有可以利用的理论资源。可以说，当他在论证中否决关系本质主义观点时已经没有了可以应对分类要求的理论资源。

概括来说，新生物学本质主义像传统生物学本质主义一样面临着难题。鉴于传统生物学本质主义不能与现代生物学实践相容的问题，新生物学本质主义尝试在现代生物学框架中为生物学本质主义提供辩护。不过，这些观点所做的理论努力都不成功，它们在不断调整和修正中最终归于失败。作为新生物学本质主义两大理论资源的生物分类学与遗传学已经成为相对独立的两个学科，而新生物学本质主义则仍旧尝试让物种本质同时扮演本属于两个不同学科所扮演的角色。当然，由于两个学科之间并未完全独立，生物分类学在很大程度上受到遗传学的影响。在此背景下，当基于某一学科的理论资源而提出的本质主义受到挑战时，生物学本质主义者们总是向另外一个学科寻找资源。然而，这两个学科毕竟是两个不同的学科，新生物学本质主义试图在一个框架中整合这两个学科的尝试是不能成功的。因而，这也就解释了何以不同的新

---

① Devitt M. Historical biological essentialism. Studies in History and Philosophy of Science Part C: Studies in History and Philosophy of Biological and Biomedical Sciences, 2018, 71: 1-7.

生物学本质主义即使不断地做出调整和修正也无法取得成功。

第四节 分子生物学时代的生物学本质主义

随着 20 世纪 50 年代分子生物学革命的到来，生物分类学对遗传学的依赖逐渐减弱。分子生物学革命之后，生命科学研究的尺度从细胞水平发展到分子水平。分子生物学的进展同样对生物分类学产生了革命性的影响，并最终促成了分子分类学的产生。分子分类学的兴起除了极大地推动生物分类学的进展外，它还使生物分类学摆脱了对其他学科的依赖，真正成长为独立的学科。相对于现有的新生物学本质主义，分子分类学的实践更接近于生物学本质主义的某些要求。不过，即使如此，分子分类学也不可能为生物学本质主义提供真正的理论资源。进一步来说，分子分类学的诞生不仅不能为新生物学提供辩护，反而宣告了生物学本质主义的终结。下面，我们将就此展开详细的论述。

在开始讨论之前，我们先对分子分类学做一些简要的介绍。笼统地说，分子分类学主要是把某段特定的 DNA 片段作为分类性状从而对不同的物种进行识别和分类。实质上，上文的论述已经涉及了一些分子分类学的内容，即 DNA 条形码。可以说，当今分子分类学大致有三种研究进路，除了 DNA 条形码外，另外两个研究进路分别是：DNA 分类学和分子可操作性分类单元（molecular operational taxonomic units，MOTU）。那么，这三种进路之间究竟有什么区别呢？应该说，目前为止，学者们对这三种进路还未提供较为清晰的定义，并且在它们之间的关系以及它们各自的具体应用等问题上还有着很多的争议。

不过，我们还是可以依据各个进路自身的特征做出一个大致的区分的。DNA 条形码技术主要是利用 DNA 去鉴别已有物种和发现新的物种，它以传统的形态学的分类框架为基础试图对其加以改进和补充；DNA 分类学则以特定 DNA 片段为依据建立新的生物系统发育树，进而摆脱传统的以形态学为基础的林奈式的分类体系；分子可操作性分类单元是根据每一个或多个特定的 DNA 片段间的遗传距离的差异，将不同的生物划分为不同的类群，每一个类群就是一个 MOTU，同时 MOTU 还尝试建立以 DNA 为基础的新的种概念从而取代传统的物种概念。[①]简单来

① Vogler A P, Monaghan M T. Recent advances in DNA taxonomy. Journal of Zoological Systematics and Evolutionary Research, 2007, 45(1): 1-10.

说，三者之间的主要区别是：DNA 条形码技术主要关注鉴别和分类；DNA 分类学试图建立新的分类学体系；分子可操作性分类单元试图提供新的物种概念。

虽然三种进路分别关注生物分类学的不同方面，但是它们却有着一些共同的部分。由于三种进路关注生物分类学的不同方面，它们都会依据各自的标准选择特定的 DNA 片段。这导致它们虽都以 DNA 片段作为生物分类的基础，但是在具体的 DNA 片段的选择上则有着比较大的差别。

不过，即使在具体的 DNA 片段的选择上有着比较大的差别，这也不妨碍这些不同的 DNA 片段有着一些共同的特征。它们的共同特征是：它们应该不仅有着足够的变异性和保守性，同时它们还必须是标准的并且包含足够的信息。其中的“足够的变异性和保守性”要求被选定的 DNA 片段在同种的个体中要有尽可能大的相似性，而在不同的种群间又有尽可能小的相似性，从而能够将同一物种的不同的个体进行归类从而区分出不同的物种（或者说种内的遗传差距要足够小而种间的遗传差距要足够大）；其中的“标准”指的是同一片段的 DNA 可以用于对不同的类群进行区分；而其中“足够的信息”则指的是它要包括足够多的指标才可能对足够多的种群做出区分。依据这些要求，我们也就可以大致了解何以不同的进路在具体的 DNA 片段的选择上会存在差异。

上文指出，上述标准在很大程度上是理想化的，满足上述理想的标准 DNA 序列在实际操作中根本就不存在。造成这种状况的主要原因是，学者们无法对种内和种间的遗传差距做出统一的限定，不同的物种之间的变异程度是不同的，根本无法确定统一的标准。学者们不仅在选取哪一段 DNA 片段作为标准的 DNA 条形码序列上存在争议，而且在种间以及种内差异之间应该选取多大的变异程度上也存在分歧。[①]由于生物学家们找不到普遍适用的标准 DNA 条形码序列，他们不得不在实际操作中根据各自的需要选择自认为合适的 DNA 条形码序列。

可以说，分子分类学的产生极大地促进了生物分类学的发展。要真正了解这种影响，我们有必要说明一下分子分类学产生之前的生物分类学状况。生物分类学真正发轫于 18 世纪林奈的《自然系统》。林奈在其系统中建立了以形态学为基础的分类框架，形态学的分类方法在分子分类学产生之前一直是生物分类学中的主导性框架。然而，自林奈以来，在形态

① 需要指出的是，这些分歧不仅存在于分子分类学的三种不同进路之间，也存在于同一进路的不同观点之间。

学分类框架的影响下，学者们在物种的分类问题上始终未能形成统一的意见。以林奈为代表的学者们提出的本质论物种概念，在现代分类学的影响下逐渐走向衰落并最终被以系统发育种概念、生物学物种概念和生态学物种概念为代表的现代物种概念所取代。然而，这并未终止人们在物种问题上的争论，不同学科的学者都依据自身学科的需要提出了各自的物种概念。

在分子分类学产生之前，学者们大致提出了多达 26 种不同的物种定义。即使是被当代学者们广为认可的生物学物种，在实践中也存在着很多的问题。在此情况下，物种究竟该如何定义这一问题不是变得越来越清晰了，而是变得越来越模糊了。可以说，自林奈时代以来的 300 多年中，在物种究竟是什么的问题上，学者们始终处于争论之中，理论上的混乱进一步造成了很多实践上的难题。对这一状况，美国学者齐默（C. Zimmer）在其《物种是什么？》一文中做了详尽的论述。[①]中国学者在翻译该文时直接把题目翻译为《物种分类：三百年的糊涂账》[②]。由此，我们也就可以大致了解在分子分类学产生之前的生物分类学的混乱状况。

分子分类学的产生从根本上提供了改变上述状况的可能性。依据上文的论述，分子分类学可能为生物分类学带来两个方面的影响：第一，它使传统的生物分类学进展到分子水平，把生物分类学的发展建立在更为稳固和精确的基础之上；第二，不论是 DNA 条形码理论基于形态学的分类学框架所进行的物种的鉴别，还是分子可操作性分类单元所提供的基于分子层次的新的物种概念，抑或是 DNA 分类学依据生物的分子信息建立可以替代林奈的分类系统的尝试都在很大程度上修正和革新了传统的生物分类学知识体系。对此，有学者指出：

> 正像所显示的那样，在 DNA 方法能够满足当前林奈系统中以形态学为基础的分类单元概念的需求的情况下，物种划界就会显得至关重要。……许多大尺度 DNA 测序研究的最新结果有望为整个分类学实践带来巨大的进步。[③]

① Zimmer C. What is a species? Scientific American, 2008, 298(6): 74.

② 《环球科学》杂志社. 第一科学视野：生命与进化（修订版）. 北京：电子工业出版社，2012：150-157.

③ Vogler A P, Monaghan M T. Recent advances in DNA taxonomy. Journal of Zoological Systematics and Evolutionary Research, 2007, 45(1): 1.

正是在分子分类学的影响下，很多学者试图在分子分类学的框架下统一现有的分类理论，从而为当代的生物分类学提供统一的框架。可以说，分子分类学的产生使得生物分类学的研究尺度从宏观走向微观，从个体水平走向分子水平，从而使生物分类学取得了革命性的进展。也正是在这种革命性的进展之下，生物分类学家统一物种概念的尝试才成为可能。对此，齐默指出：

> 今天，他们可以读取 DNA 序列，在其中他们正在发现隐藏的生物多样性的财富。……他们相信把多种相互竞争的概念合并进一个单一的总体框架中已经成为可能。这个统一后的概念将可以应用于从嘲鸫（mockingbirds）到微生物的任何一个生物类别。①

那么，为何说只有在分子分类学产生之后，生物分类学的统一才成为可能呢？我们仍从物种分类的问题上说明这一点。我们知道，物种分类的理想是找到一个或一组较为稳定和普遍的性状，利用这些性状将不同的生物类群区分为不同的物种。当然，这些性状在同种个体之间的差异要足够小，而在不同物种间的差异要足够大。分类学家们关于物种定义的争论在很大程度上根源于他们不仅在使用何种性状上存在争议，而且在应该赋予同一种性状以什么样的权重上也存在着争议。

在前现代时期，在如何对物种进行分类的问题上，本质论物种概念占有支配性的地位。本质论物种概念所强调的模式实质上是某种理想的形态类型。理想的形态类型的典型例子就是林奈在进行植物分类时所强调的植物花蕊的数目、形状、比例和位置等。也就是说，这个时期的物种分类是以形态学性状为基础的。用现代遗传学的术语来说，传统的物种分类主要是以表型性状作为分类依据。在此意义上，生物学物种概念等以关系属性作为分类依据的物种概念在实质上也是以表型作为分类标准。

不过，有人可能会问：以表型作为分类标准有什么不妥吗？事实上，依据现代遗传学的划分，表现型是与基因型相对的，并且表现型通常被认为是基因型和环境相互作用的结果。这意味着，同一个基因型在不同的环境中会呈现出不同的表现型。尤其是生物学的表现型所表现出的可塑性使生物的形态特征呈现出多变性和不稳定性。生物学家们在使用这些表

① Zimmer C. What is a species? Scientific American, 2008, 298(6): 74.

型特征进行分类时会面临许多难题。或者说，表型特征远远不符合生物分类学家关于理想的分类性状的要求。直到分子分类学产生，它才为生物分类学家们提供了可能满足理想分类标准的性状——DNA 片段。

也可以说，直到分子分类学诞生，它才为分类学家们提供了实现真正的生物分类的可能性。同样，也只有在此背景下，才可能真正实现物种分类概念的统一。当代分类学的实践也充分证实了这一点。在以 DNA 为基础的分子分类学产生之后，形态学分类方法并未被放弃，而是与前者整合在一起形成了更为全面和合理的现代分类学体系。①这一结合了基因型和表型性状的新分类体系在解决原有分类难题的基础上也极大地推动了现代生物分类学的发展。

随着分子分类学的产生以及其对传统分类学知识体系的整合，分子分类学实现了分子水平的物种分类。不过，这能否为生物学本质主义提供新的理论资源呢？如果说关系本质主义失败的原因是其提倡的本质是名义的本质，那么分子生物学的 DNA 序列是否更接近于实在的本质呢？对此，我们在论述 DNA 条形码一节时已有初步论述。如果把分子分类学中的 DNA 片段视为物种本质，那么它在满足分类要求和解释要求上都会面临问题。上文指出，以 DNA 条形码技术为代表的分子分类学依据单一的 DNA 片段根本无法实现真正的物种分类，必须要引入更多的片段。同时，由于学者们无法找到普遍适用的标准 DNA 序列，他们在实际操作中往往根据自己的需要进行选择。这就导致标准的 DNA 序列并非只有一个而是多个 DNA 片段。另外，在实际操作中，仅仅依靠 DNA 序列并不够，学者们还会加入表型性状作为辅助的标准。

然而，在实践中，分子分类学的应用状况已经背离了生物学本质主义的基本信条。这一背离可以从两方面去理解：一方面，可以较好地用于物种分类的 DNA 序列还远远达不到生物学本质主义的分类信条的要求。这一信条认为，某一特定物种的本质仅为该物种的个体所有并且和其他物种之间存在着明确的区分。不过，分子分类学的实践告诉我们这一理想还远未实现。当然，这还不算最为严重的问题。最为严重的问题就是这一背离的另一方面，即 DNA 序列根本无法满足生物学本质主义信条的解释要求。原因在于，这些 DNA 序列根本无法起到解释的作用。因而，分子分类学的发展并不能为生物学本质主义提供真正的理论资源。

---

① Will K, Rubinoff D. Myth of the molecule: DNA barcodes for species cannot replace morphology for identification and classification. Cladistics, 2004, 20(1): 47-55.

对于上述观点，我们有必要做出进一步的解释。上文指出，分子分类学不能为生物学本质主义提供新的理论资源的其中一个重要原因是DNA 序列不能起到解释作用。对于这一点，我们在上文中只进行了简单的说明，这里有必要做进一步的引申。我们在前文中已经指出，分子分类学所借重的 DNA 序列主要用于分类，而且它们仅能用于分类。就像超市中的商品条形码用于标记和识别商品一样，DNA 序列在物种分类方面的作用也主要是标记和识别物种。同样，分子分类学家也只是把特定 DNA 片段用于进行分类而非解释。因而，基于这样的目的选择出的 DNA 片段或许可以较好地完成分类的任务，而它本身所携带的遗传信息并不需要，也不可能对物种的独特性状做出解释。

同时，随着分子生物学的发展，可以对物种的独特性质做出解释的遗传学和分子进化论也进展到分子水平。这些学科在分子水平上对特定物种的独特性质做出了更为充分的解释，它们的研究目的主要是解释而非分类。在此意义上，生物分类学和遗传学在进入分子层面的同时，也完全成为两个有着独立的研究对象和研究目的的成熟学科。如果说在上一个阶段，生物分类学还在某种程度上依赖遗传学科的话，那么随着分子分类学的产生以及生物分类学的成熟，生物分类学真正成为一门成熟的学科。这意味着，在现代科学知识体系中，生物学本质主义的两个基本要求分别由两个独立的科学学科来实现。

进一步来说，现代生物学的实践越来越表现出与生物学本质主义相异的理论旨趣。分子分类学的实践告诉我们，虽然利用 DNA 序列进行物种分类可以较好地解决物种概念上的混乱和分类实践上的难题，但是分子分类学还远未实现通过一个或多个 DNA 序列就可以完成所有物种分类的理想。而且，分子分类学在实际操作中对特定 DNA 序列选择的随机性也明确地表明，物种并不存在某一种或一些共同的基因属性。而当代遗传学和发育生物学的发展则指出，这些学科在进行解释时所依赖的生物学属性并不与生物分类学所依赖的属性相重合。

换言之，可以对某一物种的特定性状做出解释的遗传物质并不构成识别该物种的充分必要条件，这些属性可能为该物种所具有也可能为其他物种所具有。比如，生物学家们在解释斑马为什么会有独特的条纹时会借助一些特定的发育机制。事实上，这些发育机制不仅在斑马中存在，而且在非斑马的生物学物种中也存在。生物学本质主义两个基本信条中的分类和解释这两个要求在当代生物学知识体系中不仅由两个研究旨趣和目的不同的学科来完成，而且这两个学科完成自身研究目的所选取的属性也有着实质性的差异。这种差异正是两个学科完全分化，并按照各自的研究旨趣和目的独立发展的结果。

另外，在现代知识体系中，负责分类和解释的两大学科之彻底独立和分化也宣告了生物学本质主义的终结。这一论断可以从科学和哲学两个角度来理解。从科学的角度说，分子分类学和分子遗传学的成熟和分化终结了生物学本质主义在古希腊时期起源时所设定的任务和使命；从哲学的角度说，分子分类学和分子遗传学的成熟和彼此分化达到了生物学本质主义所依赖的科学理论的逻辑终点，同时也穷尽了生物学本质主义所能依赖的物种本质的理论资源。可以说，这两个角度是生物学本质主义走向终结这个过程的两个不同的方面。下面，我们就分别对它们做出详细的论述。

现代分子生物学的产生和成熟完成了生物学本质主义在其起源时所设定的使命。上文指出，在古希腊时代，在科学起源的早期阶段，不同科学之间是彼此纠缠在一起的。比如，亚里士多德的物理学观点就经常与生物学观点混在一起。那时的学者们还没有现代意义上的学科分科概念，学者们所提出的某一个观点可能构成了多个学科的开端。同样，生物学本质主义的观点也属于这种情况。当柏拉图和亚里士多德等提出这一观点时，它还远非完善。不过，它已经奠定了当代生物学讨论的基本框架。而且，早期的生物学本质主义实质上已经孕育了分子分类学和分子遗传学这两个基本的学科。不过，随着科学革命的产生、现代科学方法的引入，不同的学科先后从前科学状态的哲学母体中成熟并独立出来，生物学本质主义所孕育的两个学科同样在经历着这一过程。然而，相比于其他学科，生物分类学的成熟和独立要缓慢得多。在生物分类学的传统观点被现代观点取代之后，传统的本质主义开始走向衰落。

在分类学逐渐走向成熟的漫长过程中，它一直在某种程度上依赖像遗传学这种较早成熟的科学，生物学本质主义仍旧可以从遗传学中找到理论资源。另外，由于关系属性与内在属性之间的关联，新生物学本质主义还可能会诉诸某种内在属性与关系属性相结合的本质主义观点。然而，分子分类学和分子遗传学的成熟和独立最终终结了这种状况。在当代，生物学本质主义在其起源时所设定的两个基本任务分别由两个相互独立的学科承担。并且，这两个学科的实践表明，在现代生物学知识体系中，生物学本质主义无法找到可以同时满足分类和解释要求的本质属性。由此，生物学本质主义失去了独立存在的必要性，生物学本质主义随着自身使命的完成而走向终结。

从哲学的角度说，生物学本质主义在当代生物学体系中已经不能找到足以支撑它的理论资源。在其最早的阶段，生物学本质主义尝试把物种的某种“理想的”形态特征作为其本质，其后则把物种间的某种特定关系视为本质。然而，这些观点最终都难以完成为生物学本质主义辩护的使命。其中的主要原因是，不论是形态特征还是关系特征都是表型特征，它们在根本上都是物种内在本质的外在表现。因而，它们在根本上都是名义的本质而非实在的本质。不过，当生物学本质主义放弃以表型特征为基础的外在本质，转而接受以某种内在属性为基础的内在本质时，它们同样面临着难以克服的难题。随着分子生物学的产生，生物学本质主义又把特定类型的基因或 DNA 序列视为物种本质，它们显然要比形态本质和关系本质更进了一步。因为，相比于后两者，基因和 DNA 序列更为符合生物学本质主义者对物种本质的设定。

不过，不论 DNA 序列与其他类型的属性如何组合，都不能算作真正意义上的物质本质。对于生物学本质主义者来说，可作为物种本质的生物特征大致有三种：表型特征、基因型特征和两者的组合。依据现代生物学，尤其是分子生物学的实践所得出的结论是，这三种特征都不能成为物种的实在的本质。这意味着，生物学本质主义已穷尽了生物学本质主义所能依赖的所有理论资源，不可避免地走向了终结。

由此，我们从历史的维度大致说明了生物学本质主义从起源到终结的整个发展过程。生物学本质主义从古希腊时期起源时就已经确定了它的两个基本任务，而它们经过三个分化阶段最终形成两个独立的学科。在初始分化阶段，虽然达尔文的进化论已经提出，但其并未对林奈的生物学本质主义构成实质性的威胁。在中间分化阶段，虽然在达尔文的进化论思想和现代生物分类学的冲击下，传统的生物学本质主义走向式微，但是新生物学本质主义则借助现代生物分类学的新进展乘势而起。在最后分化阶段，分子分类学的产生和遗传学的各自成熟和彼此独立不仅使新生物学本质主义无法成功，而且也宣布了整个生物学本质主义的终结。

第五节　回应可能的反对意见

对于上述论证，人们可能会有一些不同的意见。在本节中，笔者将试探性地说明上述观点可能会受到的质疑，并对这些质疑做出回应。

第一种可能的反对意见是，上述观点或许可以有效地反对类型的生物学本质主义，而对目的论的本质主义则无能为力。其中沃尔什（D. Walsh）指出，可以利用当代发育生物学的进展复兴一种亚里士多德式的目的论的生物学本质主义。在他看来，虽然生物学本质主义面临着分类和解释的两种反本质主义，但是亚里士多德的目的论的生物学本质主义却可以避免前述两种反本质主义的批评。下文先分别就他对这两种反本质主义的回应做出说明，并做出回应。

先来看他对分类的反本质主义的回应。对于分类的反本质主义，上文已经有所讨论。其核心是，生物学本质主义以单一的标准去识别和分类物种，而现代的生物分类学则以多元的标准识别和分类物种，前者不能与后者相兼容。对此，他的回答应是，亚里士多德的目的论的生物学本质主义并不坚持以单一的标准去识别和分类物种。对此，他指出：

> 亚里士多德的生物学本质主义并没有承诺一种单一的物种成员标准。它根本不承诺林奈式的物种阶元。它只主张一个关于生物学解释的命题——有机体的本性解释了它们的显著特征，并且有机体共享这些本性解释了它们之间的相似性——而不是关于生物分类学的命题。[①]

也就是说，在沃尔什看来，亚里士多德的生物学本质主义是一种关于生物学的解释主张而非分类主张，它并未承诺一种依据单一的标准识别和分类物种的观点，因而他的观点并不会受到分类的反本质主义的困扰。

再来看他对解释的反本质主义的回应。解释的反本质主义主要是索伯利用群体思想对生物学本质主义的批评。在这个批评中，索伯认为，以亚里士多德的自然状态模型为代表的生物学本质主义与现代群体遗传学所坚持的群体思想不兼容。在沃尔什看来，现代进化生物学的反本质主义倾向主要体现为以下三个方面：

> （ⅰ）在其本体论之中——现代综合生物学将种群视为孟德尔式性状类型的集合，而不是有机体的集合；（ⅱ）在其解释机制之中——种群结构的变化不是由某种类别的实体的因果力来解释的，而是由种群的统计结构来解释的；（ⅲ）在其变异（突变）来源的概念之中。[②]

---

① Walsh D. Evolutionary essentialism. The British Journal for the Philosophy of Science, 2006, 57(2): 432.

② Walsh D. Evolutionary essentialism. The British Journal for the Philosophy of Science, 2006, 57(2): 434.

进化发育生物学（evolutionary developmental biology，evo-devo）的证据表明，只有诉诸有机体的能力，比如稳定性、易变性、表型可塑性和适应性的进化等才能对特定的生物学现象做出解释。在他看来，依据亚里士多德的观点，这些能力就构成了有机体的本质，当代进化发育生物学的实践支持一种亚里士多德式的生物学本质主义。因而，生物学本质主义并不与当代进化生物学相冲突。

对于沃尔什的反对意见，我们也从两个方面分别做出回应。在他的主张中，亚里士多德目的论的生物学本质主义并未承诺一种林奈式的以单一的标准识别和分类物种的分类学方法，因而亚里士多德的本质主义并不会与当代分类学的多元论分类方法相冲突。对此，笔者想说的是，亚里士多德并未承诺一种本质主义的分类学方法，并不意味着他不应该承诺一种本质主义的分类学方法。前文指出，生物学本质主义的基本信条表明作为物种的本质要能够满足分类的要求。如果亚里士多德的生物学本质主义并不满足这一要求，那么它就不是一种真正的生物学本质主义。当然，我们并非认为亚里士多德不是一位真正的生物学本质主义者，而是想指出他的观点代表了生物学本质主义的萌芽期，它并不完全满足生物学本质主义信条的基本要求并不意味着生物学本质主义不需要这样的要求。另外，生物学本质主义中的分类和解释要求是紧密地联系在一起的，修正或放弃其中一个，剩下的另一个就不足以支撑生物学本质主义。对此，下文会提供更为详细的说明。

进一步来说，沃尔什对解释的反本质主义的回应同样是有问题的。在他看来，亚里士多德的目的论的生物学本质主义能够和现代综合的进化生物学兼容的理由是，这一观点得到进化发育生物学的支持。对此，笔者想说的是，他只有预设进化发育生物学与现代综合的进化生物学框架相兼容，以前者为基础的生物学本质主义才可能与后者兼容。不过，他的这一预设能否成立值得讨论。或许，我们只有把其放在扩展演化综合论（extended evolutionary synthesis, EES）和现代综合论（modern synthesis, MS）之间的争论中才能说明这一点。现代进化生物学的理论框架是达尔文的自然选择理论与孟德尔的遗传学（尤其是群体遗传学）相互结合的产物。因而，这一框架也被称为“现代综合论”。然而，近年来，随着进化发育生物学和生态位构建（niche construction）等新学科和新理论的出现，一些学者认为这些新学科和新理论揭示了一些现代综合框架无法解释的现象。①因而，这些学者主张应该扩展现代综合理论的内容，从而融合这些新的现象，这种主张即被称为“扩展演化综合论”。

然而，还有一些学者认为，现代综合理论不需要被扩展，这些新的现象可以在现代综合论的框架中得到解释。这就形成了扩展演化综合论与现代综合论之间的争论。在这一争论中，学者们大致提出了三种观点：第一，现代综合论可以解释新的进化和发育现象，扩展演化综合论是不必要的；第二，扩展演化综合论代表了一种库恩式的范式转换，其作为新的范式将取代现代综合论所代表的旧范式；第三，扩展演化综合论并不是一种范式革命，而是在现代综合论基础上对其做出的补充和扩展。②目前为止，进化发育生物学所代表的解释模式能否与现代综合论所代表的标准进化生物学理论相兼容仍在争论之中，尚无定论。因而，沃尔什所做的预设尚有很多的讨论空间。

进一步来说，即使承认进化发育生物学代表了一种新的解释模式，并且它可以与现代的进化生物学相兼容，这也不意味着这种新的解释模式一定能够支持一种生物学本质主义。正如第二章第五节中指出的那样，生物学家们引用某种特征对有机体的其他特征做出解释，并不需要附带地做出这些特征就是该有机体的本质特征这一形而上学断言。换言之，即使承认进化发育生物学中所主张的个体的能力可以对相关的生物性状做出解释，也不意味着人们就可以据此主张一种生物学本质主义。

还有一种可能的反对意见是，笔者的上述论证并未从逻辑上否定生物学本质主义成立的可能性。面对笔者的上述论证，生物学本质主义者完全可以通过调整或利用新的经验证据来提出新的生物学本质主义。对此，笔者想说的是，很多的新生物学本质主义者已经做出了很多这样的尝试，比如关系本质主义试图放弃生物学本质主义的解释信条，而戴维特的INBE 则试图放宽生物学本质主义的分类信条。然而，他们的观点已被证明是不成功的。不过，人们可能会说，它们的失败并未排除未来的某种观点成功的可能性。对此，需要指出的是，生物学本质主义的两个基本信条是紧密地联系在一起的，它们共同构成了生物学本质主义的核心，单独调整或放弃其中一个信条都会在根本上影响其实质效力。有鉴于此，笔者认为，任何对于生物学本质主义基本信条的修改或放弃都不可能为生物学本

---

① Fábregas-Tejeda A, Vergara-Silva F. The emerging structure of the Extended Evolutionary Synthesis: where does Evo-Devo fit in? Theory in Biosciences, 2018, 137(2): 169-184.

② Pigliucci M, Finkelman L. The extended (evolutionary) synthesis debate: where science meets philosophy. BioScience, 2014, 64(6): 511-516.

质主义提供成功的辩护。当然，这也是现有的新生物学本质主义都会各自遭遇难题的原因所在。

那么，为什么说生物学本质主义的两个基本信条之间是紧密联系的呢？对此，我们将给出说明。生物学本质主义的一般观点是，每一物种都有其独一无二的本质，这一本质可以对该物种所具有的独有特征做出解释。从这个观点中，我们很容易就能发现生物学本质主义者所确定的生物本质的分类功能和解释功能，并且它们是紧密地联系在一起的。可以设想，如果某一生物属性可以对拥有这一属性的所有个体的其他属性做出解释，那么这一属性自然具有与其他生物种群相区别的分类功能。

相反，如果某一生物属性可以起到分类功能却不能对该生物类群的独有特征做出解释，那么我们就不会认为它有资格被视为该生物类群的本质。实质上，生物学本质主义是一种非常严格的观点，它之所以主张物种本质必须同时具有分类和解释功能，是因为两者是紧密地联系在一起的，它们呈现的是同一属性的两个不同方面，改变或修正其中的一个方面势必会影响到另一个方面。这样就导致了任何试图对生物学的基本信条做出改变的新生物学本质主义观点都不能取得成功。同样，笔者也认为，如果沃尔什主张的亚里士多德式的目的论生物学本质主义不坚持生物学本质主义的分类信条，那么其观点也是不可能成功的。

对于上述论点，我们还可以从另一个不同的角度进行说明。为了论证的需要，我们这里再次重申模式思想与群体思想的区别。索伯从解释模式的角度分析了两者之间的差异，并认为生物学本质主义者坚持的是前者而现代生物学家们认同的是后者，后者应该取代前者。[①]两种解释模式的主要区别是：前者认为，只有物种的模式是真实存在的，而物种的变异性则是一种错觉，它可以被模式解释；而后者认为，模式并不存在，只有变异性是真实存在的，现有物种的变异性可以通过前代物种的变异性来解释。在笔者看来，两种解释模式的差异在根本上源自对物种的结构或本性的不同理解，以不同的方式看待物种必然会以不同的方式解释物种。下面，我们尝试对两种解释模式之间的差异做出说明。

我们先来看生物学本质主义对物种本性的理解。依据生物学本质主义，物种是自然类，每一物种都具有特定的模式，某一物种中的所有成员都共同享有这个模式。进一步来说，属于同一模式的物种成员之间在特征

---

① Sober E. Evolution, population thinking, and essentialism. Philosophy of Science, 1980, 47(3): 350-383.

上是相同或相似的，了解该模式中一个成员的特征就可以推知其他成员的特征。换言之，某一模式的成员所具有的特征具有可投射性（projectibility），具有某一模式的物种成员所具有的典型特征可以投射到其他的成员上。因此，物种是同质的（homogeneous），物种的不同成员之间具有同质性（homogeneity）。

在很长的一段时间中，模式思想一直支配着人们对物种本性的理解，直到达尔文自然选择理论的提出才改变了这种状况。依据模式思想，物种的成员是同质的，物种中存在的变异性是对本质不完美表现的结果，这些变异性是应该被忽视掉的。在这种观点的影响下，虽然人们很早就观察到了自然中普遍存在的变异现象，但是对其本性却一直缺乏真正的了解。达尔文关于物种变异的讨论使人们开始了解物种变异的意义和价值。在达尔文看来，变异的存在是生物进化的基本前提，一个种群中的不同个体只有彼此存在差异，它们之间才会产生生存竞争，从而自然选择才能发生作用。自然选择使那些能够适应环境的个体生存下来并繁殖更多的后代，而不能适应的个体则被淘汰掉。也就是说，自然选择能够发生的重要前提是一个物种中的所有个体都有着独有的特征。对此，有学者指出：

> 如果所有这些个体都是模式上同一的——如果它们都拥有相同的本质，那么个体之间的竞争这个整体的概念将是不相关的。直到同一个物种中的不同个体的变异性这个概念被允许发展出来，竞争在一种对进化的理解中才会变得有意义。[①]

由此，我们可以看到变异性概念对达尔文进化论的提出起到多么关键的作用。正是达尔文对变异概念的强调，才改变了人们关于物种本性的传统理解。

达尔文关于生物变异的思想直接影响了现代生物学家对于物种本性的理解。现代生物学家们认为物种并不存在特定的类型，物种中的每一个个体都存在着变异，每一物种都有着独有的特征，个体之间彼此不同。人们把这种观念称为“群体思想”，其主要内容如下：

① Mayr E. One Long Argument: Charles Darwin and the Genesis of Modern Evolutionary Thought. Cambridge: Harvard University Press, 1993: 80.

> 种群思想家强调生物界每一事物的独特性。对他们来说重要的是个体而不是模式。他们强调有性繁殖物种中的每个个体与一切其他个体都不相同，即使单亲生殖的个体同样也具有特异性。没有模式的或“典型的”个体，平均值只是抽象概念。[①]

依据群体思想，物种中的每一个个体都是独特的，不存在为所有个体所共享的模式。由于每一个个体都是独特的，因而了解一个个体的特征并不能推知其他个体的特征，群体中个体的特征不具有可投射性。物种中每一个个体的独特性，也就是物种成员的多样性。物种成员的多样性观念有力地反击了主张物种成员具有同质性的生物学本质主义主张。有学者就认为生物学家对多样性的研究最终会彻底动摇本质主义的根基。

> 多样性研究所做出的最重要贡献也许在于发展了哲学上的新观点。正是多样性的研究才摧毁了最具有欺骗性的本质论哲学。[②]

由于每一物种的所有成员都是独特的，不同个体之间都有差异，因而物种是异质的（heterogeneous），物种的不同成员之间具有异质性（heterogeneity）。生物学本质主义坚持物种是同质的，而群体思想则主张物种是异质的。现代生物学家们对物种本质的理解与生物学本质主义者截然相反。这意味着，只要生物学本质主义不改变其观点，那么它始终都不能与现代生物学相兼容。相反，正如上文指出的那样，如果它改变自身的观点，那么它就很难再被视为真正的生物学本质主义。因而，生物学本质主义在当代生物学的理论框架中难以找到自身的理论空间。

可能还会有人说：如果生物学本质主义与当代生物学的理论框架不兼容，那么为什么人们会在直觉上认为生物物种都是有本质的，而且这种直觉还有心理学上的证据支撑？[③]这是我们的直觉存在问题，还是说生物学本质主义与当代生物学框架不相容的观点是错误的呢？

对此，笔者想说的是，生物学本质主义不兼容于当代生物学框架与

---

① 恩斯特·迈尔. 生物学思想发展的历史. 2 版. 涂长晟，等译. 成都：四川教育出版社，2010：31.

② 恩斯特·迈尔. 生物学思想发展的历史. 2 版. 涂长晟，等译. 成都：四川教育出版社，2010：164.

③ Keil F C. Concepts, Kinds, and Cognitive Development. Cambridge: MIT Press, 1989.

我们关于物种的本质主义直觉可以在某种意义上共存。上文指出，生物学本质主义通常与相似性联系在一起。物种本质的存在是以相似性作为推论依据的，不同的个体因相似性而被识别为同一类群。然而，为什么相似性能成为物种本质存在的推论依据呢？应该说，相似性与类别及其本质存在着天然的联系，人们在谈论自然类时通常会把其与相似性联系在一起。对此，奎因有过明确的说明。在他看来，类概念是与相似性联系在一起的，"一个种类概念和一个相似性概念看起来在实质上是一个概念"。[①]也就是说，类概念和相似性概念在根本上就是同一个概念。

实质上，当人们谈论相似性概念时就是在谈论类概念。人们基于相似性而把物种视为一个自然类，一个自然类由相似的个体所组成，不同个体所具有的相似性就是物种的本质。他还认为，人类具有先天的相似性标准。对此，他指出，"相似性标准在某种意义上是天生的（innate）"。[②]在他看来，人类具有先天的相似性标准，这可以通过达尔文的进化论来解释。人类之所以具有先天的相似性标准，是因为人类在生存竞争的过程中对某些事物的识别或划分所采取的相似性标准更有利于人类的生存，因此被自然选择的作用所保留。比如，在人类生存的过程中，有些食物对人类的生存是非常有必要的，人类需要依据一些相似性标准把能够食用和不能食用的食物区别开。具有这些相似性标准的个体比那些没有相似性标准的个体具有更大的生存优势，因此具有相似性标准就作为一种生物性状而受到自然选择的青睐。这意味着，人们生而具有依据相似性标准区分种类的能力，而相似性是与类别联系在一起的，因而人类天生就有区分类别的能力。因此，我们就可以理解何以相似性与物种本质联系在一起。

在现代科学方法和技术手段还未产生之前，人们对生物世界的理解还停留在依靠肉眼观察和经验材料整理的阶段。人们对世界的研究只能采取最为本能也最为直接的方式，即通过相似性和类别的方式去理解世界。应该说，这种思维方式是特定时代的特定产物，在人类社会的早期阶段似乎只能采用这样的理解方式，这样的历史阶段是人类的思维方式从原始到现代必须要经历的一个过程。这也就解释了何以早期的生物学家们在生物世界中观察到种内的相似性和种间的差异性时会直观地认为不同的物种间存在着不同的类别。其后，由于与中世纪占主导地位的宗教意识形态相一

---

① Quine W V. Ontological relativity and other essays. New York: Columbia University Press, 1969: 117.

② Quine W V. Ontological relativity and other essays. New York: Columbia University Press, 1969: 123.

致，这样的理解方式进一步得到加强。至此，我们会发现生物学本质主义在特定的历史阶段产生并发展起来似乎是不可避免的。

然而，随着生物学的发展，人们基于直觉发展出的生物学本质主义并未得到当代生物学经验证据的支持，人们关于物种的直觉和常识理解不得不让位于科学理解。在当代生物学理论框架中，学者们宣称物种并不存在本质，生物学本质主义并不成立。不过，学者们宣称并没有否认人们对于物种的本质主义直觉。当然，我们也没必要认为这种直觉就代表了“类思想”。在这里，笔者之所以把这种直觉视为“类思想”，并把相似性作为理解物种的一种方式，除了想要维护人们对于物种的自然类直觉外，更想强调的是相似性作为一种分类标准的认识论价值。

可以说，人们对于事物的最初分类都是从直觉或常识开始的。正如奎因所说，人们具有先天的相似性标准。在人类先天的相似性标准的基础上产生了最初的分类系统。可是，随着科学的发展，这些最初的分类标准可能被科学的分类标准修正或取代。比如，根据最初的分类标准，袋鼬（一种鼠形动物）与袋鼠相比更像普通的老鼠，因此人们把袋鼬与老鼠划归一个种类，而依据现代生物学的标准，人们把袋鼬和袋鼠划归一个种类而把普通老鼠排除在外。虽然最初的分类标准可能被科学的标准修正或取代，但是这并不影响最初的分类标准仍然被人们所使用。这两种分类标准完全可以在各自的语境中发挥作用。对此，奎因指出：

> 我们保留着不同的相似性标准、不同的种类系统，以便用于不同的语境中。我们仍然说袋鼬比袋鼠更像普通的老鼠，除非我们关心的是遗传问题。[①]

也就是说，人们完全可以在两种不同的语境中把物种分别视为“自然类”和“个体”。虽然生物学理论并不支持人们把物种视为自然类，但是这并不影响人们在直觉上把物种视为自然类。由此，我们把人们关于物种的自然类直觉视为一种“类思想”，在不与科学的分类标准相冲突的情况下，保留了以直觉上的相似性作为分类标准的认识论价值。

我们从历史的角度分析生物学本质主义观点的起源和发展，说明了新生物学本质主义与当代生物学理论框架之间的冲突，并最终表明生物学

① Quine W V. Ontological Relativity and Other Essays. New York: Columbia University Press, 1969: 129.

本质主义随着分子生物学时代的到来而最终走向终结。生物学本质主义发展的历史就是其在起源阶段所孕育的分子分类学和分子遗传学两个学科不断成熟和分化的历史。只有在这样的一个历史脉络里，我们才能看清传统的生物学本质主义与新生物学本质主义所面临的难题。

在前达尔文时期，林奈提出的本质论物种概念不论是在该时期的生物分类学还是遗传学中都占有支配性地位。在达尔文的思想提出之始，这种观点并未受到真正的冲击。随着达尔文思想的成熟和现代分类学观点的形成，传统生物学本质主义已经被当代的生物学学者所放弃。新生物学本质主义则试图在当代生物学的框架中复兴生物学本质主义。然而，新生物学本质主义的现有观点都面临着不同程度的难题。我们指出，新生物学本质主义之所以遭遇这样的困境，是因为生物学本质主义在起源时所孕育的两大学科已经成熟并分化为两个独立的学科并且它们提供了关于物种本性的不同理解。生物学本质主义要么不能兼容于当代生物学的理论框架，要么不能被视为真正的本质主义。由此，生物学本质主义不可避免地走向了终结。

结　语

本质主义似乎是一种根深蒂固的世界观，这一点在生物学中表现得尤为明显。在生物学史的前达尔文时期，生物学家们在对物种的理解上极大地受到古希腊哲学家和中世纪基督教创世思想的影响。这个时期的大部分哲学家和生物学家都在本质主义的框架中提出问题和谈论问题。虽然这种观点在达尔文的进化论思想提出之后逐渐遭到人们的质疑并最终被放弃，但是新生物学本质主义对生物学本质主义的复兴再次把人们的目光吸引到这个古老的问题上来。对现有版本的新生物学本质主义的分析表明，虽然新生物学本质主义以现代生物学的理论资源为基础复兴生物学本质主义，但是以内在属性为基础的生物学本质主义无法满足本质主义的分类要求，而以关系属性为基础的生物学本质主义则无法满足本质主义的解释要求。现有版本的新生物学本质主义都存在着各自的疑难，新生物学本质主义对生物学本质主义的复兴在总体上是不成功的。

新生物学本质主义的失败引发了一系列的问题，比如，它失败的根本原因究竟是什么呢？它的失败是否说明了生物学本质主义在原则上是难以成立的？想回答这些问题，需要从根本上弄明白生物学本质主义或更一般的本质主义的思想内核是什么。对新旧生物学本质主义的比较表明，新生物学本质主义的“新”主要体现为两个方面：一方面，它为物种的本质提供一些新的理解；另一方面，它为本质主义本身提供了一些新的理解。具体来说，新生物学本质主义不仅提供了新的物种本质而且放宽了对本质主义内涵的理解。

然而，新生物学本质主义做出的调整和修正最终并未拯救生物学本质主义。新生物学本质主义失败的原因在于：现代生物学实践与本质主义的形而上学预设之间存在着张力，现代生物学根本无法提供作为一种形而上学观点的本质主义所需要的理论资源。生物学与本质主义之间存在着的张力使得新生物学本质主义的各种尝试都走向失败，本质主义最终难以融入当代生物学的理论图景之中。当本质主义不能与生物学兼容时，任何对生物学本质主义的辩护都是徒劳的，现有版本的新生物学本质主义各自遭遇的疑难便是最为直观的表现。

对生物学本质主义起源和演进的分析进一步澄清了上述张力的历史根源。在生物学本质主义与生物学两者关系的历史演进中，生物学本质主义在古希腊起源时其分类和解释两个信条在很大程度上孕育了分子分类学和分子遗传学两大学科，不论是传统生物学本质主义还是新生物学本质主义遭遇的难题都可以从这两个学科与生物学本质主义之间关系的历史演进中获得解释。

这一历史演进关系包括两个方面：一方面，两个学科逐渐地从生物学本质主义中成熟和分化出来；另一方面，在两个学科中，传统的生物学本质主义观点不断地被现代生物学的观点所取代。生物学本质主义所面临的问题是它孕育的两大科学学科不断分化的结果，也是生物学本质主义观点逐渐为现代科学观点所取代的结果。随着两个学科的真正成熟以及它们与生物学本质主义的彻底分化，生物学本质主义也走向了其逻辑终点。分子生物学时代的到来，尤其是分子分类学的产生使得生物学本质主义的两个信条彻底分化并独立发展，生物学本质主义诉诸任何一种生物学理论资源都无法完全实现其基本信条。因而，生物学本质主义孕育的两大学科的彻底分化不仅导致了现有版本的新生物学本质主义的失败，而且也宣告了生物学本质主义在当代的终结。

参 考 文 献

中文参考文献

爱德华·欧·威尔逊. 2003. 生命的多样性. 王芷，唐佳青，王周，等译. 长沙：湖南科学技术出版社.

达尔文. 2010. 物种起源. 上海：上海世界图书出版公司.

戴维·巴斯. 2015. 进化心理学. 张勇，蒋柯译. 北京：商务印书馆.

恩斯特·迈尔. 2010. 生物学思想发展的历史. 2 版. 涂长晟，等译. 成都：四川教育出版社.

古德曼. 2010. 事实、虚构和预测. 刘华杰译. 北京：商务印书馆.

贾雷德·戴蒙德. 2012. 第三种黑猩猩：人类的身世与未来. 王道还译. 上海：上海译文出版社.

拉瑞·劳丹. 1999. 进步及其问题. 2 版. 刘新民译. 北京：华夏出版社.

理查德·道金斯. 2005. 盲眼钟表匠. 王德伦译. 重庆：重庆出版社.

理查德·道金斯. 2013. 地球上最伟大的表演：进化的证据. 李虎，徐双悦译. 北京：中信出版社.

洛克. 2009. 人类理解论. 关文运译. 北京：商务印书馆.

洛伊斯·N. 玛格纳. 1985. 生命科学史. 李难，崔极谦，王水平译. 武汉：华中工学院出版社.

索尔·克里普克. 2005. 命名与必然性. 梅文译. 上海：上海译文出版社.

肖显静. 2016. 物种“内在生物本质主义”：从温和走向激进. 世界哲学，4：61-71，160.

周长发. 2009. 生物进化与分类原理. 北京：科学出版社.

周长发，杨光. 2011. 物种的存在与定义. 北京：科学出版社.

英文参考文献

Barker M J. 2010. Specious intrinsicalism. Philosophy of Science, 77(1): 73-91.

Bird A. 1998. Philosophy of Science. London: Routledge.

Bird A, Tobin E. 2024. Natural kinds. The Stanford Encyclopedia of Philosophy (Spring 2024 Edition). Zalta E N, Nodelman U(ed.). https://plato.stanford.edu/archives/spr2024/entries/natural-kinds/[2025-03-11].

Blaxter M. 2010. Counting angels with DNA. Nature, 421(6919): 122-123.

Bock W J. 2004. Species: the concept, category and taxon. Journal of Zoological Systematics and Evolutionary Research, 42(3): 178-190.

Boulter S. 2013. Metaphysics from a Biological Point of View. London: Palgrave Macmillan.

Bowler P. 1989. Evolution: The History of an Idea. Berkeley: University of California Press.

Boyd R. 1991. Realism, anti-foundationalism and the enthusiasm for natural kinds. Philosophical Studies, 61(1): 127-148.

Brandon R N. 1997. Does biology have laws? The experimental evidence. Philosophy of Science, 64(4): S444-S457.

Brigandt I. 2009. Natural kinds in evolution and systematics: metaphysical and epistemological considerations. Acta Biotheoretica, 57(1-2): 77-97.

Brzović Z. 2018. Devitt's promiscuous essentialism. Croatian Journal of Philosophy, 18 (2): 293-306.

Campbell J, O'Rourke M, Slater M(eds.). 2011. Carving Nature at Its Joints: Natural Kinds in Metaphysics and Science. Cambridge: MIT Press.

Devitt M. 2008. Resurrecting biological essentialism. Philosophy of Science, 75(3): 344-382.

Devitt M. 2018. Individual essentialism in biology. Biology and Philosophy, 33: 1-22.

Devitt M. 2018. Historical biological essentialism. Studies in History and Philosophy of Science Part C: Studies in History and Philosophy of Biological and Biomedical Sciences, 71: 1-7.

Devitt M. 2021. Defending intrinsic biological essentialism. Philosophy of Science,88 (1): 67-82.

Devitt M. 2023. Biological Essentialism. Oxford: Oxford University Press.

Dumsday T. 2012. A new argument for intrinsic biological essentialism. The Philosophical Quarterly, 62(248): 486-504.

Dupré J. 1981. Natural kinds and biological taxa. The Philosophical Review, 90(1): 66-90.

Ellis B. 2002. The Philosophy of Nature: A Guide to the New Essentialism. Montreal: McGill-Queen's University Press.

Ereshefsky M. 1991. Species, higher taxa, and the units of evolution. Philosophy of Science, 58(1): 84-101.

Ereshefsky M. 1992. The Units of Evolution: Essays on the Nature of Species. Cambridge: MIT Press.

Ereshefsky M. 1998. Species pluralism and anti-realism. Philosophy of Science, 65(1): 103-120.

Ereshefsky M. 2001. The Poverty of the Linnaean Hierarchy: A Philosophical Study of Biological Taxonomy. Cambridge: Cambridge University Press.

Ereshefsky M. 2007. Foundational issues concerning taxa and taxon names. Systematic Biology, 56(2): 295-301.

Ereshefsky M. 2010. What's wrong with the new biological essentialism. Philosophy of Science, 77(5): 674-685.

Ereshefsky M. 2022. Species. The Stanford Encyclopedia of Philosophy (Summer 2022 Edition). Zalta E N(ed.). https://plato.stanford.edu/archives/sum2022/entries/species/ [2024-03-12].

Ereshefsky M, Matthen M. 2005. Taxonomy, polymorphism, and history: an introduction to population structure theory. Philosophy of Science, 72(1): 1-21.

Fales E. 1982. Natural kinds and freaks of nature. Philosophy of Science, 49(1): 67-90.

Fodor J A. 1974. Special sciences (or: the disunity of science as a working hypothesis). Synthese, 28(2): 97-115.

Ghiselin M T. 1974. A radical solution to the species problem. Systematic Biology, 23(4): 536-544.

Ghiselin M T. 1995. Ostensive definitions of the names of species and clades. Biology and Philosophy, 10(2): 219-222.

Griffiths G C. 1974. On the foundations of biological systematics. Acta Biotheoretica, 23(3): 85-131.

Hacking I. 2007. Natural kinds: rosy dawn, scholastic twilight. Royal Institute of Philosophy Supplement, 61: 203-239.

Hebert P D, Gregory T R. 2005. The promise of DNA barcoding for taxonomy. Systematic Biology, 54(5): 852-859.

Hey J. 2001. Genes, Categories, and Species: The Evolutionary and Cognitive Causes of the Species Problem. New York: Oxford University Press.

Holsinger K E. 1984. The nature of biological species. Philosophy of Science, 51(2): 293-307.

Hull D. 1970. Contemporary systematic philosophies. Annual Review of Ecology and Systematics, 1: 19-54.

Hull D. 1979. The limits of cladism. Systematic Zoology, 28(4): 416-440.

Hull D. 2001. The role of theories in biological systematics. Studies in History and Philosophy of Science Part C: Studies in History and Philosophy of Biological and Biomedical Sciences, 32(2): 221-238.

Hull D L. 1965. The effect of essentialism on taxonomy: two thousand years of stasis (I). The British Journal for the Philosophy of Science, 15(60): 314-326.

Kampourakis K(ed.). 2013. The Philosophy of Biology: A Companion for Educators. Dordrecht: Springer: 395-419.

Keller E F, Lloyd E A. 1992. Keywords in Evolutionary Biology. Cambridge: Harvard University Press.

Kitcher P. 1984. Species. Philosophy of Science, 51(2): 308-333.

Kitcher P. 1984. Ghostly whispers: Mayr, Ghiselin, and the "philosophers" on the ontological status of species. Biology and Philosophy, 2(2): 184-192.

Kitts D B, Kitts D J. 1979. Biological species as natural kinds. Philosophy of Science, 46(4): 613-622.

Kortabarria M. 2020. Kinds and Essences: Rescuing the New Biological Essentialism. Barcelona: Universitat de Barcelona.

Koslicki K. 2008. Natural kinds and natural kind terms. Philosophy Compass, 3(4): 789-802.

Kripke S. 1980. Naming and Necessity. Oxford: Basil Blackwell.

Kuhn T S. 1996. The Structure of Scientific Revolutions. Chicago: University of Chicago Press.

LaPorte J. 1997. Essential membership. Philosophy of Science, 64(1): 96-112.

LaPorte J. 2004. Natural Kinds and Conceptual Change. Cambridge: Cambridge University Press.

Lehman H. 1967. Are biological species real? Philosophy of Science, 34(2): 157-167.

Lewens T. 2009. What is wrong with typological thinking. Philosophy of Science, 76(3): 355-371.

Lewens T. 2012. Pheneticism reconsidered. Biology and Philosophy, 27(2): 159-177.

Lewens T. 2012. Species, essence and explanation. Studies in History and Philosophy of Science Part C: Studies in History and Philosophy of Biological and Biomedical Sciences, 43(4): 751-757.

MacLeod M. 2013. Perhaps essentialism is not so essential: at least not for natural kinds. Metascience, 22: 293-296.

MacLeod M, Reydon T A. 2013. Natural kinds in philosophy and in the life sciences: scholastic twilight or new dawn? Biological Theory, 7(2): 89-99.

Mallet J, Willmott K. 2003. Taxonomy: renaissance or tower of babel? Trends in Ecology and Evolution, 18(2): 57-59.

Matthen M. 1998. Biological universals and the nature of fear. The Journal of Philosophy, 95(3): 105-132.

Mayr E. 1940. Speciation phenomena in birds. The American Naturalist, 74(752): 249-278.

Mayr E. 1969. Principles of Systematic Zoology. New York: McGraw-Hill.

Mayr E. 1987. The ontological status of species: scientific progress and philosophical terminology. Biology and Philosophy, 2: 145-166.

Mayr E. 1988. Toward a New Philosophy of Biology: Observations of An Evolutionist. Cambridge: Harvard University Press.

Mayr E. 1991. One Long Argument: Charles Darwin and the Genesis of Modern Evolutionary Thought. Cambridge: Harvard University Press.

Mayr E. 2001. What Evolution Is. New York: Basic Books.

Mayr E. 2004. What Makes Biology Unique?—Considerations on the Autonomy of a Scientific Discipline. Cambridge: Cambridge University Press.

Meléndez J. 2019. Barcodes and historical essences: a critique of the moderate version of intrinsic biological essentialism. Revista de Humanidades de Valparaíso, 14: 75-89.

Mellor D H. 1977. Natural kinds. The British Journal for the Philosophy of Science, 28(4): 299-312.

Mishler B D, Brandon R N. 1987. Individuality, pluralism, and the phylogenetic species concept. Biology and Philosophy, 2(4): 397-414.

Mitchell S D. 1997. Pragmatic Laws. Philosophy of Science, 64: S468-S479.

Mitchell S D. 2000. Dimensions of Scientific Law. Philosophy of Science, 67(2): 242-265.

Nanay B. 2010. Population thinking as trope nominalism. Synthese, 177(1): 91-109.

Nelson G, Platnick N I. 1981. Systematics and Biogeography: Cladistics and Vicariance. New York: Columbia University Press.

Oderberg D S. 2007. Real Essentialism. New York: Routledge.

Okasha S. 2002. Darwinian metaphysics: species and the question of essentialism. Synthese, 131(2): 191-213.

Pedroso M. 2012. Essentialism, history, and biological taxa. Studies in History and Philosophy of Science Part C: Studies in History and Philosophy of Biological and Biomedical Sciences, 43(1): 182-190.

Petit R J, Excoffier L. 2009. Gene flow and species delimitation. Trends in Ecology and Evolution, 24(7): 386-393.

Platnick N I. 1979. Philosophy and the transformation of cladistics. Systematic Biology, 28(4): 537-546.

Putnam H. 1970. Is semantics possible? Metaphilosophy, 1(3): 187-201.

Putnam H. 1975. Mind, Language and Reality: Philosophical Papers. Cambridge: Cambridge University Press.

Queiroz K. 1995. The definitions of species and clade names: a reply to Ghiselin. Biology and Philosophy, 10(2): 223-228.

Queiroz K. 1995. Different species problems and their resolution. BioEssays, 27(12): 1263-1269.

Queiroz K. 2007. Species concepts and species delimitation. Systematic Biology, 56(6): 879-886.

Quine W V. 1969. Ontological Relativity and Other Essays. New York: Columbia University Press.

Richards R. 2010. The Species Problem: A Philosophical Analysis. Cambridge: Cambridge University Press.

Ridley M. 2004. Evolution. Oxford: Blackwell Publishing Company.

Rieppel O. 2005. Monophyly, paraphyly, and natural kinds. Biology and Philosophy, 20(2): 465-487.

Rieppel O. 2007. Species: kinds of individuals or individuals of a kind. Cladistics, 23(4): 373-384.

Rieppel O. 2008. Origins, taxa, names and meanings. Cladistics, 24(4): 598-610.

Rieppel O. 2010. New essentialism in biology. Philosophy of Science, 77(5): 662-673.

Rieseberg L H, Burke J M. 2001. The biological reality of species: gene flow, selection, and collective evolution. Taxon, 50(1): 47-67.

Rosenberg A. 1985. The Structure of Biological Science. Cambridge: Cambridge University Press.

Ruse M. 1969. Definitions of species in biology. The British Journal for the Philosophy of Science, 20(2): 97-119.

Ruse M. 1987. Biological species: natural kinds, individuals, or what? The British Journal for the Philosophy of Science, 38(2): 225-242.

Salmon N. 2005. Reference and Essence. Amherst, New York: Prometheus Books.

Schopf T J M. 1972. Models in Paleobiology. San Francisco: Freeman: 82-115.

Sober E. 1980. Evolution, population thinking, and essentialism. Philosophy of Science, 47(3): 350-383.

Sober E. 1984. Sets, species, and evolution: comments on Philip Kitcher's "species". Philosophy of Science, 51(2): 334-341.

Sober E. 1999. Philosophy of Biology. Boulder: Westview Press.

Sober E. 2006. Conceptual Issues in Evolutionary Biology. Cambridge: MIT Press.

Splitter L J. 1988. Species and identity. Philosophy of Science, 55(3): 323-348.

Stamos D. 2007. Darwin and the Nature of Species. New York: State University of New

York Press.

Sterelny K, Griffiths P E. 1999. Sex and Death: An Introduction to Philosophy of Biology. Chicago: University of Chicago Press.

Taberlet P, Coissac E, Pompanon F, et al. 2007. Power and limitations of the chloroplast *trn*L (UAA) intron for plant DNA barcoding. Nucleic Acids Research, 35(3): e14.

Tautz D, Arctander P, Minelli A, et al. 2002. DNA points the way ahead in taxonomy. Nature, 418(6897): 479.

Tautz D, Arctander P, Minelli A, et al. 2003. A plea for DNA taxonomy. Trends in Ecology and Evolution, 18(2): 70-74.

Tsou J. 2022. Biological essentialism, projectable human kinds, and psychiatric classification. Philosophy of Science, 89 (5): 1155-1165.

Valentini A, Pompanon F, Taberlet P. 2009. DNA barcoding for ecologists. Trends in Ecology and Evolution, 24(2): 110-117.

van Valen L. 1976. Ecological species, multispecies, and oaks. Taxon, 25(2/3): 233-239.

Walsh D. 2006. Evolutionary essentialism. The British Journal for the Philosophy of Science, 57(2): 425-448.

Waugh J. 2007. DNA barcoding in animal species: progress, potential and pitfalls. BioEssays, 29(2): 188-197.

Wilkerson T E. 1993. Species, essences and the names of natural kinds. The Philosophical Quarterly, 43(170): 1-19.

Wilkins J S. 2013. Biological essentialism and the tidal change of natural kinds. Science and Education, 22(2): 221-240.

Williams N E. 2011. Putnam's traditional neo-essentialism. The Philosophical Quarterly, 61(242): 151-170.

Williamson T. 2002. Vagueness. London: Routledge.

Wilson R. 1999. Species: New Interdisciplinary Essays. Cambridge: MIT Press: 187-207.

Wilson R A, Barker M J, Brigandt I. 2007. When traditional essentialism fails: biological natural kinds. Philosophical Topics, 35(1/2): 189-215.

Winsor M P. 2006. The creation of the essentialism story: an exercise in metahistory. History and Philosophy of the Life Sciences, 28(2): 149-174.